高等职业教育土木建筑类专业新形态教材

建筑工程定额原理与计价

（第2版）

主　编　侯晓梅
副主编　周靖东　程代兵

北京理工大学出版社
BEIJING INSTITUTE OF TECHNOLOGY PRESS

内 容 提 要

本书以“基础适度、理论够用”为编写原则，在阐述工程造价的基本知识、各类定额的基本原理以及如何应用定额进行计价的过程中，始终着眼于专业人才的技能培养。本书分为上、下两篇，上篇对工程造价的基本知识，工程定额的概念、分类、确定方法和具体应用等方面作了全面、系统的阐述；下篇介绍了建筑工程费用的组成、建筑面积计算规范、各分部分项工程量计算规则，并附以采用四川省计价定额编制的施工图预算案例，以供读者学习参考。

本书可作为高职高专院校工程造价、建筑工程技术、工程监理等相关专业的教材，也可作为建筑行业工程造价、工程管理等专业人员培训或自学的参考用书。

图书在版编目（CIP）数据

建筑工程定额原理与计价 / 侯晓梅主编.—2版.—北京：北京理工大学出版社，2022.9重印

ISBN 978-7-5682-5702-2

Ⅰ.①建…　Ⅱ.①侯…　Ⅲ.①建筑经济定额　Ⅳ.①TU723.3

中国版本图书馆CIP数据核字（2018）第119919号

出版发行 / 北京理工大学出版社有限责任公司
社　　址 / 北京市海淀区中关村南大街5号
邮　　编 / 100081
电　　话 / （010）68914775（总编室）
　　　　　（010）82562903（教材售后服务热线）
　　　　　（010）68944723（其他图书服务热线）
网　　址 / http://www.bitpress.com.cn
经　　销 / 全国各地新华书店
印　　刷 / 北京紫瑞利印刷有限公司
开　　本 / 787毫米×1092毫米　1/16
印　　张 / 15.5
字　　数 / 382千字
版　　次 / 2022年9月第2版第3次印刷
定　　价 / 49.00元

责任编辑 / 封　雪
文案编辑 / 封　雪
责任校对 / 周瑞红
责任印制 / 边心超

第2版前言

《建筑工程定额原理与计价》是根据高职高专院校工程造价专业的人才培养目标、课程性质以及专业建设的相关要求而编写的。本书以工程造价专业学生必备的理论知识和实务能力，即掌握定额的基本原理和应用定额编制工程造价的能力为核心，对工程造价的基本知识点、工程定额的基本原理和应用、预算造价的费用组成、工程量计算规则、预算造价的编制程序及编制方法等内容进行了全面、系统的阐述。

本书由上、下两篇组成，上篇“工程造价概述及定额原理”系统阐述了工程造价编制必备的专业理论知识，以期读者熟悉和掌握定额，正确应用定额进行造价计算，尤其是为读者更好地学习和掌握工程量清单综合单价的组价，奠定“工、料、机”消耗定额的专业理论基础。下篇“建筑工程计价”则围绕实务能力：“计算工程量（确定项目名称及工作内容）→套用定额单价→调整材料价差→计算直接费、间接费、利润和税金→形成单位工程造价”这一计价方法和程序进行了系统的阐述。本书以四川省规定的计价办法，结合工程图纸，编制出了具有四川区域特征的施工图预算造价，突显了其区域实用性和可操作性特点。本书能循序渐进地引导读者认识、熟悉和掌握定额的基本原理，学会定额计价这一基本技能，为读者进一步学习工程量清单计价模式奠定必备的专业理论基础。全书语言流畅、文字简练、案例丰富，易于学习和掌握。

本书由南充职业技术学院侯晓梅担任主编，南充职业技术学院周靖东、程代兵担任副主编。具体编写分工为：第一、二、三、四、六章由侯晓梅编写，第五章由周靖东编写，第七章由程代兵编写。

本书在编写过程中得到了南充职业技术学院苏登信等领导的鼎力支持，编者在此谨致诚挚谢意！

由于编写时间仓促，编者水平所限，书中难免出现错漏，敬请同行专家和广大读者批评指正！

编　者

第1版前言

《建筑工程定额原理与计价》是根据高等职业院校工程造价专业的人才培养目标、方案、课程性质，并结合专业建设的相关要求而编写的。贯穿全书的主线是各类建筑工程定额的基本原理及其应用，这是工程造价专业学生必须具备的基础理论知识和技能。本书以此为核心，对工程造价管理的相关知识，各类建筑工程定额的确定和应用，预算造价的主要内容、费用组成、工程量计算规则及预算造价的编制等方面进行了系统的阐述。

本书分为上、下两篇：上篇“工程造价概述及定额原理”是工程造价专业的基础理论知识，具有全国通用性的特点；下篇“建筑工程计价”按四川省计价定额（SGD—2000）规定的计价办法，引入了翔实的单位工程施工图案例，编制了具有四川区域特征的单位工程施工图预算造价。本书将专业基础理论与本地区的工程实践进行了有机结合，具有较强的区域实用性和可操作性。全书语言流畅、文字简练、通俗易懂，既可作为工程造价、建筑工程技术、工程监理等相关专业的通用教材，也可作为建筑行业工程预算、工程管理等相关专业人员培训或自学参考用书。

本书由南充职业技术学院土木工程系高级工程师侯晓梅担任主编，周靖东、程代兵担任副主编。本书第一、二、三、四、六章由侯晓梅编写，第五章由周靖东编写，第七章由程代兵编写。

本书在编写过程中得到了南充职业技术学院土木工程系主任唐峻峰、副主任苏登信等领导的大力支持，在此致以诚挚谢意！

由于编写时间仓促，编者水平有限，书中难免出现错漏，敬请同行专家和广大读者批评指正。

编　者

目 录

上篇 工程造价概述及定额原理

下篇　建筑工程计价

上　篇

工程造价概述及定额原理

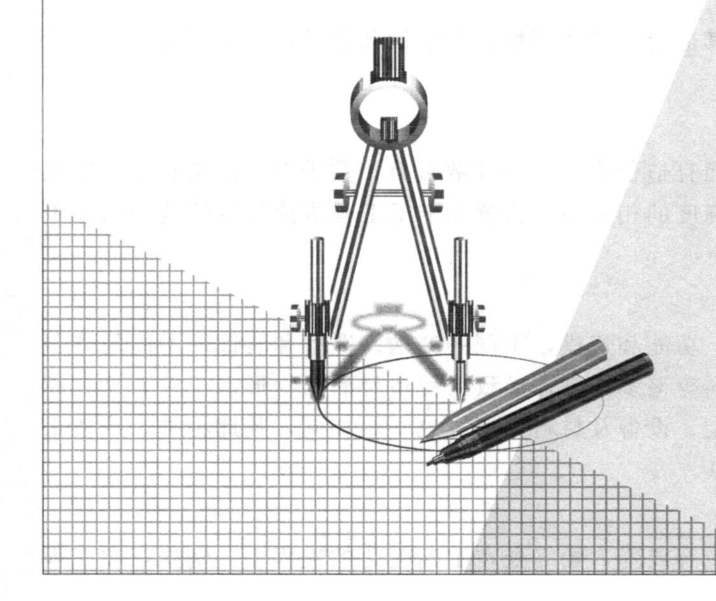

第一章　工程造价概述

第一节　工程造价的基本知识

工程造价的基本知识

一、工程造价的含义及特点

（一）工程造价的两种含义

商品或产品的价格通常是指它们的“制造”价格，工程项目的价格则是指其“建造”价格，简称工程造价。

工程造价的含义可从以下两个方面进行阐述：

一是从投资者角度定义，工程造价是投资者有计划、有目的地进行某项工程项目建设所需支出的全部费用，即投资者选定某一工程项目，该工程项目经过立项、设计、施工、竣工验收等一系列建设程序和投资管理活动，所需支出的总费用。

二是从承包商角度定义，工程造价是指工程项目经历土地市场、设备市场、技术劳务市场以及工程发承包市场等一系列交易活动，所形成的工程项目总价格。

从不同角度去认识工程造价，便形成了工程造价的两种含义：对投资者而言，工程造价是其“购买”工程项目所需支付的总费用；对承包商而言，工程造价是其作为市场供给主体，“出售”工程项目这一特殊“商品”的价格。

（二）工程造价的特点

作为特殊“商品”的工程项目，其造价具有大额性、个别性和差异性、动态性、层次性和兼容性等诸多特点。

1. 大额性

工程项目不仅实物体形庞大，而且造价高昂，动辄数百万，数千万，甚至数亿。工程造价与国民经济的发展一直保持着高度的相关性，这就决定了工程造价的特殊地位以及工程造价管理的重要作用。

2. 个别性和差异性

每一项工程都有它特定的用途、功能和规模，不同的结构、造型和装饰、不同的体积和面积、不同的工艺设备和建筑材料等诸多因素，导致工程项目的实物形态千差万别；而不同地区的投资费用构成、计价规定、设备及材料价格等也不尽相同，凡此种种，致使工程造价呈现出个别性和差异性的特点。

3. 动态性

在社会经济发展过程中，价格或升或降，始终处在不断变化的进程中。例如，在工程项目的建设周期内，设备及材料价格的变化、工资标准的调整、各种费率、利率以及汇率的变化，均使工程造价处于动态变化之中。

4. 层次性

工程项目的层次性决定了工程造价的层次性。例如，一个建设项目包含了一个以上的单项工程；而一个单项工程又包含多个单位工程。一个单位工程包含了多个分部工程，一个分部工程又包含了多个分项工程。

5. 兼容性

工程造价的兼容性首先表现在它两种含义兼而有之，其次表现在工程造价的构成因素具有广泛性和复杂性的特点。

(三)建设工程项目的划分

按照基本建设程序，工程项目建设可分解为建设项目、单项工程、单位工程、分部工程、分项工程，如图 1-1 所示。

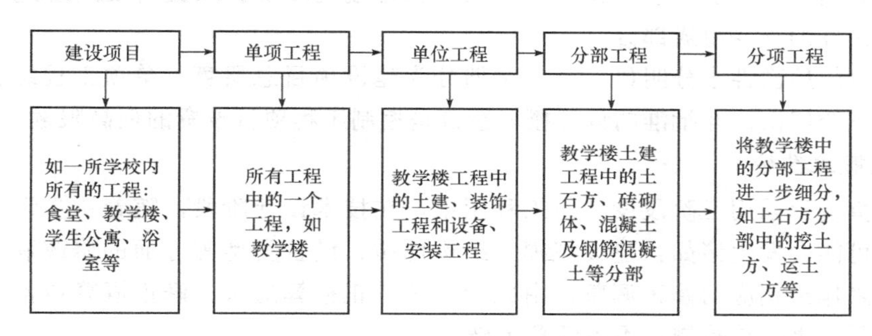

图 1-1　建设工程项目的划分

1. 建设项目

建设项目是指具有一个完整的设计任务书，按一个总体设计组织施工，建成后具有完整的体系，可以独立形成生产能力或使用价值的工程项目，它由一个或多个单项工程所组成。

2. 单项工程

单项工程是指具有一个独立的设计文件，可以独立组织施工，建成后具有独立的生产能力或使用效益的工程项目，它是建设项目的组成部分。

3. 单位工程

单位工程是指具有独立的设计文件，可以独立组织施工和单独核算，但建成后不能发挥独立的生产能力或使用效益的工程项目，它是单项工程的组成部分。

4. 分部工程

分部工程是指按照工程的结构形式、所在部位、构件的性质、使用的材料种类等因素进行划分的工程项目，它是单位工程的组成部分。

5. 分项工程

分项工程是工程项目的基本构造要素。按照不同的施工方法、不同的材料及结构构件等因素，将分部工程进一步划分所形成的工程项目，它是分部工程的组成部分。

二、工程造价的分类及计价特征

(一)工程造价的分类

按照工程建设程序中各阶段不同的精度要求、不同的计价依据，可将工程造价划分为投资估算造价、概算造价、修正概算造价、预算造价、合同价、结算价、实际造价七个类型。

1. 投资估算造价

投资估算造价是指在项目建议书和可行性研究阶段，投资者根据现有的市场、技术、环境、经济等资料和一定的方法，对拟建工程项目所需投资进行的估算。它是从投资者角度反映的工程项目全部费用，是项目建议书和可行性研究的重要组成部分。

2. 概算造价

概算造价是指在初步设计或扩大初步设计阶段，由设计单位根据设计文件、概算定额或概算指标等确定的造价，它涵盖了工程项目从筹建到竣工验收交付使用全过程的建设费用，是设计文件的重要组成部分。

概算造价的层次性十分明显，可依次划分为建设项目总概算、单项工程综合概算、单位工程概算三个层次。经批准的设计概算造价是控制工程项目投资的最高限额。

3. 修正概算造价

修正概算造价采用三阶段设计的工程图纸，在技术设计阶段，随着初步设计内容的进一步深化，可能会发生诸如：建设规模、结构性质、设备类型等方面的修改和变动，概算造价也将随之作出相应的修正调整，由此产生了修正概算造价。修正概算造价比概算造价更准确，但受概算造价控制，不得任意突破。

4. 预算造价

预算造价是指在工程项目的施工图设计完成之后，开工之前，投资者或承包人依据施工图纸、预算定额、取费标准、地区技术经济条件及相关规定等编制的施工图预算造价文件。它比概算造价或修正概算造价更为详尽和准确，但受概算造价控制。

5. 合同价

合同价的编制方法与施工图预算相同，是指在招标投标阶段，通过签订工程项目的总承包合同、建筑安装工程承包合同、设备材料采购合同和咨询服务等合同所确定的价格，合同价属于市场价格的范畴，但不等同于工程的实际造价。

6. 结算价

结算价是指单位工程或单项工程竣工后，承包人根据工程承包合同、设计变更、现场签证等竣工资料编制的竣工结算造价。结算造价是发包人、承包人双方办理竣工结算的重要依据。

7. 实际造价

实际造价是在建设项目竣工验收后，投资者根据竣工结算及相关资料编制的，确定整个工程项目从筹建到竣工投产全过程实际总投资的经济文件(表 1-1)。

(二)工程造价的计价特征

工程造价的计价具有单件性计价特征、多次性计价特征、组合性计价特征、方法多样性计价特征及依据复杂性计价特征。

表 1-1　工程项目建设各阶段对应的造价及其编制主体

序号	建设阶段	工程造价类型	编制主体
1	项目决策阶段	投资估算	建设单位
2	初步设计阶段	初步设计概算	设计单位
3	技术设计阶段	修正概算	设计单位
4	施工图设计阶段	施工图预算	建设单位、施工企业
5	招标投标阶段	合同价	建设单位、施工企业
6	工程结算阶段	结算价	施工企业
7	建设项目竣工验收阶段	竣工决算价（实际造价）	建设单位

1. 单件性计价特征

工程项目建设的个别性和差异性决定了其计价的单件性。建筑产品不像一般工业产品，可以批量生产、批量计价及定价，它只能通过特定的程序单个地进行计价，由此构成了其单件性计价特征。

2. 多次性计价特征

由于工程项目的建设周期长、规模大、造价高，为适应建设过程中各方关系的建立，满足工程造价控制和管理的要求，造价计算必须遵循工程建设的基本程序，分阶段多次性地计价，由此构成了其多次性计价特征，如图 1-2 所示。

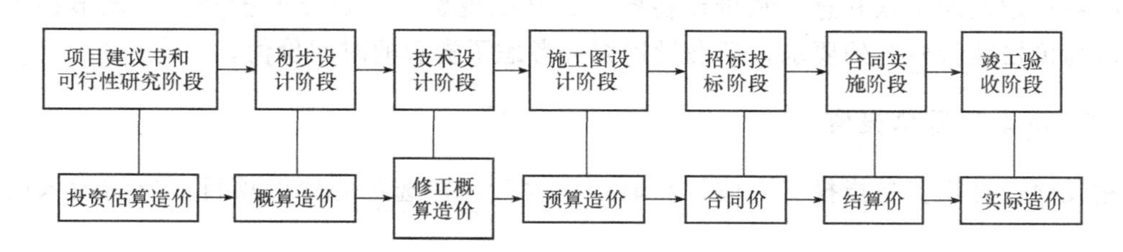

图 1-2　工程造价的多次性计价特征

3. 组合性计价特征

一个建设项目就是一个综合体，这个综合体可以分解为有内在联系的能独立或不能独立的工程项目。它们通常按一定顺序进行组合，即：由各个分项工程造价组合形成一个分部工程造价，由各个分部工程造价组合形成一个单位工程造价，由各个单位工程造价组合形成一个单项工程造价，再由各个单项工程造价组合形成建设项目总造价。

4. 方法多样性计价特征

一方面，多次性计价本身包含了不同阶段的计价依据和精度要求；另一方面，可以选择不同的方法进行计价，例如，在确定预算造价时可选择工料单价法计价，也可选择实物法计价。

5. 依据复杂性计价特征

由于工程造价的构成复杂，影响因素较多，因此，涉及的计价依据复杂广泛，主要归纳为以下几类：

(1)项目建议书、可行性研究报告、设计文件等依据；

(2)计算工程量的依据，如工程图纸、标准图集等；

(3)计算人工、材料、机械台班等实物消耗量的依据，如各类消耗量定额；

(4)计算工程单价的依据，如工料机单价、综合单价、全费用单价等；

(5)计算设备单价的依据，如国产设备、进口设备单价等；

(6)计算各种费用的依据，如费用定额、政策信息等；

(7)计算政府规定的各类税、费等依据；

(8)调整工程造价的依据，如政府文件的相关规定、工程造价指数、物价指数等。

三、建设项目投资的概念

(一)静态投资与动态投资

1. 静态投资

静态投资是指编制预期造价(估算、预算、概算造价的总称)时，以某一基准年(月)的建设要素的价格为依据，计算的建设项目投资的瞬时值。其包括建筑安装工程费、设备及工、器具购置费、工程建设其他费用和基本预备费。

2. 动态投资

动态投资是指为完成一个工程项目的建设，预计所需投资的总和。其包括静态投资的全部内容；建设期贷款利息、涨价预备费、新开征税费、固定资产投资方向调节税等。为适应市场价格运行机制的要求，动态投资充分考虑了资金的时间价值。

(二)建设项目总投资

建设项目总投资是指投资主体为获取预期收益，在选定的建设项目上所需投入的全部资金。

建设项目按用途可划分为生产性建设项目和非生产性建设项目。生产性建设项目总投资包括固定资产投资和流动资产投资两部分；而非生产性建设项目总投资只包括固定资产投资，不包括流动资产投资。

(三)固定资产投资

固定资产投资是指投资主体为了达到预期的收益，所采取的一种资金垫付行为。我国目前的固定资产投资是由基本建设投资、更新改造投资、房地产开发投资和其他固定资产投资四部分所组成。

(四)建筑安装工程造价

建筑安装工程造价也称为建筑安装工程产品价格，是由建筑工程费用和安装工程费用两部分所组成。

第二节　工程造价的组成与计算

工程造价的组成与计算

一、建设工程造价的组成

按照建设工程项目所确定的建设内容、建设规模、建设标准、功能要求和使用要求等将其全部建成，验收合格并交付使用，整个建设过程所需投资的费用，即是建设项目总投资。

我国现阶段的建设项目总投资，是由固定资产投资和流动资产投资两大部分组成。其中固定资产投资由工程造价所构成，工程造价是由设备及工、器具购置费用，建筑安装工程费用，工程建设其他费用，预备费，建设期贷款利息及固定资产投资方向调节税所构成，如图 1-3 所示。

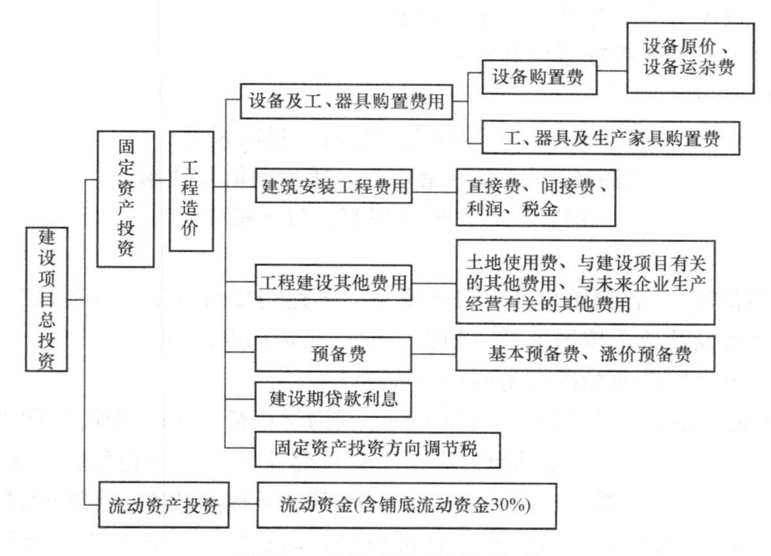

图 1-3　建设项目总投资构成

二、设备及工、器具购置费

设备及工、器具购置费由设备购置费和工、器具及生产家具购置费所构成。它是固定资产中的积极部分，在生产性建设项目中，随着设备及工、器具购置费用占工程造价比重的增长，意味着生产技术的进步和资本有机构成的提高。

1. 设备购置费

设备购置费是指为建设项目购买或自制的，达到固定资产标准的各种国产或进口设备、工具、器具的购置费用。设备购置费由设备原价和设备运杂费两部分构成。

设备购置费＝设备原价＋设备运杂费

(1)设备原价。设备原价可分为国产设备原价和进口设备原价。

1)国产设备原价是指设备制造厂的交货价、出厂价或订货合同价。通常根据询价、报价、订货合同价确定，或采用一定的计算方法确定。国产设备原价有标准设备原价和非标准设备原价之分。国产标准设备原价是指按标准图纸和相关技术要求，由企业批量生产，符合质检标准的带备件或不带备件的设备原价；国产非标准设备原价是指国家尚无定型标准，不能批量生产，只能按照订货要求和设计图纸加工制造的设备，其原价通常采用一定的方法计算确定，常见的计算方法为成本估价法。

按成本估价法计算国产非标准设备原价的计算公式如下：

①材料费＝材料净重×(1＋加工损耗率)×每吨材料单价

②加工费＝设备总质量(吨)×设备每吨加工费

③辅助材料费＝设备总质量×辅助材料费指标

④专用工具使用费：按①～③项之和乘以专用工具使用费费率。

⑤废品损失费：按①～④项之和乘以废品损失费费率。

⑥外购配套件费：按图纸所列外购配套件的名称、规格、型号、数量、质量购买，并计算其相应的运杂费。

⑦包装费：按①～⑥项之和乘以包装费费率。

⑧利润：按①～⑤＋⑦项乘以利润率。

⑨税金：增值税。

增值税＝当期销项税额－进项税额

当期销项税额＝销售额×适用增值税税率

销售额＝含税销售额÷(1＋税率)

即：

增值税＝[含税销售额÷(1＋税率)]×适用增值税率－进项税额

⑩非标准设备设计费：按国家规定的设备设计收费标准计算。

综上所述，单台国产非标准设备原价可表达为

单台国产非标准设备原价＝{[(材料费＋加工费＋辅助材料费)×(1＋专用工具使用费)×(1＋废品损失费)＋外购配套件费]×(1＋包装费费率)－外购配套件费}×(1＋利润率)＋增值税＋非标准设备设计费＋外购配套件费

【例 1-1】 某工厂拟采购一台国产非标准设备，制造厂生产该台设备所用材料费 25 万元、辅助材料费 0.45 万元、加工费 2 万元、专用工具费费率 1.5%、外购配套件费 3 万元；该台设备的废品损失费费率 10%、包装费费率 1%、利润率 7%、增值税税率 17%；设备设计费 2.5 万元；无进项税额发生，试计算该台设备的原价。

解：

专用工具使用费＝(25＋2＋0.45)×1.5%＝0.411 8(万元)

废品损失费＝(25＋2＋0.45＋0.411 8)×10%＝2.786 2(万元)

包装费＝(25＋2＋0.45＋0.411 8＋2.786 2＋3.0)×1%＝0.336 5(万元)

利润＝(25＋2＋0.45＋0.411 8＋2.786 2＋0.336 5)×7%＝2.168 9(万元)

增值税＝(25＋2＋0.45＋0.411 8＋2.786 2＋0.336 5＋3.0＋2.168 9)÷(1＋17%)×17%－0＝5.253 1(万元)

国产非标准设备原价＝25＋2＋0.45＋0.411 8＋2.786 2＋0.336 5＋2.168 9＋5.253 1＋3.0＋2.5＝43.906 5(万元)

答：该台国产非标准设备的原价为 43.906 5 万元。

2)进口设备原价的构成及计算。进口设备的原价是指设备的抵岸价，即设备抵达买方

边境港口或边境车站，并交完关税后所形成的价格。

进口设备的交货类型通常可分为内陆交货、目的地交货及装运港交货三类。

①内陆交货类是指在出口国内陆的某个地点交货，即在交货地点，卖方及时提交合同规定的货物和有关凭证，承担交货前的一切费用及风险；买方按时接收货物，交付货款，承担交货后的一切费用及风险，并负责自行办理出口手续和装运出口。

②目的地交货类通常可分为目的港船上交货价、目的港船边交货价、目的港码头交货价及完税后交货价四类。目的地交货方式的特点可归纳为：卖方需在进口国港口或内陆将货物置于买方控制之下，方能向买方收取货款。由于这类交货方式对于卖方而言风险过大，故在国际交易中一般不采用。

③装运港交货类通常可分为装运港船上交货价(FOB)、运费在内价(CFR)、保险费在内价(CIF)三类。装运港交货方式的特点可归纳为：买卖双方在出口国装运港(船上)完成交货。

我国进口设备通常采用装运港船上交货价(FOB)。

FOB是指在出口国装运港的船上完成交货，采用这种交易方式的买卖双方，其担负的责任分别为：

卖方：在规定的期限内，按照合同约定，将货物装上买方指定的船只，并及时通知买方；负责办理出口手续；提供出口国政府或有关方签发的证件；提供相关的装运单据；接收货款，并承担交货前的一切费用及风险。

买方：负责租船(订舱)、支付运费并将船名、船期及时通知卖方；自行办理保险费、目的港的进口及收货手续；在交货地点接收货物；接受卖方提供的相关装运单据；支付货款；承担交货后的一切费用及风险。

④进口设备抵岸价的构成及计算公式。

进口设备抵岸价＝货价＋国际运费＋运输保险费＋银行财务费＋外贸手续费＋关税＋增值税＋消费税＋海关监管手续费＋车辆购置附加费

a. 货价：一般指装运港船上交货价(FOB)，货价可分为原币货价和人民币货价，若为原币货价，应以美元为中间价计算为人民币货价。

b. 国际运费：从出口国装运港抵达我国港口的运费。我国进口设备大部分采用海洋运输，小部分采用铁路运输，个别采用航空运输。

国际运费(海、陆、空)＝装运港船上交货价(FOB)×运输费费率

或　国际运费(海、陆、空)＝运量×单位运价

c. 运输保险费：由保险人(保险公司)与被保险人(出口人或进口人)订立保险契约，被保险人付费后，保险人根据契约承担货物运输保险责任范围内的损失。

运输保险费＝[装运港船上交货价(FOB)＋国际运费]÷(1－保险费费率)×保险费费率

保险费费率：按国际贸易货物运输保险所规定的相关费率计算。

d. 银行财务费：是指中国银行的手续费。

银行财务费＝装运港船上交货价(FOB)×银行财务费费率(一般为0.4％～0.5％)

e. 外贸手续费：按外贸部门规定应计算的外贸手续费。

外贸手续费＝[装运港船上交货价(FOB)＋国际运费＋运输保险费]×外贸手续费费率

(外贸手续费费率一般为1.5％)

f. 关税：海关对进出国境或边境的货物征收的一个税种。

$$关税=到岸价(CIF)\times关税税率$$

到岸价(CIF)：由装运港船上交货价(FOB)、国际运费、运输保险费组成，也称为关税完税价格。

g. 消费税：对部分设备(如轿车、摩托车等)征收的税种。

$$应纳消费税=[到岸价(CIF)+关税]\div(1-消费税税率)\times消费税税率$$

消费税率根据规定税率计算。

h. 增值税：是指对从事进口贸易的单位和个人，在商品进口报关以后所征收的税额。

$$进口商品增值税额=组成计税价格\div(1+增值税税率)\times增值税税率$$

$$组成计税价格=到岸价(CIF)+关税+消费税$$

(进口设备增值税适用税率一般为 17%)

i. 海关监管手续费：海关对进口的减税、免税、保税货物实施监管，提供服务所应收取的手续费。

$$海关监管手续费=到岸价(CIF)\times海关监管手续费费率$$

(海关监管手续费费率一般为 0.3%)

j. 车辆购置附加费：是指进口车辆需缴纳车辆购置附加费。

$$进口车辆购置附加费=[到岸价(CIF)+关税+消费税+增值税]\times进口车辆购置附加费费率$$

【例 1-2】 从某国进口一批设备，重为 1 200 t，装运港船上交货价(FOB)为 450 万美元，国际运费标准为 300 美元/t，海洋运输保险费费率为 3‰，银行财务费费率为 5‰，外贸手续费费率为 1.5%，关税税率为 22%，增值税税率为 17%，消费税税率为 10%(银行外汇牌价为 1 美元=6.8 元人民币)。试计算这批设备的原价。

解： 进口设备原价见表 1-2。

表 1-2 进口设备原价

费用名称	计算表达式	金额(人民币)/元
1 交货价(FOB)	450×6.8	30 600 000.00
2 进口设备从属费用	2 448 000+99 442.33+7 292 437.31+4 493 319.96+6 528 755.50+153 000+497 211.64	21 512 166.74
2.1 海运费	300×1 200×6.8	2 448 000.00
2.2 海运保险费	(30 600 000+2 448 000)÷(1−3‰)×3‰	99 442.33
2.3 关税	(30 600 000+2 448 000+99 442.33)×22%	7 292 437.31
2.4 消费税	(30 600 000+2 448 000+99 442.33+7 292 437.31)÷(1−10%)×10%	4 493 319.96
2.5 增值税	(30 600 000+2 448 000+99 442.33+7 292 437.31+4 493 319.96)÷(1+17%)×17%	6 528 755.50
2.6 银行财务费	30 600 000×5‰	153 000.00
2.7 海关监管手续费	(30 600 000+2 448 000+99 442.33)×1.5%	497 211.64
3 设备原价	30 600 000.00+21 512 166.74	52 112 166.74

答：这批进口设备的原价为 52 112 166.74 元。

(2)设备运杂费。设备运杂费是由设备运输费和装卸费、包装费、供销部门手续费、采购与仓库保管费所构成。

1)设备运输费和装卸费。

①国产设备运输费和装卸费是指设备从制造厂交货地点到施工工地仓库或指定地点所发生的运输和装卸费。

②进口设备运输费和装卸费是指设备从我国到岸港口或边境车站运至工地仓库或指定地点所发生的运输费和装卸费。

2)包装费是指在设备原价中没有包含的，为方便运输而对设备进行包装所发生的费用。

3)供销部门手续费是指设备供应部门应收取的手续费。一般按有关部门规定的费率统一计取。

4)采购与仓库保管费是指采购、验收、保管和收发设备所发生的费用。它包括以下几项：

①人员工资即设备采购、保管、管理人员的工资、工资附加、办公费、差旅交通费。

②设备供应部门办公和使用仓库所占固定资产使用费、工具用具使用费、劳动保护费、检验试验费等，一般按有关部门的规定计算。

③设备运杂费的计算公式：

$$设备运杂费=设备原价\times设备运杂费费率$$

设备运杂费率按各部门或各省市的规定计取。

2. 工器具及生产家具购置费

工器具及生产家具购置费是指新建、扩建项目初步设计规定的，为保证初期正常生产，必须购置的未达到固定资产标准的设备、仪器、工具、卡具、模具、生产家具和设备备件等的购置费用。

$$工器具及生产家具购置费=设备购置费\times规定费率$$

三、建筑安装工程费用的构成及计算

(1)建筑工程费用是由各类房屋建筑工程预算，以及列入房屋建筑工程预算内的供水、供暖、供电、卫生、通风、煤气等设备安装及其装饰费用，列入房屋建筑工程预算内的各种管道、电力、电信和电缆导线敷设工程等项费用所构成。

(2)安装工程费用是由各种需要安装的机械设备的装配费用，包括对单台机械设备进行单机试运转，对系统机械设备进行系统试运转所产生的调试费用。

建筑安装工程费用按计价模式的不同，可将其划分为定额计价模式的费用构成和工程量清单计价模式的费用构成两种类型(图 1-4、图 1-5)。

四、工程建设其他费用

工程建设其他费用是指从工程筹建起到竣工验收交付使用止的整个建设期间，除建筑安装工程费用和设备及工、器具购置费用，为保证工程建设顺利完成和交付使用后能够正常发挥效用而发生的各项费用。

工程建设其他费用可划分为土地使用费、与工程建设有关的其他费用、与未来企业生产经营有关的其他费用、预备费、建设期货款利息、固定资产投资方向调节税六类。

1. 土地使用费

任何一个建设项目都必须占用土地，因而必然要为其占用的土地支付用费，即土地使

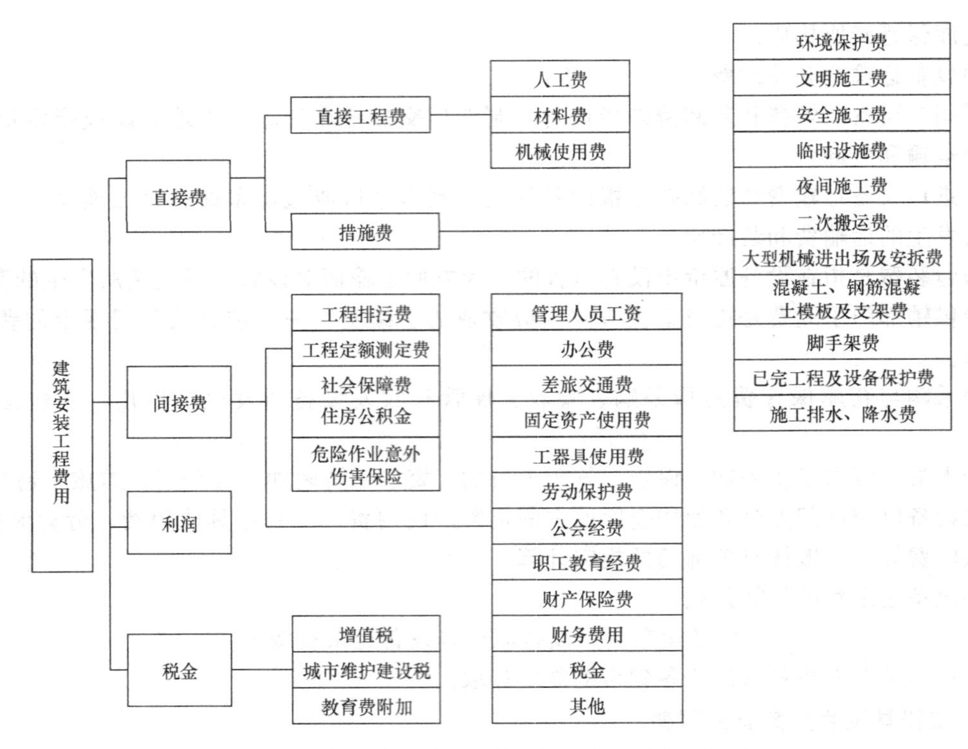

图 1-4　定额计价模式下的建筑安装工程费用构成

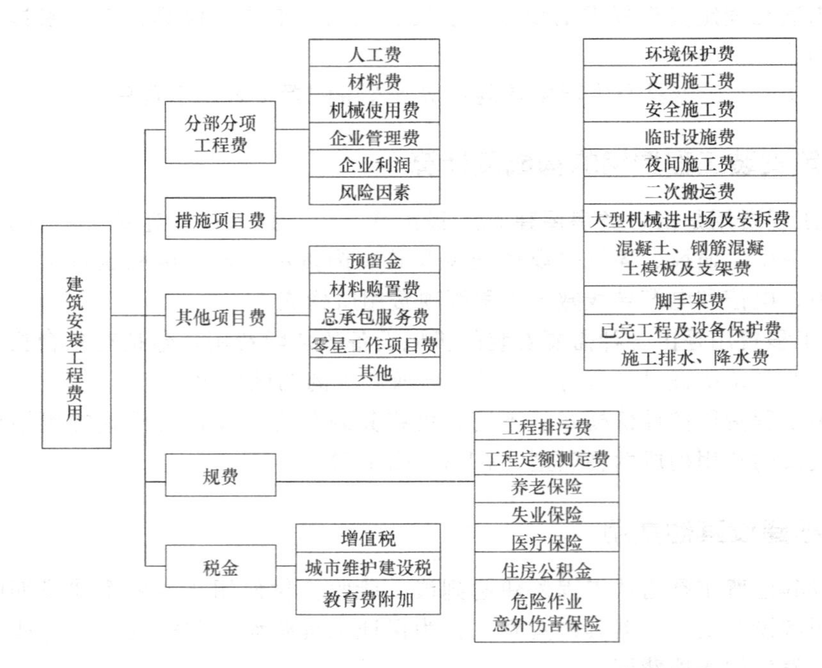

图 1-5　工程量清单计价模式下的建筑安装工程费用构成

用费。建设项目取得土地使用权有划拨和出让两种方式。若通过划拨方式取得土地使用权，需支付土地征用及迁移补偿费；若通过出让方式获得土地使用权，则需支付土地使用出让金。

(1)土地征用及迁移补偿费是指通过划拨方式取得无限期的土地使用权，依照《中华人民共和国土地管理法》的相关规定所需支付的费用。其总费用一般不得超过被征用土地年产值的20倍，土地年产值则按该地被征用前3年的平均产量和国家规定的价格计算，其内容包括以下几项：

1)征用耕地(包括菜地)的补偿标准为：该耕地(包括菜地)年产值的3～6倍，具体标准由省、自治区、直辖市人民政府制定。征用园地、鱼塘、藕塘、苇塘、宅基地、林地、牧场、草原等的补偿标准，由省、自治区、直辖市人民政府制定。征用无收益的土地，不予补偿。

2)青苗补偿费和被征用土地上的房屋、水井、树木等附着物补偿费，其标准由省、自治区、直辖市人民政府制定。征用城市郊区的菜地时，应按照有关规定向国家缴纳新菜地开发建设基金。

3)安置补助费是指征用耕地、菜地时，每个农业人口的安置补助费标准为该地每亩年产值的2～3倍，需要安置的农业人口数则按被征地单位征地前农业人口和耕地面积的比例及征地数量计算。每亩的安置补助费最高不得超过其年产值的10倍。

4)缴纳的耕地占用税或城镇土地使用税、土地登记及征地管理税等。土地管理机关从征地费中提取管理费的比率应按征地工作量的大小，视不同情况，在1%～4%的幅度内提取。

5)征地动迁费是指被征用土地上的房屋及附属构筑物、城市公共设施等的拆除、迁建补偿、搬迁运输费，企业因搬迁造成的减产、停工损失补贴费、拆迁管理费等。

6)水利水电工程、水库淹没处理补偿费，其内容包括移民安置迁建费，城市迁建补偿费，库区工矿企业、交通、电力、通信、广播、管网、水利等的恢复、迁建补偿费，库底清理费，防护工程费，环境影响补偿费等。

(2)土地使用出让金是指通过土地使用权出让方式取得有限期的土地使用权，即：依据《中华人民共和国城镇国有土地使用权出让和转让暂行条例》的相关规定需支付的土地使用权出让金，其内容包括以下几项：

1)明确国家是城市土地的唯一所有者，并分层次、有偿有限地出让、转让城市土地所有权给用地者。第一层次是由城市政府将国有土地使用权出让给用地者，该层次是由城市政府垄断经营，出让对象是具有法人资格的企事业单位，也可以是外商；第二层次及以下的转让则发生在用地者之间。

2)城市土地的出让和转让方式有协议、招标、公开拍卖等方式。

①协议方式是由用地单位申请，经政府批准后，双方洽谈具体地块和地价。该方式适用于市政工程、公益事业用地以及需要减免地价的机关、部队用地和需要重点扶持、优先发展的产业用地。

②招标方式是在规定的期限内，由用地单位采用书面形式投标，政府根据投标报价、规划方案以及企业的信誉等综合考虑，择优录取。该方式适用于一般工程建设用地。

③公开拍卖是指在规定的时间和地点，申请用地者参与竞价，价高者得，该方式一般适用于盈利高的行业用地。

3)在有偿出让和转让土地时，政府对地价不作统一规定，但应坚持以下原则：地价对投资环境不产生大的影响；与当时的社会经济承受力相适应；并考虑已投入的土地开发费用、土地市场供求关系、土地用途和使用年限。

4)关于政府有偿出让土地使用权的年限，各地可根据时间、区域等规定，一般确定在

30～99 年。参照地面附属建筑物的折旧年限，通常以 50 年为宜。

5)土地有偿出让和转让，土地使用者和所有者要签约，明确使用者对土地享有的权利和应承担的义务。有偿出让和转让使用权，要向土地受让者征收契税；转让土地如有增值，还要向土地转让者增收增值税；在土地转让期间，国家要区别不同地段、不同用途向土地占用者征收土地占用费。

2. 与工程建设有关的其他费用

(1)建设单位管理费是指建设项目从立项筹建起到竣工验收交付使用，并完成项目后评估整个过程进行管理所需支出的费用。其内容包括以下几项：

1)建设单位开办费是指为保证新建项目的筹建和建设正常进行，所需的办公设备，生活家具、用具，交通工具等购置费用。

2)建设单位经费包括工作人员的工资、工资性补贴、职工福利费、劳动保护费、劳动保险费、办公费、差旅交通费、工会经费、职工教育经费、固定资产使用费、工具用具使用费、技术图书资料费、生产人员招募费、工程招标费、合同咨询费、法律顾问费、审计费、业务招待费、排污费、竣工验收费、后评估等费用，但不包括计入设备、材料预算价格之中的建设单位采购及保管设备材料的费用。

(2)勘察设计费是指为建设项目提供项目建议书、可行性研究报告及设计文件所发生的费用。其内容包括编制项目建议书、可行性研究报告及投资估算、工程咨询、评价以及为编制上述文件所进行的勘察、设计、研究等所需费用；委托勘察、设计单位进行初步设计、施工图设计及编制概预算文件等所需费用；在规定范围内由建设单位自行完成的勘察、设计工作所需费用。

(3)研究试验费是指为建设项目提供和验证设计参数、数据、资料需进行必要的试验所发生的费用。其内容包括自行或委托其他部门研究试验所需人工费、材料费、试验设备及仪器使用费等。

(4)临时设施费是指项目建设期间，建设单位所需临时设施的搭设、维修、摊销费用或租赁费用。临时设施包括临时宿舍、文化福利及公用事业房屋与构筑物、仓库、办公室、加工厂及规定范围内的道路、水、电、管线等。

(5)工程监理费是指委托工程监理单位对工程实施监理所需费用。计算工程监理费有以下两种方法：

1)通常按工程建设监理收费标准计算，即按所建工程概算或预算的百分比计算。

2)简单工程或临时性项目，可按参与监理人员 3 万～5 万元/(人・年)计算。

(6)工程保险费是指建设项目在建设期间，根据需要予以保险所支付的费用。其保险标的为：各类建筑工程及其在施工过程中的物料、机器设备的建筑工程一切险，各类安装工程中的机器、机械设备的安装工程一切险，机器损坏险等。工程保险费应根据不同的工程类别，分别按建筑工程、安装工程费乘以相应的保险费费率计算，民用建筑保险费费率为 2‰～4‰，其他工程保险费费率为 3‰～6‰，安装工程保险费费率为 3‰～6‰。

(7)供电贴费是建设项目按国家规定应交付的供电工种贴费、施工临时用电贴费。供电贴费是一种解决电力建设资金不足的临时性对策，目前已停止征收。

(8)施工机构迁移费是施工机构根据建设任务的需要，经批准由原驻地迁移到另一地区的一次性搬迁费用。其费用内容包括职工及随同家属的差旅费、迁移期间的工资和施工机械、设备、工具、用具和周转性材料的搬运费。一般按建筑安装工程费的 0.5%～1%计算。

(9)引进技术和进口设备其他费用是指出国人员费用、国外工程技术人员来华费用、技术引进费、进口设备检验鉴定费、分期或延期付款利息等费用。其中：

1)出国人员费用是指为引进技术和进口设备，派出人员在国外学习、培训、生活及差旅交通等费用。

2)国外工程技术人员来华费用是指为安装进口设备、聘用外国工程技术人员进行技术指导等所发生的费用。

3)技术引进费是指为引进国外先进技术而支付的费用，包括专利费、专有技术费、国外设计及技术资料费、计算机软件费等。

4)分期或延期付款利息是指进口设备和引进技术时，利用出口信贷进行分期、延期付款所需支付的利息。

5)担保费是指国内金融机构为买方出具保函的担保费。

6)进口检验鉴定费用是指进口设备按规定付给商品检验部门的检验费。

(10)工程承包费是指具备总承包能力的公司，对工程建设项目从建设到竣工投产全过程进行总承包所需的管理费用。其包括组织勘察，设计，设备材料采购，施工招标，发包，工程预、结、决算，项目管理，施工质量监督，隐蔽工程检查、验收和试车直至竣工投产全过程的各项管理费用。工程承包费一般按国家主管部门或省、自治区、直辖市规定的费用标准计算。

3. 与未来企业生产经营有关的其他费用

(1)联合试运转费是指新建或新增生产能力的企业，在竣工验收前，按照设计规定的工程质量标准，进行整个车间的有负荷或无负荷联合试运转，所发生的支出大于收入的亏损部分。其费用内容包括：试运转所需的原料、燃料、油料和动力的消耗费用，机械使用费用，低值易耗品及其他物品的费用；施工企业相关业务人员参与竣工试车的工资以及专家指导所发生的费用。但不包括应由设备安装工程费开支的设备安装调试及试车费用。

(2)生产准备费是指新建或新增生产能力的企业，为保证竣工交付使用而进行必要的生产准备所发生的费用。

1)生产人员培训费包括：自行培训、委托其他单位培训，其培训人员的工资、工资性补贴、职工福利费、差旅交通费、劳动保护费、学习培训及学习资料等费用。

2)生产人员提前进厂参加施工、设备调试以及熟悉工艺流程、设备性能等项工作所需的工资、工资性补贴、职工福利费、差旅交通费、劳动保险等费用。

(3)办公和生活家具购置费是指为保证建设项目初期正常生产、使用和管理所必需购置的办公和生活家具、用具的费用。其包括办公室、会议室、资料档案室、图书阅览室、食堂、浴室等一系列按设计规定必须购置的家具用具费用。

4. 预备费

预备费是指工程项目在建设中，可预见或不可预见的一些因素导致投资增加而需预留或补偿的费用，按照国家相关规定，预备费可分为基本预备费和涨价预备费。

(1)基本预备费。基本预备费是指在初步设计和编制概算时难以预料的工程费用。其包括以下几项：

1)在批准的初步设计范围内，施工图设计更改及施工过程中所增加的工程费用，如设计变更、局部地基处理等费用。

2)一般自然灾害造成的损失和预防自然灾害所采取的措施费用。

3)某些特殊情况下，质监部门为鉴定工程质量而需对隐蔽工程进行必要的开挖和修复的费用。

基本预备费一般以设备与工器具购置费、建筑安装工程费及工程建设其他费用之和为基础计算，即

基本预备费=(设备及工器具购置费+建筑安装工程费+工程建设其他费用)×基本预备费费率

(2)涨价预备费。涨价预备费是指建设项目在建设期内，一些动态变化因素会随时导致工程造价发生变化，因此，需预留一笔预备费用。其包括：人工、设备、材料及施工机械的价差，建筑安装工程费及工程建设其他费用的调整，利率、汇率的调整等费用。其计算公式为

$$C=\sum_{t=1}^{n}P_t[(1+K)^t-1]$$

式中 C——涨价预备费；

P_t——建设期第 t 年的投资计划额，包括：设备及工、器具购置费、建筑安装工程费、工程建设其他费用和基本预备费；

n——建设期年数；

K——平均价格变动率；

t——建设期内从第 1 年到第 n 年($t=1$，2，3，…，n)。

【例 1-3】 某建设项目共计贷款 8 000 万元，按该项目计划要求，建设期为三年，其资金拨款比例分别为：第一年 20%、第二年 50%、第三年 30%，年平均价格变动率为 5%，试计算该项目三年建设期内的涨价预备费。

解： 第一年投资用款额：

$P_t=8\ 000\times20\%=1\ 600$(万元)

第一年涨价预备费：

$C_1=1\ 600\times[(1+5\%)-1]=80$(万元)

第二年投资用款额：

$P_t=8\ 000\times50\%=4\ 000$(万元)

第二年涨价预备费：

$C_2=4\ 000\times[(1+5\%)^2-1]=410$(万元)

第三年投资用款额：

$P_t=8\ 000\times30\%=2\ 400$(万元)

第三年涨价预备费：

$C_3=2\ 400\times[(1+5\%)^3-1]=378.30$(万元)

则三年建设期的涨价预备费共计：

$C=C_1+C_2+C_3=80+410+378.30=868.30$(万元)

答：该项目三年建设期内的涨价预备费共计 868.30 万元。

5. 建设期贷款利息

建设期贷款利息是指建设项目为筹措资金，向国内银行或其他非银行金融机构贷款，出口信贷或向外国政府贷款，向国际商业银行贷款以及在境内外发行债券等所应偿还的贷款利息。

建设期贷款按其发放形式的不同，利息计算公式也有所不同。贷款发放形式一般有以下两种：

(1)贷款总额一次性贷出，且利率固定。其计算公式为

$$q=p\times[(1+i)^n-1]$$

(其中：$p\times(1+i)^n$ 为本利和，即复利计算公式。)

式中 q——贷款利息；

p——一次性贷款金额；

i——贷款年利率；

n——贷款年限。

(2)贷款总额分年度均衡发放，且利率固定。其计算公式为

$$q_j=(p_{j-1}+1/2\times a_j)\times i$$

式中 q_j——建设期第 j 年应计利息；

p_{j-1}——建设期第 $j-1$ 年末，贷款与利息累计金额之和；

a_j——建设期第 j 年贷款金额；

i——贷款年利率。

【例 1-4】 某新建项目建设期为三年，贷款总额为 1 300 万元，分年度发放，第一年发放贷款 300 万元，第二年发放贷款 600 万元，第三年发放贷款 400 万元，其年利率均为 12%，试计算该建设项目的建设期贷款利息。

解：

第一年：$q_1=(p_{1-1}+1/2\times a_1)i=0+1/2\times300\times12\%=18$(万元)

第二年：$q_2=(p_{2-1}+1/2\times a_2)i=(300+18+1/2\times600)\times12\%=74.16$(万元)

第三年：$q_3=(p_{3-1}+1/2\times a_3)i=(300+18+600+74.16+1/2\times400)\times12\%=143.06$(万元)

$q_{1-3}=18+74.16+143.06=235.22$(万元)

答：建设期贷款利息总和为 235.22 万元。

6. 固定资产投资方向调节税

固定资产投资方向调节税是指国家为了控制投资规模、引导投资方向、调整投资结构，加强重点建设，促进国民经济持续稳定向前发展，而对投资者征收的一个税种(目前已停征)。

本章小结

本章主要介绍了工程造价的概念和特点、建设项目及其分类、工程造价的分类、工程造价的计价特征、工程造价管理的相关概念以及建设项目投资总构成。

我国现行建设项目总投资是由固定资产投资和流动资产投资两部分所构成。其中固定资产投资部分即是建设工程造价，是由设备及工器具购置费用，建筑安装工程费用，工程建设其他费用，预备费，建设期贷款利息，固定资产投资方向调节税构成，本章对上述固定资产投资的构成内容进行了全面阐述。

复习思考题

1. 什么是工程造价？如何理解其两种含义？

2. 工程造价有哪些特点和计价特征？

3. 如何对建设项目进行分解和对工程造价进行分类？

4. 简述建设项目投资费用、固定资产投资(工程造价)的构成。

5. 简述设备及工器具购置费用的构成。

6. 简述建筑安装工程费用的构成。

7. 简述工程建设其他费用的构成。

8. 简述预备费、建设期贷款利息及固定资产投资方向调节税的概念。

9. 某厂拟采购一台国产非标准设备，制造厂生产该台设备所用材料费为30万元、辅助材料费为0.5万元、加工费为2.5万元、专用工具使用费费率为1.5%、外购配套件费为4万元；该台设备的废品损失费费率为8%、包装费费率为1%、利润率为6.5%、增值税税率为17%；设备设计费为3万元。试计算该台设备的原价。

10. 某新建项目，建设期为四年。贷款总额为8 000万元，分年度发放，建设期第一年发放贷款为1 500万元，第二年发放贷款为3 000万元，第三年发放贷款为2 000万元，第四年发放贷款为1 500万元，其年利率均为12%，试计算该项目的建设期贷款利息。

第二章　工程建设定额

第一节　定额概述

定额概述

一、定额的概念

定额是一种规定的额度和标准，是人们根据需要，对某一待定事物所作出的数量限额的规定。

工程建设定额是专门为建设工程制定的一类定额，是指在正常的施工条件下，在合理的劳动组织、合理使用材料和机械的条件下，完成质量合格的单位产品所必须消耗的资源或资金标准。在建设工程定额中，除规定了各种资源或资金的消耗数量外，还规定了应完成的工作内容，以及应达到的质量标准和安全要求。

二、定额的作用

在工程建设和企业管理中，定额是实施计划管理、进行宏观调控、确定工程造价、贯彻按劳分配原则、实行经济核算的重要依据，是衡量劳动生产率，总结、分析和改进施工方法，提高生产效率的重要手段。

三、定额的特点

1. 定额的科学性

定额是在认真研究基本经济规律、价值规律的基础上，经长期严密的观察、测定，总结生产实践经验，广泛搜集有关资料，应用科学的方法对工时分析、作业研究、现场布置、机械设备改良，以及施工技术与组织的合理配合等方面进行综合分析和研究后制定的。因此，它具有科学性。

2. 定额的法定性

定额是由国家各级主管部门按照一定的科学程序组织编制并颁发的，在规定范围内，任何单位都必须严格遵守执行，不得任意改变，而且定额管理部门还应对其使用进行监督管理。在计划经济时代，定额具有较强的法定性特点，而伴随着市场经济时代的到来，定额的法定性特点正逐步弱化。

3. 定额的先进性和群众性

定额是在经过广泛的测定，大量的数据分析、统计、研究及总结工人生产经验的前提下，按照正常的工作条件，大多数企业经过努力可以达到或超过的平均先进水平制定的，因此，它具有先进性；定额的制定来源于群众的生产经营活动，定额的执行又成为群众参加生产经营活动的准则，因此，它具有群众性的特点。

4. 定额的稳定性和时效性

定额是一定时期内生产技术和管理水平的反映。因此，定额在一定时期内表现出相对的稳定性，其稳定的时间有长有短，一般为5～10年。一方面，为了有效地贯彻和执行定额，需要定额在一定时期内呈现相对稳定的状态，如果一部定额经常性地发生修改和变动，人们势必会对这部定额的科学性产生怀疑，进而造成执行定额的混乱，以至于影响定额的严肃性和权威性；另一方面，定额必须与不断向前发展的生产技术和管理水平相适应，与工程造价的动态性特点相适应，因此，定额在执行过程中需随时进行修订和补充、需间隔性地重新编制。定额的这一特点充分反映出其绝对的时效性和相对的稳定性。

第二节　定额的分类

由于工程建设产品具有构造复杂、规模庞大、种类繁多、建设周期长、计价方法多样、计价依据复杂等诸多技术经济特点，造成了工程建设产品外延的不确定性和工程建设定额的多种类和多层次的特点。

定额的分类

工程建设定额是各类定额的总称，是一个综合的概念，按照不同的原则和方法可对其进行科学的分类(图2-1)。

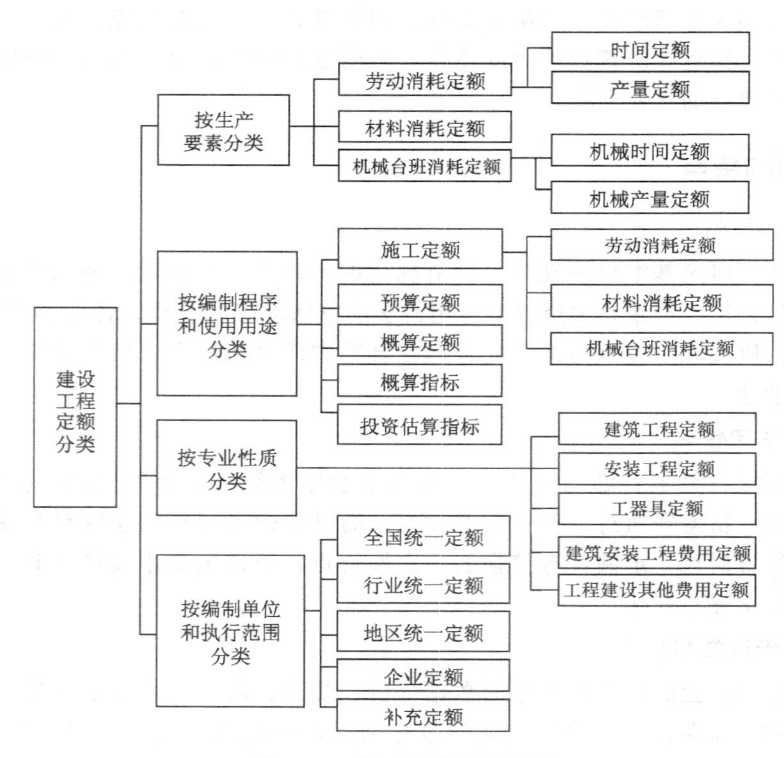

图2-1　工程建设定额分类图

一、按生产要素分类

所谓生产要素是指劳动者、劳动对象和劳动手段三要素，而与之对应的消耗定额则分别是劳动消耗定额、材料消耗定额、机械消耗定额。

1. 劳动消耗定额

劳动消耗定额简称劳动定额，又称为人工消耗定额或人工定额，它是指完成质量合格的单位产品规定消耗的活劳动的数额标准。

由于劳动定额通常采用工作时间消耗量来计算劳动消耗的数量，因此，劳动定额的主要表现形式是时间定额，同时也表现为产量定额。时间定额与产量定额之间互为倒数。

2. 材料消耗定额

材料消耗定额简称材料定额，是指完成质量合格的单位产品所必须消耗的各类材料的数额标准。各类材料包括：原材料、成品、半成品、构配件、燃料及水、电等动力资源。作为构成工程实体的材料，它不仅用量大，而且种类繁多，因此，材料消耗量的多少、消耗是否合理，对工程项目的投资和成本控制有着决定性的影响。

3. 机械消耗定额

机械消耗定额是指完成质量合格的单位产品规定机械消耗的数额标准。由于机械消耗定额是以一台机械一个工作班作为计量单位，所以通常又称之为机械台班消耗(使用)定额。

机械台班消耗定额的主要表现形式是机械时间定额，同时也表现为机械产量定额。机械时间定额与机械产量定额之间互为倒数。

二、按编制程序和使用用途分类

按定额的编制程序和使用用途，可以将建设工程定额划分为施工定额、预算定额、概算定额、概算指标和投资估算指标五种类型。

1. 施工定额

施工定额是指以同一性质的施工过程或工序为测定对象而规定的。完成质量合格的单位产品所需要消耗的人工、材料以及机械台班的数额标准。

施工定额是由劳动消耗定额、材料消耗定额、机械台班消耗定额三个相对独立的定额所组成。它是建设工程定额中分项最细，定额子项目最多的一部定额，同时，也是建设工程定额中的基础性定额。施工定额是施工企业编制施工预算、施工作业计划、签发施工任务单等一系列生产及管理活动的依据，是一部生产性质的定额。

2. 预算定额

预算定额是以分项工程和结构构件为测定对象，规定完成质量合格的单位产品所需要消耗的人工、材料以及机械台班的数额和资金标准。

预算定额中包括了劳动消耗定额、材料消耗定额、机械台班消耗定额三个基本部分，属于计价性质的定额，是在施工定额的基础上加以综合和扩大所形成的一部定额，同时，也是编制概算定额的基础。预算定额可用作编制施工图预算造价或竣工结算造价。

3. 概算定额

概算定额是以扩大的分项工程和结构构件为测定对象，规定完成质量合格的单位产品所需要消耗的人工、材料以及机械台班的数额和资金标准。

概算定额是在预算定额的基础上加以综合和扩大所形成的一部定额，其每一个综合分项都包含了多个预算定额子目，是一部计价性质的定额，通常用于编制初步设计或扩大初步设计阶段的造价。

4. 概算指标

概算指标是以整个建筑物(构筑物)为测定对象，确定各种不同类型的建筑物(构筑物)每 100 m^2 建筑面积、每 1 000 m^3 建筑物体积或每一座构筑物为计量单位所需人工、材料、机械台班的消耗指标，或每万元投资额中各种指标的消耗量。

概算指标是在概算定额和预算定额的基础上编制的一种计价定额，它比概算定额更加综合和扩大，设计单位可用作编制设计概算，建设单位可用作编制年度任务计划，也可用作国家编制年度建设计划的参考。

5. 投资估算指标

投资估算指标是以独立的建设项目、单项工程或单位工程为测定对象，来确定工程建设前期、建设实施期以及竣工验收交付使用全过程，各项投资所需支出的技术经济指标。

投资估算指标较前述各类定额都更为综合和扩大，它是一种非常概略的计价定额，通常用作编制建设项目、单项工程或单位工程的投资估算造价。

三、按专业性质分类

按专业性质的不同，可以将工程建设定额划分为全国通用定额、行业通用定额、专业专用定额三种类型。

(1)全国通用定额是指在部门间和地区间都可以使用的定额。

(2)行业通用定额是指具有专业特点，在行业内部可以通用的定额。

(3)专业专用定额是指特殊专业的定额，只能在指定的范围内使用。

四、按编制单位和执行范围分类

按编制单位和执行范围的不同，可以工程建设定额划分为全国统一定额、行业统一定额、地区统一定额、企业定额、补充定额五种类型。

(1)全国统一定额是指由国家住房城乡建设主管部门，综合全国工程建设中技术和施工组织管理的情况而编制，在全国范围内执行的定额。

(2)行业统一定额是指考虑了在全国范围内，行业及部门专业工程技术的特点及施工生产和管理水平而编制的定额。这类定额仅限于在本行业和相同专业性质的范围内使用。

(3)地区统一定额属于省、自治区直辖市定额，是在全国统一定额的基础上，结合地区特点进行适当调整和补充而编制的定额。

(4)企业定额是施工企业考虑本企业的实际情况，参考全国统一定额、地区统一定额的水平而编制的，供企业内部使用的一类定额。这类定额最能反映企业的素质。

(5)补充定额是指随着施工技术的更新和发展，在现行定额不能满足需要的情况下，为弥补缺陷而编制的定额。补充定额只能在指定的范围内使用。

表 2-1 反映了各类定额的用途、项目粗细、定额水平及定额性质。

表 2-1 各类定额的用途、项目粗细、定额水平及其性质

定额分类	施工定额	预算定额	概算定额	概算指标	投资估算指标
研究对象	工序	分项工程	扩大的分项工程	整个建筑物或整个构筑物	单位工程、单项工程或整个建设项目
用途	编制施工预算	编制施工图预算	编制设计概算	编制初步设计概算	编制投资估算
项目粗细	最细	细	较粗	粗	很粗
定额水平	平均先进	平均	平均	平均	平均
定额性质	生产性质	计价性质			

本章小结

本章主要介绍了各类建设工程定额的概念、作用和特点；按照生产要素、用途、专业性质、编制单位和执行范围，将定额归为四种类型；并用列表的方式直观地反映了施工定额、预算定额、概算定额、概算指标及投资估算指标五种定额的研究对象、使用用途、项目粗细、定额性质及定额水平。

复习思考题

1. 简述工程建设定额的概念及作用。
2. 简述工程建设定额的特点。
3. 简述施工定额的概念。
4. 简述预算定额的概念。
5. 简述概算定额的概念。
6. 简述概算指标的概念。
7. 简述投资估算指标的概念。
8. 按生产要素可将工程建设定额分为哪几种类型?
9. 按用途可将工程建设定额划分为哪些类型?
10. 运用“表 2-1”分别对工程建设定额中的施工定额、预算定额、概算定额、概算指标及投资估算指标的用途、项目粗细、定额水平及性质进行比较说明。

第三章　施工定额

第一节　施工定额概述

施工定额概述

一、施工定额的概念

施工定额是施工企业用于对建筑安装工程施工进行管理的一种定额。它是以同一性质的施工过程或工序为测定对象，确定建筑安装工人在正常的施工条件下，在某一施工工序或施工过程中，为完成质量合格的单位产品，所需要消耗的人工、材料和机械台班的数额标准。

施工定额是由劳动消耗定额、材料消耗定额和机械台班消耗定额三个相对独立的部分所组成。

施工定额是建筑安装施工企业实施科学管理、编制施工预算、进行工料分析和“两算”(施工预算和施工图预算)对比、编制施工组织设计及施工作业计划、确定人工、材料及机械需要量、组织工人班组开展劳动竞赛、限额领料、进行经济核算、计算劳动报酬、实施工程承发包等工作的依据；同时，也是编制预算定额的基础。

二、施工定额的编制原则

由于施工定额是直接应用于建筑安装工程施工管理的一种定额，因此，保证施工定额的编制质量至关重要，在编制施工定额的过程中应贯彻以下原则。

(一)定额水平必须符合平均先进性的原则

所谓定额水平，是对定额的高低、松紧程度的一种描述。施工定额的水平必须遵循平均先进性的原则，即：在正常条件下，多数施工班组或个人通过努力可以达到，少数施工班组或个人可以接近，个别施工班组或个人可以超过的一种平均先进水平。它低于先进水平，略高于平均水平。施工定额的平均先进水平有利于鼓励先进、勉励中间、鞭策落后，提高劳动生产率、提高企业的经济效益。

(二)定额内容及形式必须符合简明实用的原则

由于施工定额是一种直接在群众中执行的定额，因此，从内容到形式均应做到：简明实用、灵活方便、通俗易懂、便于掌握、使用和携带。

施工定额的简明性要服从适用性的要求，简明性应以适用性为前提，而贯彻简明适用原则的关键，是做到项目划分粗细恰当。

施工定额中的项目划分是以工序为基础，进行适当综合而形成的，在项目划分时，应力求做到“细而不繁、粗而不疏”。对于一些主要工种和常用项目的工作过程，要求所有项目都必须直接在定额中予以反映，其项目步距适宜小一些；对于次要工种和项目、工程量不大且不常用的项目，其项目步距适宜综合得大一些。另外，还要注意计量单位的选择、系数的利用、说明和附注的合理设计，以免在定额执行过程中产生争议。

(三)以专家为主编制定额的原则

编制施工定额要求有一支经验丰富、技术与管理知识全面，有一定政策水平的专家队伍，但也需要工人群众的配合，一线的生产工人既是生产实践的主体，又是施工定额的执行者，因此，编制定额贯彻以专家为主，专群结合的原则，可有效保证施工定额的延续性、专业性和实践性。

三、施工定额的编制依据

(1)现行的建筑安装工程施工验收规范。

(2)现场测定的技术资料和有关的历史统计资料。

(3)有关混凝土、砂浆等半成品的配合比资料以及建筑工人的技术等级资料。

(4)现行的劳动定额、材料消耗定额、机械台班消耗定额和有关定额编制资料及手册。

(5)有关标准图集或典型工程施工图。

四、施工定额的编制方法

施工定额是在拥有足够的现场观测、经验统计、施工图纸等资料的基础上，结合施工定额编制依据而编制的。其工作内容复杂、技术性很强，通常可按如下方法编制。

(一)确定定额项目

定额项目的综合程度必须在认真分析、研究各工序作业的基础上，科学地确定出来。在确定每个定额项目的综合内容时，一方面要注意综合的内容不包括可以彼此隔开的工序、不同专业的工人不连接在一起、不同小组完成的工序不连接在一起；同时，也要让一些定额项目具有合并的空间，使其具有可分可合的灵活性。

施工定额项目粗细的划分是否合理，与企业组织施工生产、签发施工任务单、限额领料以及施工班组间进行经济核算等各项工作密切相关。

(二)选择计量单位

施工定额的计量单位是指定额项目的人工、材料、机械消耗量的计量单位，在选择计量单位时应遵循以下几项原则：

(1)能正确反映人工、材料、机械消耗和产品的数量。

(2)便于组织施工，工人易于掌握。

(3)便于计算、统计、核算工程量和测定已完工程量。

(三)确定定额的表格形式

施工定额的表格和内容应满足企业施工生产和管理的需要，定额表格包括的内容是它的核心。其内容如下：

(1)工作内容说明。

(2)项目名称和计量单位。

(3)完成定额单位产品所需人工、材料和机械消耗量。

(四)确定定额水平

根据测定资料，经过反复认真核定、计算和平衡，确定出反映平均先进水平的定额。

(五)编制说明

编制总说明、分部(项)工程说明。

(六)汇编形成施工定额手册

将所确定的各个项目，由分项工程到分部工程归类汇编成册，最终形成一部易于使用和查找、便于掌握和执行的施工定额手册。

第二节　劳动消耗定额

一、劳动消耗定额的概念

劳动消耗定额

劳动消耗定额又称为劳动定额或人工定额，是指在合理的施工组织和技术条件下，为完成质量合格的单位建筑工程产品所必须消耗的劳动数额标准。

二、分析和研究工时消耗

在建筑工程的施工生产活动中，要确定劳动消耗的数额标准，必须对劳动者完成建筑工程产品过程中的时间消耗进行分析和研究。

(一)施工过程

1. 施工过程的概念

施工过程是指进行房屋或构筑物的建造、改建、扩建、恢复或拆除等生产活动的过程，即工人在工地上生产建筑产品的过程。施工过程是由不同技术等级的建筑工人完成的，如砌筑墙体、粉刷墙面、安装门窗和管道等都是一个又一个的施工过程。

每一个施工过程都能获得一定的产品，该产品或是让劳动对象改变了外部形态、内部结构、性质，或是移动了劳动对象的位置。施工过程所获建筑产品的质量，必须符合建筑结构设计及现行技术规范要求。因为只有合格产品，才能计入施工过程消耗的工作时间及劳动成果之内。

2. 施工过程的分类

在施工过程中，按劳动分工特点的不同，可以划分为工人个人完成的过程、工人班组完成的过程和施工队完成的过程。而按其复杂程度，又可划分为操作、动作、工序、工作过程和综合工作过程，综合工作过程即是施工过程(图 3-1)。

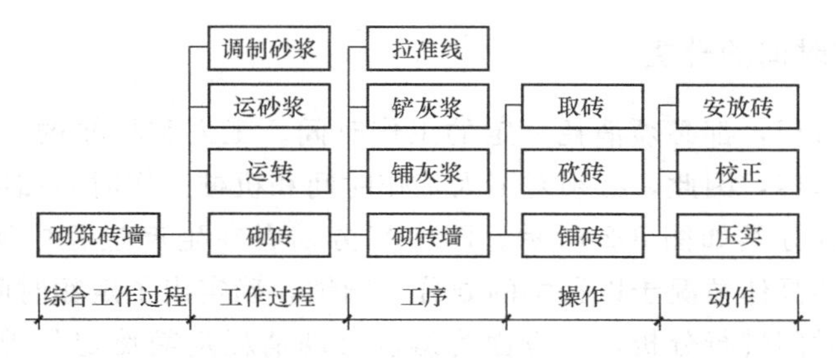

图 3-1　施工过程的形成

(1)动作。动作是从工序中分解出来的最小的可以测算的部分，如图 3-1 所示，工人在砌筑砖墙的综合施工过程中所进行的安放砖、校正、压实等就是一个又一个的施工动作。

(2)操作。操作是指一个施工动作连接另一个施工动作的综合，如图 3-1 所示，如将取砖、砍砖、铺砖等动作连接起来就形成施工操作。

(3)工序。工序是指劳动组织上不能分割，技术操作上属于同一类型的施工。工序的主要特点是：工人编制、工作地点、建筑材料和施工工具在同一道工序中均保持不变，例如，在砌砖墙这道工序中，工人和工作地点相对固定，所用材料(如砖、砂浆等)及施工工具(如砖刀、灰刀、吊线锤等)均保持不变。

(4)工作过程。工作过程是指由同一工人或工人小组完成的，在技术操作上相互联系的工序组合。工作过程的主要特点是：工人编制不变，工作地点不变，而所用材料和工具在变化。例如，在拌制砌筑砂浆这一工作过程中，工人编制不变，工作地点也相对固定，但时而用砂，时而用水泥，时而用铁铲，时而用箩筐。说明其所用建筑材料和施工工具都在变化。

(5)施工过程。施工过程其实就是一个综合的工作过程，即在施工现场同时进行的、组织上有机联系在一起、最终能获得一定建筑产品的工作过程的综合。例如，砌筑砖墙这一综合施工过程，就是由拌制砂浆、运砂浆、运砖、砌砖等项工作过程所组成，这些工作在不同的空间同时进行着，在组织上保持着有机联系，这样，一个综合的工作过程所形成的建筑产品，就是一定数量的砖墙。

(二)影响施工过程的因素

在建筑工程施工生产中，生产单位建筑产品所需要的工作时间消耗受诸多因素的影响，因此，只有对这些影响因素进行分析研究，才能更好地确定生产单位建筑产品所需要消耗的工作时间，达到提高劳动生产率的目的。

1. 技术因素

技术因素包括：建筑产品的种类和质量要求，所用材料、半成品、构配件的类别、规格、性能和质量，所用工具、机械设备的类别、型号、性能及完好程度。

2. 组织因素

组织因素包括：施工组织和管理水平，施工方法、劳动组织，工人技术水平、操作方法及劳动态度，劳资分配形式及开展劳动竞赛情况等一系列因素。

3. 其他因素

其他因素主要是指自然因素和人为障碍。自然因素，如气候条件、地质情况等；人为障碍，如水电供应情况等。

(三)工人工作时间的分类

完成任何施工过程，都必须消耗一定的工作时间。工人和机械的工作时间，是构成劳动消耗定额的主要内容，因此，必须对工人工作时间和机械工作时间加以认真分析和研究。

工人工作时间的分类如图 3-2 所示。图中将劳动者在生产过程中所消耗的工作时间，根据其性质、范围和具体情况予以科学的划分、归纳，确定出了定额时间和非定额时间。

对工人的工作时间进行分析，一方面为编制劳动消耗定额奠定基础；另一方面可找出造成非定额时间的原因，以便采取相应的技术和组织措施，消除非定额时间的产生因素，达到充分利用工作时间，提高劳动效率的目的。

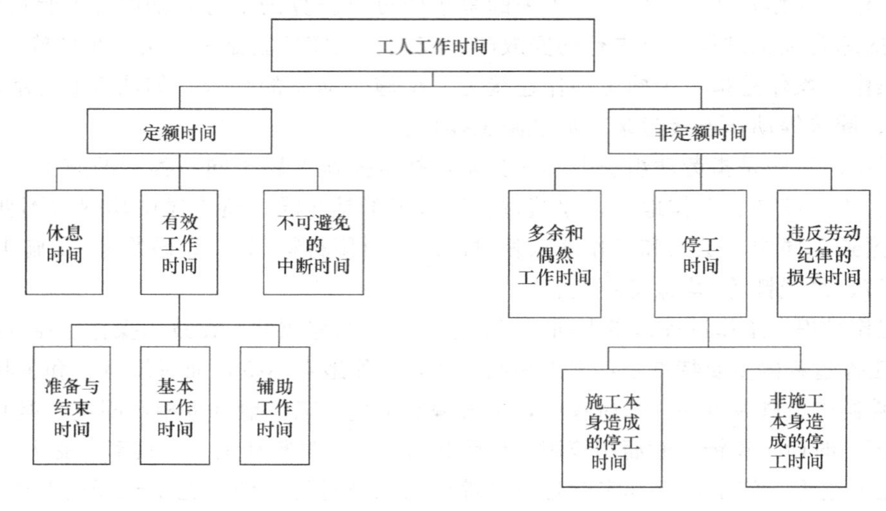

图 3-2 工人工作时间分析

1. 工人工作时间分析

(1)定额时间是指在正常的施工条件下，工人为完成质量合格的单位建筑产品所必需消耗的工作时间。它包括：有效工作时间、休息时间和不可避免的中断时间。

1)有效工作时间是指与完成产品有直接关系的时间消耗，它包括准备与结束时间、基本工作时间和辅助工作时间。

①准备与结束时间是指工人在执行任务前的准备工作和完成任务后的结束工作所需要消耗的时间，如熟悉图纸、领取材料和工具、布置工作地点、保养机具、清理工作地点等。其特点是：它与生产任务的内容相关，而与生产任务的数量无关。

②基本工作时间是指直接与施工过程的技术操作发生关系的时间消耗，如砌砖墙所需进行的校正皮数杆、挂线、铺灰、选砖、砌砖、吊直、找平等一系列技术操作所需要消耗的时间。

③辅助工作时间是指为了保证基本工作顺利进行，而必需消耗的与施工过程中的技术操作没有直接关系的时间，如校验工具、转移工作地点等所需要消耗的时间。

2)不可避免的中断时间是指工人在施工过程中，由于技术操作和施工组织因素而引起的施工中断时间。如汽车司机等待装卸货物、构件安装过程中吊装工人等待吊装等所需要消耗的时间。

3)休息时间是指在施工过程中，工人为了恢复体力所必需的短暂休息，以及工人生理需求(如喝水、上厕所等)所必需消耗的时间。

(2)非定额时间也称为损失时间，是指与生产建筑产品无关，而与施工组织和技术上的缺陷有关，与工人在施工过程中的个人过失或某些偶然因素有关的时间消耗，它包括多余和偶然工作时间、停工时间及违反劳动纪律的损失时间。

1)多余和偶然工作时间是指在正常施工条件下不应该发生的时间消耗。如重新砌筑质量不合格的墙体、抹灰工不得不补上偶然遗留的墙洞等所需要消耗的时间。

2)停工时间是工作班内停止工作所造成的时间损失。停工时间可以划分为施工本身造成的停工时间和非施工本身造成的停工时间两种。

①施工本身造成的停工时间是指由于施工组织管理不善、材料供应不及时、工作面布置不当、工作地点组织不良等情况引起停工所消耗的时间。

②非施工本身造成的停工时间如水源、电源中断、气候条件不良等(如暴雨、冰冻等)引起工人和机械停工所消耗的时间。

3)违反劳动纪律损失的时间是指工人在工作班内迟到、早退、闲谈或工作时间办私事等原因所造成的时间损失。

在确定定额时，上述非定额时间均不予考虑。

2. 机械工作时间分析

机械工作时间的分类与工人工作时间的分类基本相同，也可分为定额时间和非定额时间(图 3-3)。

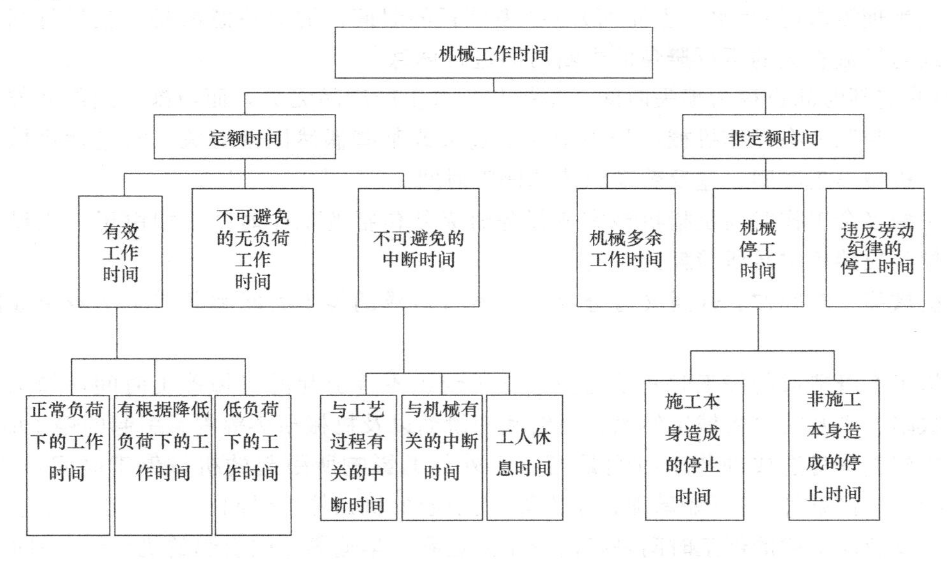

图 3-3　机械工作时间分析

(1)定额时间包括有效工作时间、不可避免的无负荷工作时间和不可避免的中断时间。

1)有效工作时间包括正常负荷下的工作时间、有根据降低负荷下的工作时间和低负荷下的工作时间。

①正常负荷下的工作时间是指机械按照说明书规定的负荷进行正常工作的时间。

②有根据降低负荷下的工作时间是指个别情况下由于技术上的原因，机械可能在低于

规定负荷的条件下工作，如汽车运载重量轻而体积大的货物时(如运棉花)，不能充分利用汽车说明书规定的载重吨位，而只能在低于说明书规定载重吨位的状态下工作。编制定额时，此种情况被视为汽车在有根据降低负荷下工作所消耗的时间。

③低负荷下的工作时间是指由于工人或技术人员的过错导致机械在降低负荷的状态下工作，如由于工人装车造成砂石数量不足，引起汽车在降低负荷的状态下工作所消耗的时间。

2)不可避免的无负荷工作时间是指由于施工过程的特性和机械结构的特点所造成的机械无负荷工作所消耗的时间。如汽车运输土方中的空车返回所消耗的时间。

3)不可避免的中断时间是指与工艺过程、机械使用中的保养、工人休息等有关的中断时间。一般是由与工艺过程有关的不可避免的中断时间、与机械有关的不可避免的中断时间、与工人休息有关的不可避免的中断时间所组成。

①与工艺过程有关的不可避免的中断时间可分为循环和定时两种。循环的不可避免中断、是在机械工作的每一个循环中重复一次(周期性循环)，如汽车装货和卸货时的停车等待造成的工作中断；定时的不可避免中断，则是经过一定时期重复一次，如将搅拌机由一个工作地点转移到另一个工作地点(非周期性循环)的工作中断。

②与机械有关的不可避免的中断时间是指工人在进行准备与结束或辅助工作时，如工人给机械加油加水、润滑机械、擦拭机械等，进行一系列准备与结束或辅助工作时，机械没有工作而引起的不可避免的时间中断。

③与工人休息有关的不可避免的中断时间是指工人为了恢复体力所必需的短暂休息，以及工人生理需求(如喝水、上厕所)所必需消耗的时间。需要注意的是，应尽量利用与工艺过程或与机械有关的不可避免的中断时间进行休息。

(2)非定额时间也称为损失时间，是指与机械生产产品无关，而与施工组织和技术上的缺陷有关，与工人在操作机械过程中个人的过失或某些偶然因素有关，它包括机械多余工作时间、机械停工时间、违反劳动纪律的停工时间。

1)机械多余工作时间是指机械完成任务时无须包括的工作时间，如由于工人没有及时上料，导致搅拌机空转所消耗的时间。

2)机械停工时间按其性质又可分为施工本身造成的停工时间和非施工本身造成的停工时间。

①施工本身造成的停工时间是指由于施工组织不善引起的机械停工时间，如工作面布置存在缺陷、未及时给机械供给水、燃料和润滑油以及机械损坏等因素引起的停工时间。

②非施工本身造成的停工时间是指由于外部的影响所引起的机械停工时间，如水源、电源中断、气候条件不良(如暴雨、冰冻等)而引起的机械停工时间。

3)违反劳动纪律的停工时间是指由于工人迟到、早退等原因引起的机械停工时间。

确定定额时，上述非定额时间均不予考虑。

三、测定工时消耗

工时消耗就是工作时间的消耗，是指在完成某项生产任务的过程中所消耗的时间总和。测定、分析和研究工时消耗，是制定工时定额的一个重要环节。通过测定、分析和研究工时消耗，可以确定出哪些工时消耗是必需的，哪些工时消耗是不必的，以便采取相应措施，减少和消除工时损失，提高劳动生产率。

工时消耗的确定方法主要归类为计时观察法、统计分析法、比较类推法和经验估工法，如图 3-4 所示。

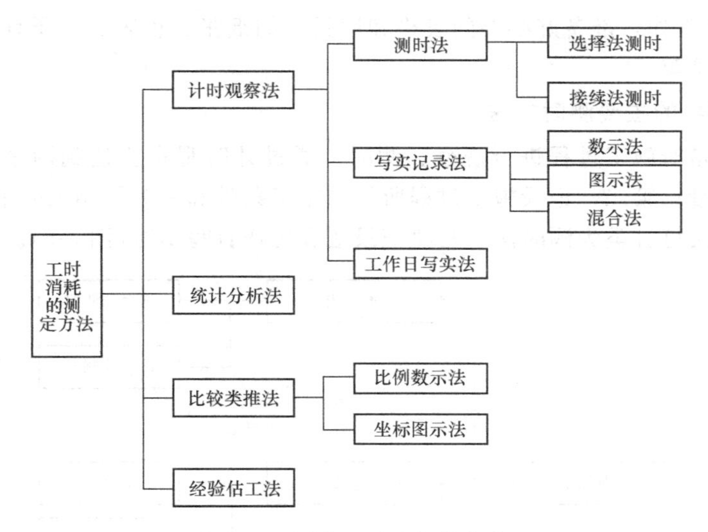

图 3-4　测定工时消耗的方法

(一)计时观察法

计时观察法又称为现场观察法，是在先进合理的生产技术、操作工艺、合理的劳动组织和正常的施工条件下，在施工现场对施工过程的具体活动进行仔细的观察，详细地记录施工过程中工人和机械的工作时间消耗、完成产品的数量以及有关影响因素，再将记录的结果加以整理，客观地分析各种因素对工作时间消耗的影响，并据此进行取舍，获取各个项目的时间消耗资料。

1. 计时观察前的准备工作

(1)确定需要进行计时观察的施工过程。计时观察前的第一项准备工作，是研究和确定哪些施工过程需要进行计时观察，对需要计时观察的施工过程，要编制详细的目录，拟定工作进度计划，制订组织技术措施，组织编制定额的专业队伍，并按计划认真开展工作。

(2)研究施工过程。对已确定的施工过程的性质要进行充分的研究，研究的方法是：全面地对各个施工过程及其所处的技术组织条件进行实际调查和分析，以便设计出正常的(标准的)施工条件，从而获得可靠的测时数据。

1)熟悉与该施工过程有关的现行技术规范和技术标准等文件和资料。

2)了解新的工作方法的先进程度及已推广的先进施工技术和操作。

3)了解施工过程中存在的技术组织方面的缺点，以及一些造成施工混乱现象的原因。

4)调查测定施工中的一些影响因素包括技术因素、组织因素及自然因素。

(3)选择正常的施工条件。所谓正常的施工条件，是指绝大多数施工企业和施工班组，在合理组织施工的情况下所处的条件。选择正常的施工条件是技术测定中的一项重要内容，也是确定人工消耗量定额的依据。

(4)选择观察对象。观察对象即是拟定计时观察的施工过程，以及完成该施工过程的工人。选择计时观察对象时，必须注意所选择的施工过程要完全符合正常的施工条件。而在该条件之下所选择的建筑安装工人，应具有与技术等级相符合的工作技能和熟练程度，能够完成或超额完成现行的劳动定额。

(5)做好准备工作，准备好必要的表格和用具。如纸张、秒表、电子计时器、测量产品数量的工具、器具等。

2. 计时观察中的主要测时方法

计时观察就是对施工过程进行观察、测时。通过计时观察应达到两个目的：第一，计算实物和劳动产量；第二，记录施工过程所处的施工条件和一些影响工时消耗的因素。

计时观察法又可分类为测时法、写实记录法和工作日写实法(图 3-5)。

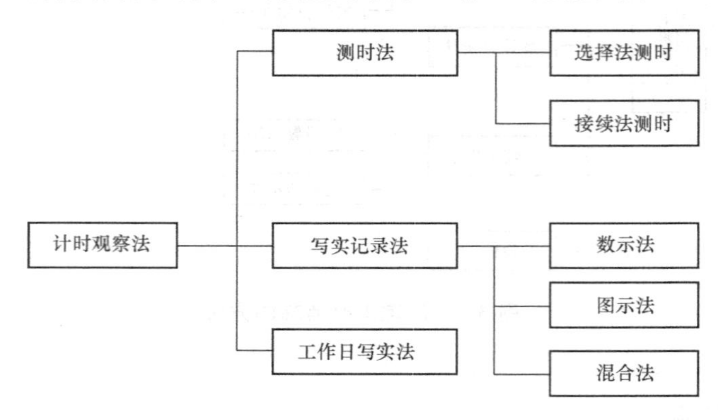

图 3-5　计时观察法的分类

(1)测时法适用于测定重复循环工作的工时消耗，是一种精度较高的计时观察法，一般可达到 0.2～15 s。测时法又可分为选择法测时和接续法测时。

1)选择法测时适用于观察记录具有循环特征的工作对象，如某一循环工作的组成部分开始工作时，启动秒表，循环工作终止时，停止秒表。记录下秒表上的延续时间。每一次循环工作时间均按此观测记录。

2)接续法测时是连续测定一个施工过程中工序或操作延续时间的一种方法。其特点是：在工作进行中秒表一直不停止，测量者根据各组成部分之间的定时点记录其终止时间，再用定时点之间的差值表示各组成部分的延续工作时间。

(2)写实记录法可分为数示法写实记录、图示法写实记录、混合法写实记录三种方法。

1)数示法写实记录的最大特点就是用数字记录工时消耗，其精度较高，可达到 5 s，它可以同时对两个工人进行观察，并将观察结果记录在数示法写实记录表中。数示法也可用来对整个工作班进行长时间的观察，以反映工人或机器一个工作日内的全部情况。

2)图示法写实记录是在规定格式的图表上，用时间进度线条表示工时消耗的一种方式。其精度为 30 s，采用该法可对 3 个以内的工人同时进行观察，观察资料写入图示法写实记录表中。

3)混合法写实记录吸取了数示法和图示法的优点，以时间进度线条来表示工序的延续时间，即在进度线条的上部加写数字，在表示进度的同时，将工人人数也反映出来。该方法适用于对工人小组(3 人以上)的人工消耗量进行测定与分析。记录观察资料的表格仍采用图示法写实记录表。

(3)工作日写实法是一种研究整个工作班内各种工时消耗的方法。运用工作日写实法可以达到的目的包括：能获得观察对象在工作班内工时消耗的全部情况，包括影响产品数量和工时消耗的影响因素，从而获得编制定额的基础资料；能检查定额在工程中的执行情况；能查明工时损失量和引起工时损失的原因，以制定消除工时损失，改善劳动组织和工作地点组织的相关措施；能查明熟练工人是否发挥了自己的专长，以确定合理的小组编制和合理的小组分工；能查明机械在时间利用和生产效率方面的情况，再针对机械使用不当的情况制定出改善机械使用的技术措施。

工作日写实法是我国目前广泛采用的一种计时观察方法。

(二)统计分析法

统计分析法将过去完成同类产品或同类工序实际耗用工时的统计资料，与当前生产条件相结合并加以分析研究，经编制整理形成人工消耗量定额的一种方法。其步骤如下：

(1)必须首先剔除统计资料中明显偏高、明显偏低的不合理数据。

(2)计算平均值。

1)计算全数平均值：

$$\bar{t}=\frac{t_1+t_2+t_3+\cdots+t_n}{n}=\frac{\sum_{i=1}^{n}t_i}{n} \tag{3-1}$$

式中 $\bar{t}$——全数平均值；

n——统计资料中的数据个数；

t_n——统计资料中的第 n 个数据；

$\sum_{i=1}^{n}t_i$——统计资料中，从第一个到第 n 个数据的代数和。

或

$$\bar{t}=\frac{1}{\sum f}\times\sum f_t \tag{3-2}$$

式中 f——某个数据在数列中出现的频数；

$\sum f$——各数据在数列中出现频数的代数和；

$\sum f_t$——频数相同的数据乘以出现的次数，再将各乘积相加的总和。

2)计算平均先进值。由于统计资料中反映的是工人过去达到的工时消耗水平，相对于当前生产条件可能偏于保守，为了克服这一缺陷，通常采用二次平均法计算，以作为确定定额水平的依据。

$$\bar{t}_{\text{min}}=\frac{\sum_{i=1}^{x}t_{\text{mix}}}{x} \tag{3-3}$$

式中 $\bar{t}_{\text{min}}$——平均先进值；

t_{mix}——小于一次平均值的数据；

x——小于一次平均值的数据个数。

3)计算二次平均先进值，其计算公式如下：

$$\bar{t}_0=(\bar{t}+\bar{t}_{\text{min}})/2 \tag{3-4}$$

【例 3-1】 已知生产某产品的工时消耗资料为 25、40、45、60、70、70、50、60、45、60、60、100(工时/台)，试用统计分析法计算该产品的时间定额。

解：剔除明显偏高、偏低不合理的数据，即25、100。

(1)计算全数平均值：

$\bar{t}=(40+45+60+70+70+50+60+45+60+60)/10=56$(工时/台)

或 $\bar{t}=(40+50+45\times2+60\times4+70\times2)/(1+1+2+4+2)=56$(工时/台)

(2)计算平均先进值：

$\bar{t}_{min}=(40+50+45\times2)/4=45$(工时/台)

(3)计算二次平均值：

$\bar{t}_0=(56+45)/2=50.5$(工时/台)

答：用统计分析法计算出该产品的时间定额为50.5工时/台。

(三)比较类推法

比较类推法又称为典型定额法，它以相同或相似产品定额项目的定额水平为依据，经分析比较，类推出同一组定额中相邻项目的定额水平。该方法简便易行、工作量小，特别适合制定同类产品中，品种多、批量小的劳动定额和材料消耗定额。若典型定额选取恰当，类推出来的定额一般比较合理。比较类推法按照典型定额类型的不同，又可以划分为比例数示法和坐标图示法两种方法。

1. 比例数示法

比例数示法是以某些劳动定额项目为基础，应用技术测定或统计资料，来求得相邻项目或类似项目的比例关系，从而制定出劳动定额的一种方法。比例数示法的计算公式如下：

$$t=pt_0 \tag{3-5}$$

式中 t——待确定的时间定额；

p——典型项目时间定额与待确定项目时间定额之间的比例系数；

t_0——典型项目的时间定额。

【例3-2】 已知挖地槽(深度1.5 m内)一类土的时间定额，以及一类土与二、三、四类土时间定额间的比例系数，见表3-1，试确定二、三、四类土的时间定额，并将计算结果填入表3-1中。

表3-1 用比例数示法确定挖地槽的时间定额表

项 目	比例关系	深度1.5 m 上口宽度0.8 m /(工时·m^{-3})	深度1.5 m 上口宽度1.5 m /(工时·m^{-3})	深度1.5 m 上口宽度3.0 m /(工时·m^{-3})
一类土	1.00	0.133	0.115	0.108
二类土	1.43	0.190	0.165	0.154
三类土	2.5	0.333	0.288	0.270
四类土	3.75	0.499	0.431	0.405

解：挖地槽各类土深度均为1.5 m。

(1)当上口宽度为0.8 m时：

二类土时间定额：$t=1.43\times0.133=0.190$(工时/m^3)

三类土时间定额：$t=2.5\times0.133=0.333$(工时/m^3)

四类土时间定额：$t=3.75\times0.133=0.499$(工时/m^3)

(2)当上口宽度为 1.5 m 时：

二类土时间定额：$t=1.43\times0.115=0.165$(工时/m^3)

三类土时间定额：$t=2.5\times0.115=0.288$(工时/m^3)

四类土时间定额：$t=3.75\times0.115=0.431$(工时/m^3)

(3)当上口宽度为 3.0 m 时：

二类土时间定额：$t=1.43\times0.108=0.154$(工时/m^3)

三类土时间定额：$t=2.5\times0.108=0.270$(工时/m^3)

四类土时间定额：$t=3.75\times0.108=0.405$(工时/m^3)

答：上口宽度为 0.8 m、1.5 m、3.0 m 以内，地槽深度均为 1.5 m 的二、三、四类土，其挖地槽土方的时间定额计算结果见表 3-1。

2. 坐标图示法

坐标图示法又称为图表法，是一种用坐标图来制定劳动定额的方法。其具体做法为：选择一组相同类型的典型定额项目，以定额的影响因素为横坐标，与之相对应的工时(或产量)为纵坐标。纵横坐标对应会形成一系列交点，再将这些交点连接成线，即是一条定额线，从定额线上可找出需确定项目的定额水平。

(四)经验估工法

经验估工法是指在没有统计资料的情况下，由定额人员、工程技术人员和工人相结合，根据个人或集体的实践经验、图纸和施工规范，经过座谈讨论反复平衡而确定出定额水平的一种方法。

应用经验估工法制定定额，应以工序为对象，将工序分为操作(或动作)，确定出操作(或动作)的基本工作时间，再考虑其辅助工作时间、准备时间、结束时间和休息时间的因素，加以综合整理，并对整理结果予以优化，最后获得该工序的时间定额或产量定额。

经验估工法具有简便、及时、工作量小等特点，采用该方法可以缩短定额制定的时间。但容易受到编制定额人员主观因素的影响，定额水平往往会出现偏高或偏低的现象。因此，该方法只适用于不易计算工作量的施工作业，通常将其作为一次性定额使用。

经验估工法的计算公式如下：

$$t=\frac{(a+4m+b)}{6} \tag{3-6}$$

式中 t——优化时间定额；

a——最先进的作业时间；

m——一般作业时间；

b——最落后的作业时间。

四、确定劳动消耗定额

(一)拟定基本工作时间

基本工作时间在必需消耗的工作时间中所占比重最大，一般根据计时观察法确定，在确定基本工作时间时，必须做到细致、精确。其做法是：先确定工作过程每一组成部分的工时消耗，再综合确定出工作过程的工时消耗。

(二)拟定辅助工作时间和准备与结束时间

辅助工作时间、准备与结束时间的确定方法与基本工作时间相同。若该两项工作时间在整个工作班中所占比重小于5%～6%，则可将其合并为一项来确定工时消耗。

如果在计时观察过程中没有取得足够的资料，也可采用工时规范或经验数据来确定工时消耗。表3-2为木作工程的工时规范。

表3-2　木作工程的工时规范

<table>
<tr><th rowspan="3">工作项目</th><th rowspan="3">疲劳程度</th><th colspan="7">规范时间在工作日中所占比率</th></tr>
<tr><th colspan="2">准备与结束时间</th><th colspan="2">休息时间</th><th colspan="2">不可避免的中断时间</th><th>合计</th></tr>
<tr><th>范围</th><th>%</th><th>范围</th><th>%</th><th>范围</th><th>%</th><th>%</th></tr>
<tr><td>门窗框扇安装立木楞、吊水楞等</td><td>较轻</td><td rowspan="2">准备与收拾工具、领会工作任务、穿脱工装、转移工作地点等</td><td>3.98</td><td rowspan="2">大小便、喝水、擦汗、消除疲劳的局部休息等</td><td>6.25</td><td rowspan="2"></td><td></td><td>10.14</td></tr>
<tr><td>地板安装钉顶棚板条等</td><td>中等</td><td>3.98</td><td>8.33</td><td></td><td>12.2</td></tr>
</table>

(三)拟定不可避免的中断时间

拟定不可避免的中断时间必须注意，由于工艺特点引起的不可避免的中断时间才能列入定额时间。不可避免的中断时间可以从测时资料、经验数据和工时规范等渠道获得，通常用占工作日的百分比来表示。

(四)拟定休息时间

休息时间应根据工作班作息制度、经验资料、计时观察资料以及工作疲劳程度等因素做出全面分析后进行确定。同时，还应考虑尽可能利用不可避免的中断时间作为休息时间。

(五)拟定定额时间

定额时间包括：基本工作时间、辅助工作时间、准备与结束时间、不可避免的中断时间与休息时间之和。定额时间的计算公式如下：

$$\text{定额时间}=\text{基本工作时间}+\text{辅助工作时间}+\text{准备与结束工作时间}+\text{不可避免的中断时间}+\text{休息时间} \tag{3-7}$$

或

$$\begin{aligned}\text{定额时间}&=\text{工序作业时间}/(1-\text{规范时间})\\&=\text{基本工作时间}/(1-\text{规范时间})\end{aligned} \tag{3-8}$$

$$\text{时间定额}=\text{定额时间}/\text{每工日} \tag{3-9}$$

由于时间定额与产量定额之间互为倒数，确定了时间定额，便很容易计算出产量定额。

$$\text{产量定额}=\frac{1}{\text{时间定额}} \tag{3-10}$$

【**例3-3**】　人工挖二类土，由测时资料可知：挖1 m^3 土需消耗基本工作时间70 min，其中，辅助工作时间占定额时间的2%，准备与结束工作时间占定额时间的1%，不可避免的中断时间占定额时间的1%，休息时间占定额时间的20%，试确定其时间定额和产量定额。

解：(1)定额时间=70/[1-(2%+1%+1%+20%)]=92(min)

(2)时间定额=92/(60×8)=0.192(工日/m^3)

(3)产量定额=1/0.192=5.2(m^3/工日)

答：人工挖二类土的时间定额为0.192工日/m^3；产量定额为5.2 m^3/工日。

第三节　材料消耗定额

一、材料消耗定额的概念

材料消耗定额

材料消耗定额是指在合理使用和节约材料的条件下，生产质量合格的单位建筑工程产品所必须消耗的原材料、半成品、构配件、燃料等资源的数量标准。

我国目前的建筑工程产品成本构成中，材料费约占70%，因此，合理确定材料消耗定额，对于合理和节约使用材料，降低工程成本具有非常重要的作用。

根据材料消耗的不同特点，可将其划分为非周转性材料和周转性材料两类。

二、非周转性材料

非周转性材料又称为直接性消耗材料，在建筑工程施工中，一次性消耗，并直接形成工程实体的材料即是直接性材料消耗，也称为非周转性材料消耗，如砖、瓦、砂、石、钢材、水泥、木材等材料。

而直接性材料消耗又可划分为两类：一类是在合理与节约使用材料的条件下，完成合格产品所必需消耗的材料数量，即材料的净用量；另一类则是施工中不可避免的废料和操作损耗量。

材料的总消耗量等于净用量与损耗量之和。即

$$\begin{aligned}材料总消耗量&=材料净用量+材料损耗量\\&=材料净用量/(1-材料损耗率)\end{aligned}\tag{3-11}$$

材料、成品、半成品损耗率见表3-3。

表3-3　材料、成品、半成品损耗率

材料名称	工程项目	损耗率/%	材料名称	工程项目	损耗率/%
标准砖	基础	0.4	石灰砂浆	抹墙面及墙裙	1.0
标准砖	实心砖墙	1.0	水泥砂浆	抹顶棚	2.5
标准砖	矩形砖柱	3.0	水泥砂浆	抹墙面及墙裙	2.0
白瓷砖	墙面、墙裙	1.5	水泥砂浆	地面、屋面	1.0
马赛克	墙面	1.0	混凝土(现浇)	地面	1.0
缸砖	地面	0.8	混凝土(预制)	其余部分	1.0
砂	混凝土工程	1.5	混凝土(预制)	桩基础、梁、柱	1.0

续表

材料名称	工程项目	损耗率/%	材料名称	工程项目	损耗率/%
砾石		2.0	混凝土(预制)	其余部分	1.5
生石灰		1.0	钢筋	现浇、预制混凝土	2.0
水泥		1.0	铁件	成品	1.0
砌筑砂浆	砖砌体	1.0	钢材		6.0
混合砂浆	抹墙面及墙裙	2.0	木材	门窗	6.0
混合砂浆	抹顶棚	3.0	玻璃	安装	3.0
石灰砂浆	抹顶棚	1.5	沥青	操作	1.0

非周转性材料的消耗量可采用现场观测法、试验法、统计分析法和理论计算法四种方法确定。

(1)现场观测法是在合理和节约使用材料的条件下，通过对施工现场实际完成了多少产品，这些产品消耗了多少材料，进行现场观察、测定、分析整理和计算来确定材料的消耗量，通常以此确定材料的损耗量和损耗率。

(2)试验法是指通过专门的试验仪器和设备，在试验室进行观察和测定，再经整理计算来确定材料消耗量的一种方法。通常在确定混凝土和砂浆配合比的消耗量时采用该方法。

(3)统计法是以现场进料、分部(项)工程拨付材料数量、完成产品数量、完成工作后材料的剩余数量等统计资料为基础，经过分析对比，再计算出单位产品材料消耗量的一种方法。

(4)理论计算法是根据施工图纸和建筑构造要求、其他技术资料，运用一定的数学公式计算出材料的净消耗量，进而计算出材料总消耗量的一种方法。

例如，砌筑 1 m^3 标准砖墙，采用理论计算法计算出砖和砌筑砂浆的消耗量，可用以下公式计算(仅适用于实心砖墙)：

$$1\ m^3\text{ 砌体标准砖净用量}=\frac{2\times\text{墙厚的砖数}}{\text{墙厚}\times(\text{砖长}+\text{灰缝})\times(\text{砖厚}+\text{灰缝})} \tag{3-12}$$

式中　墙厚的砖数——以标准砖的长度“240”表示墙体厚度。

如 1 砖墙是指 240 mm 厚砖墙；半砖墙是指 115 mm 厚砖墙；3/4 墙是指 180 mm 厚砖墙；一砖半墙是指 365 mm 厚砖墙等。

【例 3-4】 计算 240 mm 厚 1 m^3 实心砖墙中砖和砂浆的消耗量。

解：

(1)计算 1 块标准砖的体积：

1 块标准砖的体积＝0.24×0.115×0.053＝0.001 462 8(m^3)

(2)计算 1 m^3 砌体中砖的净用量：

$$\text{砖的净用量}=\frac{2\times1}{0.24\times(0.24+0.01)\times(0.053+0.01)}=529.1(\text{块})$$

(3)计算 1 m^3 砖砌体中砂浆的净用量：

砂浆的净用量＝1－529×0.001 462 8＝0.226(m^3)

(4)计算 1 m^3 砖砌体中砖的消耗量(砖和砂浆的损耗率从表 3-3 中查取)：

砖的消耗量＝529.1/(1－1%)＝534.44(块)

(5)计算 1 m^3 砖砌体中砂浆的消耗量：

砂浆的消耗量＝0.226/(1－1%)＝0.228(m^3)

答：240 mm 厚实心砖墙 1 m^3 中砖的消耗量为 534.44 块，砂浆的消耗量为 0.228 m^3。

三、周转性材料

周转性材料是指在施工中多次重复使用的材料，如模板、钢板桩、脚手架等，也称之为施工工具和措施。周转性材料在施工中不是一次性地消耗掉，而是随着使用次数的增多，逐渐消耗掉的。它是多次使用、反复周转并不断补充(补损)的一类材料。

周转性材料的消耗量是按多次使用、分次摊销的方法计算的。在计算过程中，必须明确几个重要的概念，即一次使用量、摊销量、周转使用量、回收量、补损率、回收折价率等。

下面以现浇钢筋混凝土木模板为例，介绍摊销量的含义及计算方法。

(1)一次使用量是指在不重复使用的条件下，完成定额计量单位所需的模板数量。

$$一次使用量＝构件单位模板接触面积的模板净用量×(1＋制作损耗率) \tag{3-13}$$

构件单位模板接触面积的模板净用量：可依据施工图纸计算。

(2)周转使用量是指在考虑了使用次数和每周转一次的补充损耗量后，每周转一次的平均使用量。

$$周转使用量＝\frac{一次使用量×[1＋(周转次数－1)×损耗率]}{周转次数} \tag{3-14}$$

周转次数是指在补损条件下，周转材料可以重复使用的次数。

(3)回收量是指周转材料在周转完毕时可以回收的量。

$$回收量＝\frac{一次使用量×(1－补损率)×回收折价率}{周转次数} \tag{3-15}$$

回收折价率是指回收材料价值的折损系数。

(4)摊销量是指按周转次数，分摊到每一定额计量单位模板面积中的周转材料数量。

$$摊销量＝周转使用量－回收量 \tag{3-16}$$

【例 3-5】 某工程的现浇钢筋混凝土独立基础，根据施工图计算出模板的接触面积为 2.1 m^2，由相关资料可知，一次使用模板每 1 m^2 接触面积需用板材、枋材共计 0.083 m^3(含制作损耗)，模板周转次数为 6 次，每次周转的损耗率为 16.6%，回收折价率为 50%，试计算该基础模板的摊销量。

解：

(1)计算模板的一次使用量：

一次使用量＝2.1×0.083＝0.174 3(m^3)

(2)计算模板的周转使用量：

周转使用量＝0.174 3×[1＋(6－1)×16.6%]/6＝0.053(m^3)

(3)计算模板的回收量：

回收量＝0.174 3×(1－16.6%)×50%/6＝0.012(m^3)

(4)计算模板的摊销量：

摊销量＝0.053－0.012＝0.041(m^3)

答：该现浇钢筋混凝土独立基础模板的摊销量为 0.041 m^3。

第四节　机械台班消耗定额

一、机械台班消耗定额的概念

机械台班消耗定额

在建筑产品的生产过程中，有些施工活动是由人工作业完成的，有些施工活动则是由机械作业完成的，而由机械作业完成的产品，需要消耗一定数量的机械工作时间。

机械台班消耗定额就是指机械作业完成质量合格的建筑产品，所必需消耗的台班数量标准(机械时间定额)。机械台班消耗定额是施工机械生产率的反映。一台机械工作 8 h 称为一个台班。表 3-4 为《全国统一建筑安装工程劳动定额》中挖土机挖土的台班消耗定额。

表 3-4　挖土机挖土台班消耗定额　　100 m^3

<table>
<tr><td colspan="4" rowspan="2">项　目</td><td colspan="3">装车</td><td colspan="3">不装车</td><td rowspan="2">编号</td></tr>
<tr><td>一、二类土</td><td>三类土</td><td>四类土</td><td>一、二类土</td><td>三类土</td><td>四类土</td></tr>
<tr><td rowspan="4">液压反铲挖土机斗容量</td><td rowspan="2">0.75</td><td rowspan="4">挖掘深度</td><td>1.5 m 以内及 3.5 m 以外</td><td>$\frac{0.500}{4.00}$</td><td>$\frac{0.560}{3.57}$</td><td>$\frac{0.625}{3.20}$</td><td>$\frac{0.385}{5.20}$</td><td>$\frac{0.434}{4.61}$</td><td>$\frac{0.489}{4.09}$</td><td>116</td></tr>
<tr><td>1.5～3.5 m</td><td>$\frac{0.411}{4.99}$</td><td>$\frac{0.493}{4.06}$</td><td>$\frac{0.551}{3.63}$</td><td>$\frac{0.347}{5.76}$</td><td>$\frac{0.378}{5.29}$</td><td>$\frac{0.427}{4.68}$</td><td>117</td></tr>
<tr><td rowspan="2">1.00</td><td>2 m 以内及 4 m 以外</td><td>$\frac{0.401}{4.99}$</td><td>$\frac{0.446}{4.48}$</td><td>$\frac{0.490}{4.08}$</td><td>$\frac{0.311}{6.43}$</td><td>$\frac{0.350}{5.72}$</td><td>$\frac{0.387}{5.17}$</td><td>118</td></tr>
<tr><td>2～4 m</td><td>$\frac{0.351}{5.70}$</td><td>$\frac{0.391}{5.11}$</td><td>$\frac{0.435}{4.60}$</td><td>$\frac{0.270}{7.42}$</td><td>$\frac{0.303}{6.59}$</td><td>$\frac{0.341}{5.87}$</td><td>119</td></tr>
<tr><td colspan="4">编　号</td><td>一</td><td>二</td><td>三</td><td>四</td><td>五</td><td>六</td><td></td></tr>
</table>

二、机械台班消耗定额的表现形式

机械台班消耗定额的表现形式有两种，即机械时间定额和机械台班产量定额。

(一)机械时间定额

机械时间定额是指在合理的劳动组织及正常使用机械的条件下，某种施工机械完成质量合格的单位产品所必需消耗的工作时间。其计量单位以完成单位产品所需台班数或工日数来表示。

$$\text{单位产品机械时间定额(台班)}=\frac{1}{\text{台班产量}} \tag{3-17}$$

由于机械必须由工人小组配合，所以，其完成质量合格的单位产品所必需消耗的人工时间定额也一并列出。

$$\text{单位产品人工时间定额(工时)}=\frac{\text{小组成员总人数}}{\text{台班产量}} \tag{3-18}$$

（二）机械台班产量定额

机械台班产量定额是指在合理的劳动组织及正常使用机械的条件下，某种施工机械在单位台班内应完成合格产品的数量标准。

$$机械台班产量定额=\frac{1}{机械时间定额(台班)} \tag{3-19}$$

机械时间定额与机械台班产量定额间互为倒数关系。

【例 3-6】 斗容量为 1 m^3 的液压反铲挖掘机挖四类土，并按施工要求装车。其挖掘深度为 3.5 m。试确定该挖掘机的时间定额、产量定额和小组成员总人数。

解：由表 3-4 查得：$\frac{0.435}{4.60}$

时间定额：0.435 台班/(100 m^3)

产量定额：4.60(100 m^3)/台班

小组成员总人数=0.435×4.60=2(人)

答：该挖掘机的时间定额为 0.435 台班/(100 m^3)；产量定额为 4.60(100 m^3)/台班；小组人数为 2 人。

三、机械台班消耗定额的确定

（一）拟定正常的施工条件

拟定正常的施工条件，主要是拟定工作地点的合理组织及合理的工人编制。

工作地点的合理组织，就是对施工地点机械和材料的放置位置、工人从事操作的场地做出科学合理的平面和空间布置。它要求施工机械和操纵机械的工人在最小的范围内移动，但又不阻碍机械运转和工人操作，且应最大限度地发挥机械的效能，尽量减少工人的手工操作，以节省工作时间和减轻工人的劳动强度。

拟定合理的工人编制，就是根据施工机械的性能和设计能力、工人的专业分工和劳动功效，合理确定操纵机械的工人(如司机、司炉)和直接参加机械化施工过程的工人(如给汽车装卸土方的工人)的编制人数，以保证机械的正常生产率和工人正常的劳动功效。

（二）确定机械 1 h 纯工作正常生产率

确定机械正常生产率时，必须首先确定出机械 1 h 纯工作正常生产率。机械纯工作时间，是指机械工作必需消耗的时间。它包括正常负荷下、有根据降低负荷下、低负荷下、不可避免的无负荷、不可避免的中断五类时间消耗。

机械 1 h 纯工作正常生产率，就是在正常的施工组织条件下，具有必需的知识和技能的技术工人操纵机械 1 h 的生产率。根据机械工作特点的不同，机械 1 h 纯工作正常生产率的确定方法也有所不同。

(1)对于循环动作机械，确定机械 1 h 纯工作正常生产率，可按下列公式计算。

$$机械一次循环的正常延续时间=\sum(循环各组成部分正常延续时间)-交叠时间 \tag{3-20}$$

$$机械纯工作1\,h循环次数=60\times60(s)/(一次循环的正常延续时间) \tag{3-21}$$

$$\text{机械纯工作 1 h 正常生产率}=\text{机械纯工作 1 h 循环次数}\times\text{一次循环生产的产品数量} \quad (3\text{-}22)$$

(2)对于连续动作机械，确定机械 1 h 纯工作正常生产率，要根据机械的类型和结构特征，以及工作过程的特点来进行，可按式(3-23)计算：

$$\text{连续动作机械纯工作 1 h 正常生产率}=\frac{\text{工作时间内生产的产品数量}}{\text{工作时间(s)}} \quad (3\text{-}23)$$

工作时间内的产品数量和工作时间的消耗，可通过多次现场观察和机械说明书获得数据。

(三)确定机械的正常利用系数

机械的正常利用系数是指机械在工作班内对工作时间的利用率。机械的利用系数和机械在工作班内的状况有着密切的关系。因此，要确定机械的正常利用系数，首先要拟定机械工作班的正常工作状况，以保证合理利用工时。机械正常利用系数可按式(3-24)计算：

$$\text{机械正常利用系数}=\frac{\text{机械在一个工作班内纯工作时间}}{\text{一个工作班延续工作时间(s)}} \quad (3\text{-}24)$$

(四)确定机械台班定额

计算机械台班消耗量是确定机械消耗量工作的最后一步。在确定了机械工作正常条件、机械 1 h 纯工作正常生产率和机械利用系数之后，可采用式(3-25)～式(3-27)计算出机械的时间定额和产量定额：

$$\text{机械台班产量定额}=\text{机械 1 h 纯工作正常生产率}\times\text{工作班纯工作时间} \quad (3\text{-}25)$$

或

$$\text{机械台班产量定额}=\text{机械 1 h 纯工作正常生产率}\times\text{工作班延续时间}\times\text{机械正常利用系数} \quad (3\text{-}26)$$

$$\text{机械时间定额}=1/(\text{机械台班产量定额}) \quad (3\text{-}27)$$

【例 3-6】 某施工现场采用出料容量为 500 L 的混凝土搅拌机，由观察资料可知，每一次循环中，装料、搅拌、卸料、中断所需要的时间分别为：1 min、3 min、1 min、1 min，机械利用系数为 0.9，试计算该机械的台班产量定额及时间定额。

解：(1)一次循环的正常延续时间=(1+3+1+1)(min)=60×6=360(s)

(2)搅拌机纯工作 1 小时的循环次数=60×60/360=10(次)

(3)搅拌机纯工作 1 小时的正常生产率=500×10=5 000 L=5(m^3)

(4)搅拌机台班产量定额=5×8×0.9=36(m^3/台班)

(5)搅拌机的时间定额=$\frac{1}{36}$=0.027 8(台班/m^3)

答：该机械的台班产量定额为 36 m^3/台班；时间定额为 0.027 8 台班/m^3。

本章小结

本章系统地介绍了施工定额的基本概念、编制方法、编制原则；构成施工定额的劳动消耗定额、材料消耗定额、机械台班消耗定额的确定，并结合实例对基本知识点加以运用，以增强读者的理解能力。

施工定额是建筑安装企业用于建筑工程施工管理的一种定额，它主要用来确定完成一定计量单位的某一施工过程或工序所需要的人工、材料和机械台班消耗的数量标准。

施工定额中的人工、材料、机械台班消耗量标准是按社会平均先进水平编制的，即在正常情况下，多数生产班组和劳动者经过努力可以达到或接近，个别生产班组和劳动者可以超过的水平。因此，它是考核建筑安装企业劳动生产率、管理水平的标尺，是确定工程成本、投标报价的依据，同时也是编制预算定额的基础。

复习思考题

1. 简述施工定额的概念、编制原则、编制依据及定额水平。
2. 简述劳动定额及其表现形式。
3. 简述施工过程的概念及其分类。
4. 确定劳动消耗定额有哪些方法？
5. 简述定额时间和非定额时间的概念。
6. 结合图 3-2 和图 3-3，阐述定额时间和非定额时间的构成。
7. 简述材料消耗定额的概念。
8. 确定材料消耗定额有哪些方法？
9. 简述非周转性材料和周转性材料的概念。
10. 确定非周转性材料的消耗量有哪些方法？
11. 如何确定周转性材料的消耗量？
12. 简述机械台班消耗定额的概念及其形成。
13. 机械台班消耗定额有哪些表现形式？
14. 经现场观察测定，完成 1 m^3 砖砌体需基本工作时间 1.5 h，辅助工作时间占工作班延续时间的 3%，准备与结束工作时间占工作班延续时间的 3%，不可避免的中断时间占工作班延续时间的 2%，休息时间占工作班延续时间的 16%，试确定其时间定额和产量定额。
15. 某挖土机一次正常循环的工作时间为 2 min，每次循环挖土 0.5 m^3，工作班延续时间为 8 h，机械正常利用系数为 0.80，试确定该机械的产量定额。
16. 试用理论计算法计算 10 m^3 一砖半厚实心砖墙中砖和砂浆的消耗量。

第四章　预算定额

第一节　预算定额概述

预算定额概述

一、预算定额的概念

预算定额是由国家或各省、自治区、直辖市主管部门(或授权单位)组织编制并颁发执行的一种法令性指标，是计算建筑安装工程产品造价的基本依据。

预算定额是指在正常的施工条件下，完成一定计量单位的分项工程或结构构件所需要消耗的人工、材料和机械台班的数量或资金标准。

如《全国统一建筑工程基础定额》* 中规定，砌筑 10 m^3 砖基础需要消耗的人工、材料和机械台班的数量标准如下：

人工(综合工日)　　12.18 工日。

水泥砂浆 M5.0　　2.36 m^3。

标准砖　　5.236 千块。

水　　1.05 m^3。

灰浆搅拌机　　0.39 台班。

人工消耗(综合工日)：12.18 工日。

材料消耗：水泥砂浆 M5.0：2.36 m^3，标准砖：5.236 千块，水：1.05 m^3。

机械台班消耗：灰浆搅拌机 0.39 台班。

二、预算定额的作用

(1)预算定额是编制施工图预算，确定和控制建筑安装工程造价的基本依据。

(2)预算定额是施工企业编制人工、材料和机械台班需要量计划，统计完成工程量，考核工程成本和实行经济核算的依据。

(3)预算定额是对设计方案进行技术经济比较，对新结构、新材料进行技术经济分析的依据。

(4)预算定额是建筑安装工程招投标中确定标底和投标报价的依据。

(5)预算定额是建设单位和银行拨付工程价款、建设资金贷款和进行竣工结(决)算的依据。

(6)预算定额是编制地区单位估价表、概算定额和概算指标的基础。

三、预算定额与施工定额的关系

现行的建筑工程预算定额均以施工定额为基础进行编制，两者都是施工企业进行科学

---

* 《全国统一建筑工程基础定额》已废止，替代定额为《房屋建筑与装饰工程消耗量定额》(编号为 TY01—31—2015)。

管理的工具。但两种定额的性质不同，定额水平也不同。

1. 两种定额的性质不同

预算定额不是仅供企业内部使用的定额，它是一种具有广泛用途的计价定额，其项目划分是以分项工程或结构构件为对象，比施工定额的项目划分略粗。

施工定额属于施工企业内部使用的定额，是企业确定工程项目的成本计划及成本核算的依据。施工定额以工序为研究对象，较之预算定额，其项目划分较细。

2. 两种定额反映的水平不同

预算定额依据社会消耗的平均劳动时间来确定其定额水平，它综合考虑了不同企业、不同工人之间存在的水平差异，反映的是大多数企业和工人经过努力能够达到和超过的水平。因此，预算定额反应的是一种社会平均水平；由于确定预算定额时，纳入了一些施工定额未予考虑的影响生产消耗的因素，所以预算定额较之施工定额的水平要低 10％～15％。

预算定额与施工定额之间的关系见表 4-1。

表 4-1　预算定额与施工定额的区别

项目	施工定额	预算定额
依据及范围	施工企业编制施工预算	编制施工图预算、结算、决算、工程标底
内　容	单位、分部、分项工程的人、材、机消耗量	单位、分部、分项工程的人、材、机消耗量及其费用
水　平	社会平均先进水平	社会平均水平

第二节　预算定额的编制及组成内容

一、预算定额的编制原则

预算定额的编制程序及组成内容

(一)社会平均水平的编制原则

预算定额所表现的水平，是在正常的施工条件，多数建筑企业的装备水平、施工工艺、劳动组织及工期条件下的一种社会平均消耗量水平。它以施工定额为基础，但又包含施工定额未予考虑的一些可变因素。因此，预算定额反映的是社会平均水平。

(二)简明适用性原则

简明适用性原则要求预算定额的应用除具有较强的适应性外，还应简单明了、易于掌握和方便使用。为此，编制定额时应做到：项目齐全，粗细适当，步距合理，文字说明通俗易懂、简明扼要；要合理确定计量单位，简化工程量计算，少留活口，尽量减少换算工作量等；同时，还要注意补充一些采用新结构、新材料以及采用先进经验施工的新定额项目。

(三)统一性和差别性相结合的原则

统一性是指定额的制订规划和组织实施工作，由建设部标准定额司统一负责制定出全国统一定额，并颁发有关工程造价管理的相关规定与办法等；差别性则是指各省、自治区、直辖市及各主管部门在自己的辖区内，根据本地区和本部门的具体情况，制定出地区定额和部门定额。

二、预算定额的编制依据

(1)现行的全国统一劳动消耗定额，材料消耗定额及机械台班消耗定额。

(2)现行的设计规范，施工验收规范，质量评定标准和安全操作规程。

(3)通用标准图集，定型设计图纸和具有代表性的设计图纸。

(4)有关科学试验、技术测定的统计及经验资料等。

(5)已推广的新技术、新材料、新结构及新工艺的资料。

(6)现行的预算定额基础资料，人工工资标准，材料预算价格和机械台班预算价格等。

三、预算定额的编制程序

预算定额的编制程序一般可分为准备工作、收集资料、定额编制、审查定稿四个阶段。

(1)准备工作阶段。准备工作阶段的主要任务是成立编制机构，拟定编制方案，确定定额编制范围及内容，全面收集各项依据资料。

预算定额的编制不仅工作量大，而且政策性强，组织工作复杂，因此，在准备工作阶段应做好以下工作：

1)建筑企业改革发展对预算定额编制水平的要求；

2)预算定额的适用范围、用途和水平；

3)拟定编制方案；

4)确定编制机构的人员组成。

(2)收集资料阶段。按照定额编制的范围和内容收集资料，包括现行规定、规范和政策法规；定额管理部门累积的资料，如混凝土配合比和砌筑砂浆试验等资料；注意听取建设、设计、施工等单位有经验的专业技术人员的意见和建议。

(3)定额编制阶段。各项资料收集完成后，方可进行定额的测算和分析工作，并编制定额。编制定额阶段的主要任务如下：

1)确定编制细则，包括：统一编制表格和编制方法；统一计算口径、确定计量单位和小数点保留位数；统一名称、统一专业用语、统一符号代码等。

2)确定定额的项目划分和工程量计算规则。

3)进行定额人工、材料、机械台班消耗量的计算、测算和复核。

(4)审查定稿阶段。定额初稿完成后，应进行审核定稿、测算定额水平、撰写编制说明、立档、成卷等工作。该阶段应注意以下两点：

1)审核定稿是保证定额编制质量的措施之一。审稿工作应由经验丰富且从事定额工作多年的专业人员承担。

2)定额水平测算，定额初稿出来后，应将新旧定额进行对比，测算出定额的水平，再分析定额水平提高或降低的原因，并在此基础上对定额初稿进行必要的修订。

四、确定分项工程预算定额指标

确定分项工程预算定额指标，即确定计量单位，计算工程量；确定人工、材料、机械台班消耗量指标。

在确定预算定额人工、材料、机械台班消耗量指标前，必须先按施工定额划分的项目内容计算出各消耗量指标，再按预算定额划分的项目内容加以综合。

(一)确定计量单位与计算精度

预算定额的计量单位应与工程项目的内容相适应，应能正确反映各分项工程产品的形态特征与实物数量，并符合便于使用和计算的要求。

一般应根据分项工程或结构构件的特征及其变化规律来确定计量单位。当分项工程项目的三个度量都发生变化时，应选用“m^3”作为计量单位，如一系列混凝土结构构件项目；当分项工程项目的两个度量发生变化时，应选用“m^2”作为计量单位，如一系列楼地面工程项目；当分项工程项目的截面形状固定，应选用“m”作为计量单位，如一系列管道工程项目。

定额项目中各消耗量的计量单位、小数点保留位数规定如下：

人工：以“工日”为单位，保留两位小数。

机械：以“台班”为单位，保留两位小数。

主要材料及半成品的计量单位、小数点保留位数规定如下：

木材：以“m^3”为单位，保留两位小数。

钢材(钢筋)：以“t”为单位，保留三位小数。

标准砖：以“千匹”为单位，保留两位小数。

砂浆、混凝土等半成品：以“m^3”为单位，保留两位小数。

(二)计算工程量

预算定额是在施工定额的基础上编制的一种综合性定额，它包括了完成某一分项工程或结构构件的全部工作内容。如砖基础定额中包括了调运砂浆、铺砂浆、运砖、清理基础槽坑、砌砖等全部工作内容。

计算预算定额分项工程的工程量，一般是根据选定的典型工程设计图纸，首先划分出符合预算定额项目的工程内容并计算工程量，再计算出符合施工定额项目划分的工程量，将其综合便形成预算定额中分项工程的人工、材料和机械台班的消耗量指标。

五、确定预算定额人、材、机消耗量指标

(一)确定预算定额的人工消耗量指标

预算定额的人工消耗量是指完成某一计量单位的分项工程或结构构件所需各种用工量的总和。

定额人工工日不分工种、技术等级，一律以综合工日表示，包括基本用工和其他用工，其中，其他用工中又包括超运距用工、辅助用工和人工幅度差。

1. 基本用工

基本用工是指完成一定计量单位的分项工程或结构构件的主要用工量。其计算公式如下：

$$基本用工工日数量 = \sum(工序工程量 \times 时间定额) \tag{4-1}$$

2. 超运距用工

超运距用工是指预算定额中材料、成品及半成品的场内水平运距超过了劳动定额规定的运距部分所应增加的用工量。计算时，需先求出材料的超运距，再根据劳动定额计算出超运距用工。其计算公式如下：

$$超运距=预算定额规定的运距-劳动定额规定的运距 \tag{4-2}$$

$$超运距用工 = \sum(超运距材料数量 \times 时间定额) \tag{4-3}$$

3. 辅助用工

辅助用工是指劳动定额中未包括而在预算定额内必须考虑的用工。如机械土石方施工的配合用工、材料加工(如筛砂子、洗石子、淋石灰膏等)用工、模板整理用工等。

辅助用工可根据材料加工数量和时间定额进行计算。其计算公式如下：

$$辅助用工数量 = \sum(材料加工数量 \times 时间定额) \tag{4-4}$$

4. 人工幅度差

人工幅度差是指在劳动定额中未包括，而在正常施工条件下不可避免的，但又无法计量的用工。其内容如下：

(1)各工种间工序搭接及交叉作业时，相互配合所发生的停歇用工。

(2)施工机械在单位工程之间转移及临时水电线路移动所造成的停工。

(3)因质量检查和隐蔽工程验收而影响工人操作的时间。

(4)因班组操作地点转移而影响工人操作的时间。

(5)施工中不可避免的零星用工。

在确定预算定额用工量时，其人工幅度差可按基本用工、超运距用工、辅助用工之和的百分率计算。其计算公式如下：

$$人工幅度差=(基本用工+超运距用工+辅助用工)\times人工幅度差系数 \tag{4-5}$$

按国家现行规定，人工幅度差系数确定为10%～15%。

$$\begin{aligned}预算定额人工消耗量&=基本用工+其他用工\\&=基本用工+超运距用工+辅助用工+人工幅度差\\&=(基本用工+超运距用工+辅助用工)\times(1+人工幅度差系数)\end{aligned} \tag{4-6}$$

(二)确定预算定额的材料消耗指标

预算定额的材料消耗指标是由材料的净用量和损耗量组成的。其中材料的损耗量通常由施工操作损耗、加工制作损耗、场内运输及管理损耗等内容所构成。材料的消耗量、损耗量和损耗率的计算公式如下(相关材料的损耗率可查阅材料损耗率表)：

$$消耗量=净用量+损耗量 \tag{4-7}$$

$$消耗量=\frac{净用量}{1-损耗率} \tag{4-8}$$

$$损耗率=\frac{损耗量}{消耗量}\times100\% \tag{4-9}$$

$$损耗量=消耗量\times损耗率 \tag{4-10}$$

预算定额中的材料消耗量指标，应根据分项工程在实际工程中的构成特点，采用相应的方法综合确定。

1. 确定主要材料的消耗量

在第三章中已经介绍过如何运用理论计算法确定材料的净用量。现在介绍如何运用理论计算法，结合实际工程中的一些综合测定资料，确定出预算定额中主材(如实心砖墙中的标准砖)的净用量。

(1)确定主材的净用量。例如，由实心砖墙的相关测算资料可知：每 10 m^3 一砖厚墙体中梁头、板头、加固钢筋等所占体积为 0.28 m^3。试确定每 10 m^3 一砖厚墙体中砖的净用量。首先用理论计算法计算砖的净用量。

10 m^3 一砖厚墙体中砖的净用量：

$$砖数=\frac{2\times 墙厚的砖数}{墙厚\times(砖长+灰缝)\times(砖厚+灰缝)}\times 10$$

$$=\frac{2\times 1}{0.24\times(0.24+0.01)\times(0.053+0.01)}\times 10=5\ 291(块)$$

上述计算中的砖数“5 291 块”是指主材(标准砖)的理论计算净用量，未考虑梁头、板头、加固钢筋等构件所占的体积。

而在预算定额中，主材(标准砖)的净用量，应考虑扣除实际工程中的梁头、板头、加固钢筋等构件所占体积，即：扣除每 10 m^3 墙体中梁头、板头、加固钢筋等所占体积(0.28 m^3)，才是主材(标准砖)的净用量。即

$$砖数=\frac{2\times 墙厚的砖数}{墙厚\times(砖长+灰缝)\times(砖厚+灰缝)}\times(10-0.28)$$

$$=\frac{2\times 1}{0.24\times(0.24+0.01)\times(0.053+0.01)}\times(10-0.28)$$

$$=5\ 143(块)$$

(2)确定主材的消耗量及损耗量。

10 m^3 一砖厚墙体中砖的消耗量=5 143/(1−1%)=5 195(块)

10 m^3 一砖厚墙体中砖的损耗量=5 195−5 143=52(块)

由此确定出预算定额每 10 m^3 一砖厚墙体中主材(标准砖)的净用量为 5 143 块；消耗量为 5 195 块；损耗量为 52 块。

2. 确定次要零星材料的消耗量

在预算定额中，对于一些用量少、价值不大的次要材料，通常采用估算用量的方法合并成“其他材料费”，以“元”为单位列入预算定额中。

3. 确定周转性材料的摊销量

周转性材料摊销量的计算方法在第三章已有阐述，在预算定额中，这类材料也是按多次使用，分次摊销的方法计算并列入定额。

(三)确定预算定额的机械台班消耗量指标

预算定额中的机械台班消耗量指标，是依据《全国统一建筑安装工程劳动定额》中各种机械施工项目所规定的台班消耗量指标，并考虑机械幅度差进行计算的。其计算公式如下：

预算定额机械台班消耗量指标＝施工定额中机械台班消耗量＋机械幅度差

＝施工定额中机械台班消耗量×(1＋机械幅度差系数)

(4-11)

机械幅度差是指劳动定额中未包括，而在合理的施工组织条件下机械所必需的停歇时间。其内容包括以下几项：

(1)施工机械转移工作面所损失的时间。

(2)配套机械相互影响所损失的时间。

(3)检查工程质量影响机械操作所损失的时间。

(4)临时水电线路移位造成机械停歇所损失的时间。

(5)施工中不可避免的故障排除、维修及工序间交叉影响的时间间隔。

(6)工程收尾时，由于工作量不饱满所造成的时间损失。

在计算机械台班消耗量指标时，机械幅度差通常以系数表示。幅度差系数一般由测定和统计资料取定，见表 4-2。

表 4-2　各类机械幅度差系数值

机械名称	机械幅度差系数
土石方机械	25%
打桩机械	33%
吊装机械	30%
其他中小型机械	10%

六、确定人工、材料、机械台班单价

建筑工程生产的基本要素是人工、材料和施工机械设备，因此，人工、材料和机械台班单价也必然成为工程计价的基础。

在工程计价时，应以工程项目所在地区的有关规定、材料来源、技术经济条件等作为基本依据，确定出人工工日单价、材料单价、施工机械台班单价，以适应工程实际情况。

(一)确定人工工日单价

人工工日单价是计算各种生产工人人工费、施工机械使用费中的人工费的基础单价。它是建筑安装工人一个工作日中，应计入预算的全部人工费用，见表 4-3。

表 4-3　人工工资单价构成情况

基本工资	岗位工资、技能工资、年功工资
工资性补贴	物价补贴、煤气燃气补贴、交通补贴、住房补贴、流动施工津贴
生产工人辅助工资	非作业日发放的工资和工资补贴
职工福利费	书报费、洗理费、取暖费
生产工人劳动保护费	劳保用品购置费及修理费、徒工服装补贴、防暑降温费、保健费用

1. 人工工日单价的组成

人工工日单价共包括以下五项费用：

(1)基本工资。

(2)工资性补贴。

(3)生产工人辅助工资。

(4)职工福利费。

(5)生产工人劳动保护费。

2. 人工工日单价的计算

(1)基本工资是指发放给生产工人的基本工资，包括岗位工资、技能工资和年功工资。

$$基本工资=\frac{生产工人平均月工资}{年平均每月法定工作日} \tag{4-12}$$

而生产工人的年平均每月法定工作日可按下式计算：

$$年平均每月法定工作日=\frac{全年日历日-法定假日}{全年月数}$$

$$=\frac{365-115}{12}=20.83(天) \tag{4-13}$$

(2)工资性补贴是指按规定标准发放的物价补贴、煤气燃气补贴、交通补贴、住房补贴、流动施工津贴等。

$$工资性补贴=\frac{\sum 年发放标准}{全年日历日-法定假日}+\frac{\sum 月发放标准}{年平均每月法定工作日}+每工作日发放标准 \tag{4-14}$$

(3)生产工人辅助工资是指生产工人年有效施工天数以外非作业天数的工资，包括职工学习、培训期间的工资，调动工作、探亲、休假期间的工资，因气候影响的停工工资，女工哺乳时间的工资，病假在六个月以内的工资及产、婚、丧假期间的工资。

$$生产工人辅助工资=\frac{全年无效工作日\times(基本工资+工资性补贴)}{全年日历日-法定假日} \tag{4-15}$$

(4)职工福利费是指按规定标准计提的职工福利费。如书报费、防暑降温及取暖费等。

$$职工福利费=(基本工资+工资性补贴+生产工人辅助工资)\times职工福利费计提比例 \tag{4-16}$$

(5)生产工人劳动保护费是指按规定标准发放的劳动保护用品的购置费及修理费、徒工服装补贴、防暑降温费、在有碍身体健康环境中施工的保健费用等。

$$生产工人劳动保护费=\frac{生产工人年平均支出劳动保护费}{全年日历日-法定假日} \tag{4-17}$$

3. 影响人工工日单价的风险因素

影响人工工日单价的因素很多，归纳起来主要有以下几个方面：

(1)社会平均工资水平：随着社会平均工资水平的逐年增长，会引起人工单价的升高。

(2)生活消费指数：生活消费品物价的提高会引起人工单价的升高。

(3)随着住房消费、养老保险、医疗保险、失业保险等费用列入人工单价，会使人工单价升高。

(4)劳动力市场供需变化：若市场劳动力供大于求，人工单价会降低；反之，人工单价会升高。

(5)国家政策的变化：国家推行的社会保障和福利政策的逐年变化，会引起人工单价的升高。

(二)确定材料预算价格

材料预算价格是指材料(包括构件、成品及半成品等)由其来源地(供应仓库或交货地点)到达施工工地仓库或施工现场存放点后的出库价格。

1. 材料预算价格(基价)的组成

(1)材料原价。

(2)材料运杂费。

(3)运输损耗费。

(4)采购及保管费。

2. 材料预算价格(基价)的计算

(1)材料原价(含供销部门手续费)。

1)材料原价是指材料的供应价(进口材料的抵岸价)。在确定材料原价时,要考虑材料可能会因产地、供应渠道的不同而出现几种原价,因此,要根据不同来源地的供应数量以及不同的单价,采用加权平均的方法计算出材料的加权平均原价。

$$\text{材料的加权平均原价} = \frac{\sum(\text{各来源地材料原价}\times\text{各来源地材料数量})}{\sum\text{各来源地材料数量}} \tag{4-18}$$

或

$$\text{材料的加权平均原价} = \sum(\text{各来源地材料原价}\times\text{各来源地材料数量占材料总数量的百分比}) \tag{4-19}$$

【例 4-1】 某建筑工地购进一批水泥,分别由甲、乙、丙三家厂商供货,水泥的单价、数量见表 4-4,试计算这批水泥的加权平均原价。

表 4-4 生产厂商水泥的单价、数量

生产厂	数量/t	单价/(元·t^{-1})
甲	400	350
乙	350	360
丙	250	380

解:水泥的加权平均原价$=\frac{400\times350+350\times360+250\times380}{400+350+250}=361.00$(元/t)

答:这批水泥的加权平均原价为 361.00 元/t。

【例 4-2】 某建筑工地购进一批钢材,分别由甲、乙、丙三家厂商供货,其单价、供货比例见表 4-5,试计算这批钢材的加权平均原价。

表 4-5 生产厂商钢材单价、供货比例

生产厂	单价/(元·t^{-1})	供货比例/%
甲	4 000	45
乙	4 200	40
丙	4 350	15

解：钢材的加权平均原价＝4 000×45％＋4 200×40％＋4 350×15％＝4 132.50(元/t)

答：这批水钢材的加权平均原价为 4 132.50 元/t。

2)材料供销部门手续费是指购进材料通过当地物资供应部门时(如物资局、材料公司等)所收取供货管理费，若购进材料不需通过物资供应部门，则不计算这项费用。

$$供销部门手续费＝材料原价×供销部门手续费费率 \tag{4-20}$$

各类材料供销部门手续费费率应执行国家相关部门规定标准，见表 4-6。

表 4-6　各类材料供销部门手续费费率

名　称	供销部门手续费费率
金属材料	2.5％
机电材料	1.8％
化工材料	2％
木材	3％
轻工产品	3％
建筑材料	3％

(2)材料运杂费。材料运杂费是指材料由其来源地(供应仓库或交货地点)运至施工工地仓库或施工现场存放点所发生的全部运杂费用。它包括车船运输费、调车和驳船费、装卸费和附加工作费。材料运输流程以及所需支付的运费项目如图 4-1 所示。

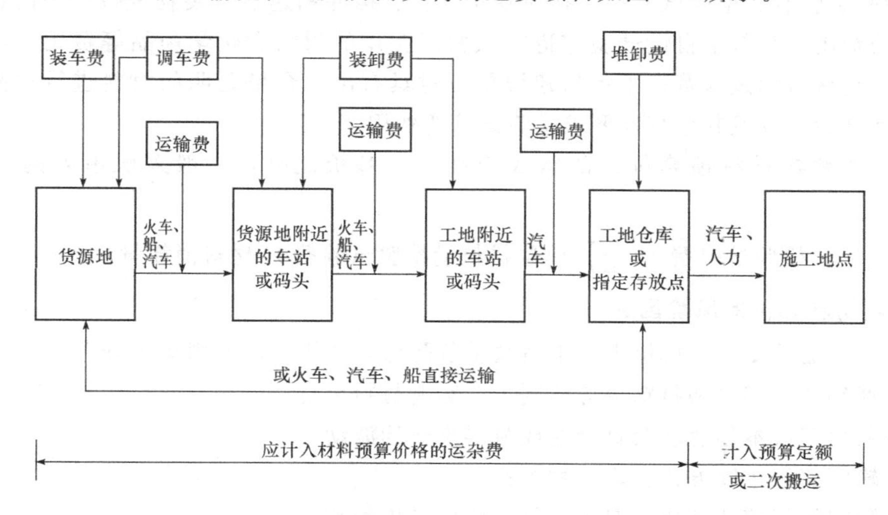

图 4-1　材料运输流程示意图

1)车船运输费是指火车、汽车、轮船、拖拉机等机车的材料运输费。

2)调车和驳船费是指机车到专线(船只到专用码头)或非公用地点装货时的调车费(驳船费)。

3)装卸费是指给火车、汽车、轮船、拖拉机等上下货物时发生的费用。

4)附加工作费是指货物从来源地运至工地仓库期间发生的材料搬运、分类堆放及整理等费用。

由于同一品种的材料可能会出现不同的来源地，所以材料的运杂费也应当采用加权平均法计算。

$$材料加权平均运杂费=\frac{\sum 材料各不同地点的供应量\times 各不同地点的运杂费}{\sum 材料各不同地点的供应量} \quad (4\text{-}21)$$

(3)运输损耗费。运输损耗费是指在材料的运输中应考虑一定的场外运输损耗费用，因为材料在运输装卸过程中会发生不可避免的损耗。

运输损耗费=(材料原价+供销部门手续费+运杂费)×运输损耗费费率　(4-22)

(4)采购及保管费。采购及保管费是指材料部门在组织采购、供应和保管材料过程中所发生的各种费用。其包括各级材料部门的职工工资、职工福利费、劳动保护费、差旅交通费、办公费等。

采购及保管费=(材料原价+供销部门手续费+运杂费+运输损耗费)×采购及保管费费率　(4-23)

由于建筑材料种类、规格繁多，采购部门很难根据每种材料在采购过程中的实际费用计取，只能规定几种费率，结合实际情况参照国家规定计算，目前国家规定的采购保管费费率为2.5%(其中采购费费率为1%，保管费费率为1.5%)。若建设单位供应材料到现场仓库，则施工单位只能收取保管费。

综上所述，材料预算价格的计算公式为

材料预算价格(基价)=材料原价+材料运杂费+运输损耗费+采购及保管费　(4-24)

(5)检验试验费。检验试验费是指对建筑材料、构件和建筑安装物进行一般的鉴定、检查所发生的费用。其包括自设试验室进行试验所耗用的材料和化学药品等费用。但不包括对新结构、新材料的试验费；不包括建设单位对具有出厂合格证明的材料进行检验、对构件做破坏性试验，以及其他特殊要求检验试验的费用。

检验试验费在材料预算价格的组成中独立于基价之外，一般采取单列的方式进行计算。

$$检验试验费=\sum(单位材料量检验试验费\times 材料消耗量) \quad (4\text{-}25)$$

3. 影响材料单价的风险因素

(1)市场供需的变化，如供大于求材料单价降低，供不应求材料单价升高。

(2)流通环节的多少和材料供应体制也会影响材料单价。

(3)材料生产成本的变动会直接造成材料价格的波动。

(4)运输距离和运输方式会影响材料价格。

(5)国际市场行情的变化会对进口材料价格产生影响。

【例4-3】 某工地购进水泥的情况实录见表4-7。其中，供销部门手续费费率为3%；运输费为2.5元/(t·km)、装卸费为10元/t；运输损耗费费率为1%；采购及保管费费率为2.5%，试计算水泥的预算价格。

表4-7　某工地购买水泥情况实录

厂家	单价/(元·t^{-1})	运距/km	供货比例/%
甲厂	250	15	45
乙厂	260	25	20
丙厂	240	20	35

解：材料预算价格＝材料原价＋供销部门手续费＋运杂费＋运输损耗费＋采购及保管费

(1)材料原价(加权平均)＝250×45%＋260×20%＋240×35%＝248.5(元/t)

(2)供销部门手续费＝248.5×3%＝7.46(元/t)

(3)运杂费：56.88(元/t)

加权平均运距＝15×45%＋25×20%＋20×35%＝18.75(km)

运输费＝2.5×18.75＝46.88(元/t)

装卸费：10 元/t

运杂费＝46.88＋10＝56.88(元/t)

(4)运输损耗费＝(248.5＋7.46＋56.88)×1%＝3.13(元/t)

(5)采购及保管费＝(248.5＋7.46＋56.88＋3.13)×2.5%＝7.90(元/t)

(6)水泥预算价格＝248.5＋7.46＋56.88＋3.13＋7.90＝323.87(元/t)

答：该工地购进水泥的预算价格为 323.87 元/t。

(三)确定机械台班单价

机械台班单价是指一台施工机械在正常运转条件下一个工作班(8 h)所发生的全部费用。施工机械台班单价以“台班”为单位计算。

1. 机械台班单价的组成与计算

(1)机械台班单价的组成。机械台班单价包括以下七项费用：

1)折旧费；

2)大修理费；

3)经常修理费；

4)安拆费及场外运费；

5)燃料动力费；

6)人工费；

7)养路费及车船使用税。

在以上七项费用中，折旧费、大修理费、经常修理费、安拆费及场外运费四项费用比较固定，通常称为第一类费用或不变费用；而燃料动力费、人工费、车船使用税三项费用会因施工地点和施工条件的不同而发生变化，因此被称为第二类费用或可变费用。

(2)机械台班单价的计算。

1)折旧费。折旧费是指施工机械在规定使用期限内，每一个台班所分摊的机械原值以及支付贷款利息的费用。

$$台班折旧费=\frac{机械预算价格\times(1-残值率)\times贷款利息系数}{耐用总台班} \tag{4-26}$$

式中，机械预算价格按机械出厂价(进口机械按抵岸价)、机械供销部门手续费及机械从交货地(口岸)运至使用单位的运杂费三项费用之和计算。其中，供销部门手续费和运杂费，国产机械按出厂价的5%计算，进口机械按抵岸价的11%计算。

残值率是指机械报废时的回收残值占机械原值的百分比，计算时可参照表 4-8 确定。

表 4-8　各类机械残值率

名　称	残值率
运输机械	2%
特大型机械	3%
中小型机械	4%
掘进机械	5%

贷款利息是指购置机械设备所需支付的贷款利息。其计算公式为

$$贷款利息系数=1+\frac{(折旧年限+1)}{2}\times 年折现率 \tag{4-27}$$

式中，折旧年限是指国家规定的各类固定资产计提折旧的年限；年折现率是指设备更新贷款年利率，通常按定额编制期银行贷款利率计算；耐用总台班是指机械在正常施工作业条件下，从投入使用到报废为止，按规定应达到的使用总台班数。

$$耐用总台班=折旧年限\times 年工作台班 \tag{4-28}$$

或

$$耐用总台班=大修理间隔台班\times 大修理周期 \tag{4-29}$$

式中，年工作台班根据有关部门对各类机械最近三年的统计资料分析确定；大修理间隔台班是指机械从投入使用起到第一次大修理止，或从上一次大修理后投入使用起到下一次大修理止，应达到的使用台班数；大修理周期是指机械在正常施工作业条件下，将其寿命期(耐用总台班)按规定的大修理次数划分为若干个周期。

$$大修理周期=寿命期大修理次数+1 \tag{4-30}$$

寿命期大修理次数是指机械设备在其寿命期(耐用总台班)内规定的大修理次数，应参照《全国统一施工机械保养修理技术经济定额》确定。

2)大修理费。大修理费是指机械设备按规定的大修理间隔台班进行必要的大修理，以恢复其正常使用功能所需要的费用。

$$台班大修理费=\frac{一次大修理费\times 寿命期大修理次数}{耐用总台班} \tag{4-31}$$

或

$$台班大修理费=\frac{一次大修理费\times(大修理周期-1)}{耐用总台班} \tag{4-32}$$

式中，一次大修理费是指机械设备按规定的大修理范围和工作内容，进行一次全面修理所需消耗的工时、配件、辅助材料、燃料、油料以及送修运输等全部费用。

3)经常修理费。经常修理费是指机械设备除大修理以外的各级保养(包括一、二、三级保养)和临时故障排除所需费用，即为了保障机械设备正常运转，所需要的替换设备、随机使用工具、附具的摊销和维护费用；机械运转及日常保养所需的润滑、擦拭材料费用；机械停置期间的正常维护保养费用等。将上述费用分摊到每一个台班，即形成台班经常修理费。

$$经常修理费=\frac{\sum(各级保养一次费用\times 寿命期各级保养总次数+临时故障排除费用)}{耐用总台班}+(替换设备台班摊销费+工具附具台班摊销费+例保辅料费) \tag{4-33}$$

式中，各级保养一次费用是指在各使用周期内，为保证机械处于完好状态，必须按规定的各级保养间隔周期、保养范围和内容进行一、二、三级保养或定期保养所需消耗的工时、配件、辅料、油料、燃料等费用；寿命期各级保养总次数是指一、二、三级保养或定期保养在寿命期内各使用周期中的保养次数之和；临时故障排除是指机械除规定的大修理及各级保养外，排除临时故障所需费用以及机械在工作日以外，进行保养维护所需润滑擦拭的材料费。可按各级保养(不包括例保辅料费)费用之和的3%计算。

$$临时故障排除费 = \sum(各级保养一次费用 \times 寿命期各级保养总次数) \times 3\% \quad (4\text{-}34)$$

替换设备及工具附具台班摊销费是指轮胎、电缆、蓄电池、运输皮带、钢丝绳、胶皮管、履带板等消耗性设备和按规定随机配备的全套工具附具的台班摊销费用。

$$替换设备及工具附具台班摊销费 = \frac{\sum 各类替换设备数量 \times 单价}{耐用总台班} + \frac{\sum 各类随机工具附具数量 \times 单价}{耐用总台班} \quad (4\text{-}35)$$

例保辅料费是指机械设备日常保养所需润滑擦拭材料的费用，应以《全国统一施工机械保养修理技术经济定额》为基础，结合编制期市场价格综合确定。

当台班经常修理费计算公式中各项数值难以确定时，可按式(4-36)、式(4-37)计算。

$$台班经常修理 = 台班大修理费 \times K \quad (4\text{-}36)$$

$$K = \frac{台班经常修理费}{台班大修理费} \quad (4\text{-}37)$$

式中　K——台班经常修理费系数。

4)安拆费及场外运费。安拆费是指机械在施工现场进行安装与拆卸所需的人工、材料、机械和试运转费、机械辅助设施(包括基础、底座、固定锚桩、行走轨道、枕木等)的折旧、搭设及拆除等费用；场外运输费则是指机械整体或分体自停放地点运至施工现场，或由一个地点运至另外一个地点的运输、装卸、辅助材料及架线等费用。

安拆费及场外运费应根据施工机械的不同特点划分为计入台班单价、单独计价、不计价三种类型。

①计入台班单价。在工地间移动较为频繁的小型机械及部分中型机械，其安拆费及场外运费应计入台班单价。

$$台班安拆费及场外运费 = \frac{一次安拆费及场外运费 \times 年平均安拆次数}{年工作台班} \quad (4\text{-}38)$$

一次安拆费及场外运费：一次安拆费是指施工现场机械安装和拆卸一次所需的人工费、材料费、机械费和试运转费；一次场外运输费则是指机械的运输费、装卸费、辅助材料费和架线等费用。

年平均安拆次数：应以《全国统一施工机械保养修理技术经济定额》为基础，由各地区结合具体情况确定。

机械场外运输距离均按 25 km 计算。

②单独计价。对于移动有一定难度的特大型、大型(包括少数中型)机械，其安拆费及场外运费应单独计算。凡需单独计算的安拆费及场外运费，除应单独计算安拆费及场外运费以外，还应单独计算其辅助设施(包括基础、底座、固定锚桩、行走轨道、枕木等)的折旧、搭设和拆除费用。

③不计价。对于不需要安装、拆卸且自身又能开行的机械，固定在车间不需要安装、拆卸及运输的机械，其安拆费及场外运费不计算。

自升式塔式起重机的安装拆卸、超高增加费及超高起点，应根据各地区(部门)的具体情况进行计算。

5)台班人工费。台班人工费是指专业操作机械的司机、司炉及操作机械的其他人员的工资。机械操作人员的个数应根据机械性能和操作需要来确定。

$$台班人工费=定额机上人工工日\times日工资单价 \tag{4-39}$$

$$定额机上人工工日=机上定员工日\times(1+增加工日系数) \tag{4-40}$$

增加工日系数一般取0.25。

6)燃料动力费。燃料动力费是指施工机械在运转作业中所需耗用的液体燃料(汽油、柴油)、固体燃料(煤、木材)和水电等费用。

$$台班燃料动力费=\sum(台班燃料动力消耗量\times相应单价) \tag{4-41}$$

$$台班燃料动力消耗量=(实测数\times4+定额平均值+调查平均值)/6 \tag{4-42}$$

7)车船使用税。车船使用税是指施工机械按照国家规定应缴纳车船使用税、保险费以及年检费用等。

$$台班车船使用税=\frac{年车船使用税+年保险费+年检费用}{年工作台班} \tag{4-43}$$

式中，年车船使用税、年检费按编制期有关部门的规定计算。

年保险费按编制期有关部门强制性保险的规定计算，非强制性保险费不应计算在内。

2. 影响机械台班单价确定的风险因素

(1)机械的使用效率、管理水平和市场供需变化会直接影响施工机械的台班单价。

(2)原材料涨价导致机械制造成本增加，进而造成国产或进口机械设备涨价，引起机械台班单价的增加。

(3)国家及地方税率(燃料及车船使用税等)的变化，会导致施工机械使用成本变动，引起机械台班单价的波动。

第三节　预算定额基价的概念与编制

一、预算定额基价的概念

预算定额基价是指以前述预算定额中规定的人工、材料和机械台班消耗量指标为依据，以全国统一预算定额为基础，结合各地情况综合取定价格资料，并据此编制出预算定额中各分项工程项目的工料机单价。

预算定额基价的概念与编制

二、预算定额基价的编制

(一)预算定额项目的划分

(1)编制预算定额基价的第一步，是确定预算定额的分项工程项目。首先，应以预算定额划分分项工程项目的原则，来确定基价表内各分项工程所包含的工作内容；其次，确定出分项工程的项目名称、基价编号、计量单位等；再根据预算定额项目划分的工作内容，确定其人工、材料和机械台班消耗的种类和数量。

(2)编制预算定额基价的第二步，是确定人工、材料和机械台班消耗量指标以及人工、材料和机械台班单价。本章第二节已有阐述。

(二)预算定额基价的组成与计算

1. 预算定额基价的组成

(1)人工费。

(2)材料费。

(3)施工机械使用费。

2. 预算定额基价的计算

(1)人工费。

$$人工费 = \sum(预算定额人工消耗量指标 \times 日工资单价) \tag{4-44}$$

(2)材料费。

$$材料费 = \sum(预算定额材料销量指标 \times 材料基价) + 检验试验费 \tag{4-45}$$

(3)施工机械使用费。

$$施工机械使用费 = \sum(预算定额机械台班消耗量指标 \times 机械台班单价) \tag{4-46}$$

预算定额项目基价表的表格形式见表 4-9。

表 4-9 预算定额项目基价表 100 m²

定额编号				11—48
项 目		单 位	单 价	干粘石
基 价		元	—	1 355.22
其中	人工费	元	—	659.00
	材料费	元	—	538.15
	机械费	元	—	158.07
人工	综合工日	工日	16.14	40.83
材料	1∶2.5 水泥砂浆	m^3	158.08	1.6
	1∶2 水泥砂浆	m^3	168.94	0.51
	素水泥浆	m^3	345.66	0.101
	白石子	kg	0.1	585.00
	二等小枋	m^3	1 666.61	0.023
	108 胶	kg	1.27	50.00
	简易脚手架	元	1.0	3.82
机械	垂直运输机械	台班	113.32	0.35
	灰浆搅拌机 200 L	台班	36.53	0.29
	空压机 0.6 m^3	台班	57.97	1.86

第四节　预算定额的组成及应用

一、预算定额的组成

预算定额的组成及应用

建筑工程预算定额一般由目录、说明、建筑面积计算规则、各分部工程说明、各分部工程工程量计算规则、分项工程定额项目表及附录所组成，可概括为以下内容。

1. 文字说明部分

总说明全面阐述了定额的用途、编制依据、适用范围、定额已考虑和未考虑的因素、定额使用过程中应注意的事项和有关问题的说明。其中，分部工程说明是预算定额的重要内容，它主要阐述了分部工程中各分项工程定额项目表的使用方法。

2. 分项工程定额项目表

分项工程定额项目表是组成预算定额的核心内容。它是将各分部工程进行汇总归类所形成的表格，表格列出了区别不同的设计、施工方法、不同的材料和施工机械等因素而确定的若干个分项工程定额项目。

在分项工程定额项目表中，各分项工程的预算价值(基价)计算，即：

$$\text{预算价值(基价)}=\text{人工费}+\text{材料费}+\text{施工机械使用费} \tag{4-47}$$

其中：

$$\text{人工费}=\sum(\text{预算定额人工消耗量指标}\times\text{日工资单价})$$

$$\text{材料费}=\sum(\text{预算定额材料消耗量指标}\times\text{材料基价})+\text{材料检验试验费}$$

$$\text{施工机械使用费}=\sum(\text{预算定额机械台班消耗量指标}\times\text{机械台班单价})$$

分项工程项目表的表格形式见表 4-10。该表是从分项工程定额项目表摘录的砌砖墙项目。

表 4-10　预算(计价)定额分项工程项目表摘录

工作内容：1. 调、运、铺砂浆。

2. 安放木砖、铁件、砌砖。

10 m³

定额编号			AD0020	AD0021	AD0022	AD0023	AD0024	AD0025
项　目	单位	单价/元	砖墙					
			混合砂浆(特细砂)			水泥砂浆(特细砂)		
			M5	M7.5	M10	M5	M7.5	M10
基价	元	—	3 807.17	3 838.75	3 870.33	3 814.78	3 839.87	3 860.48
人工费	元	—	1 315.30	1 315.30	1 315.30	1 315.30	1 315.30	1 315.30
材料费	元	—	2 484.44	2 516.02	2 547.60	2 492.05	2 517.14	2 537.75
机械费	元	—	7.43	7.43	7.43	7.43	7.43	7.43
混合砂浆(特细砂)M5	m^3	157.90	2.240	—	—	—	—	—

续表

定额编号			AD0020	AD0021	AD0022	AD0023	AD0024	AD0025
项　目	单位	单价/元	砖墙					
			混合砂浆(特细砂)			水泥砂浆(特细砂)		
			M5	M7.5	M10	M5	M7.5	M10
混合砂浆(特细砂)M7.5	m^3	172.00	—	2.240	—	—	—	—
混合砂浆(特细砂)M10	m^3	186.10	—	—	2.240	—	—	—
水泥砂浆(特细砂)M5	m^3	161.30	—	—	—	2.240	—	—
水泥砂浆(特细砂)M7.5	m^3	172.50	—	—	—	—	2.240	—
水泥砂浆(特细砂)M10	m^3	181.70	—	—	—	—	—	2.240
标准砖	千匹	400.00	5.310	5.310	5.310	5.310	5.310	5.310
水泥 32.5	kg	—	418.88	519.68	620.48	539.84	602.56	654.08
石灰膏	m^3	—	0.314	0.246	0.179	—	—	—
特细砂	m^3	—	2.643	2.643	2.643	2.643	2.643	2.643
水	m^3	2.0	1.212	1.212	1.212	1.212	1.212	1.212
其他材料费	元	—	4.32	4.32	4.32	4.32	4.32	4.32

3. 附录

附录也是预算定额的组成部分，它包括建筑机械台班费用定额表，各种砂浆、混凝土配合比费用表，建筑材料、成品、半成品场内运输及操作损耗系数表等。

二、预算定额的应用

预算定额是编制施工图预算、竣工结算、招标标底及投标报价的依据，预算定额的运用正确与否，将直接影响建筑工程造价的计算精度，因此，理解并熟悉预算定额手册各组成部分，包括总说明、分部工程说明、工程量计算规则以及各分项工程项目的工作内容等，是正确应用预算定额进行建筑工程计价的前提。

预算定额的使用方法有预算定额的直接套用和预算定额的换算两种。

(一)预算定额的直接套用

当设计图纸中的分项工程与预算定额的分项工程项目内容完全一致时，可直接套用预算定额基价。绝大多数分项工程的定额直接费均可直接套用定额基价计算。即以某一分项工程的工程量乘以定额基价，便可计算出该分项工程的定额直接费。

分项工程定额直接费＝分项工程的工程量×定额基价　　(4-48)

【例 4-4】 某工程采用 M5.0 水泥砂浆(特细砂)砌筑实心砖墙，其工程量为 200 m^3，试确定该分项工程的定额直接费及主要材料消耗量。

解： 直接套用定额，定额编码：AD0023。

(1)经查表 4-10，定额编码“AD0023”的项目内容与实际工程项目完全一致。

(2)计算分项工程定额直接费：

3 814.78×200/10=76 295.60(元)

(3)主要材料消耗量：

标准砖：5.31×200/10=106.20(千匹)

特细砂：2.643×200/10=52.86(m^3)

32.5R 水泥：539.84×200/10=10 796.80(kg)=10.80 t

答：该实心砖墙的定额直接费为 76 295.60 元；主要材料消耗量：标准砖 106.20 千匹、特细砂 52.86 m^3、32.5R 水泥 10.80 t。

(二)预算定额的换算

当设计图纸中的分项工程与预算定额的分项工程项目内容不完全一致时，定额基价需作换算处理再行套用；换算必须符合定额分部说明的相关规定，并且在套用换算后的定额基价时，应在定额编码的尾部注以“换”字，表示其与原定额项目之间的区别与联系，如“AD0003 换”，即是在“AD0003”的基础上，对其基价进行换算之后形成的新定额项目。

定额换算的类型可大致归纳为：定额乘系数的换算；利用附录的换算；木材断面的换算；其他换算。

(1)定额乘系数的换算。定额乘系数的换算，一般是根据定额分部说明或附注的规定，对定额基价乘以规定的系数而确定的。这类换算又可分为以下两种类型：

1)若定额规定以基价(人工费+材料费+机械费)为基础乘以系数进行换算，则这类换算比较简单，直接以定额基价乘系数即可。

$$\text{换算后定额基价}=\text{定额基价}\times\text{调整系数} \tag{4-49}$$

【例 4-5】 某工程在土石方施工过程中挖运淤泥为 560 m^3，试计算该工程的定额直接费。

经查表 4-11 无此项目，可依据分部说明“机械挖淤泥时，按机械挖土方定额乘以系数 1.5”的规定，对定额基价进行换算后再行套用。

解：(1)确定相应项目的定额编码为“AA0003”。

(2)AA0003 换=709.02×1.5=1 063.53(元/100 m^3)

(3)计算分项工程定额直接费：

1 063.53×560/100=5 955.77(元)

答：该工程挖淤泥的定额直接费为 5 955.77(元)。

2)若定额规定以基价(人工费、材料费、机械费)中的一种费用为基础乘以系数进行换算，如以基价中的人工费为基础进行换算，则进行这类换算时应注意：由于定额说明规定的调整系数内，已经包含了原基价中的工料机费用，所以在对原基价内需调整部分进行计算时，应按式(4-50)进行换算。

$$\text{换算后定额基价}=\text{定额原基价}+\sum\text{定额原基价内需调整部分}\times(\text{调整系数}-1) \tag{4-50}$$

表 4-11 预算(计价)定额分项工程项目表摘录

工作内容：1. 人工挖土方：包括挖土、修理边坡；

2. 机械挖土方：包括挖土，挖死角、修理边坡；

3. 工作面内排水、洒水及道路维护。

100 m^3

定额编号			AA0002	AA0003
项　目	单位	单价/元	挖土方	
			人工挖零星土方	机械挖土方(大开挖)
基　价	元	—	1 274.40	709.02
人工费	元	—	1 274.40	248.60
材料费	元	—	—	—
机械费	元	—	—	460.42
柴　油	kg	—	—	34.893

【例 4-6】 某框架结构间砌砖墙项目，由施工图计算出其 M7.5 混合砂浆(特细砂)砖墙的工程量为 95 m^3，试计算其定额直接费。

经查表 4-10 无此项目，依据分部说明“框架结构和预制柱间砌砖墙、砌块墙按相应项目人工乘以系数 1.25”的规定，可将“M7.5 混合砂浆(特细砂)砖墙”中的人工费予以调整，形成换算定额基价后再行套用。

解： 确定相应项目的定额编码为“AD0021”。

(1)AD0021 换＝3 838.75＋1 315.30×(1.25－1)＝4 167.58(元/10 m^3)

(2)定额直接费＝4 167.58×95/10＝39 592.01(元)

答：某框架间砌砖墙 M7.5 混合砂浆(特细砂)的定额直接费为 39 592.01 元。

(2)利用定额附录的换算。若设计规定的砂浆、混凝土强度等级、配合比与定额项目不符时，在定额分部说明允许换算的条件下，应在分部说明规定的范围内进行换算，即

换算后定额基价＝定额基价＋(换入单价－换出单价)×定额材料用量　　(4-51)

1)砌筑砂浆换算。

【例 4-7】 某工程修建简易围墙砖基础，采用混合砂浆(特细砂)M5.0 砌筑。在定额附录中查得混合砂浆(特细砂)M5.0 的单价为 157.90 元/m^3，试确定其定额基价。

经查表 4-12 无此项目，依据分部说明“砌筑砂浆的强度等级与设计规定不符时允许换算”的规定，可将砌筑砂浆 M5.0 水泥砂浆(特细砂)换算为 M5.0 混合砂浆(特细砂)，形成换算定额基价。

解： 确定相应项目的定额编码为“AD0004”。

AD0004 换＝3 521.61＋(157.90－161.30)×2.38＝3 513.52(元/10 m^3)

答：混合砂浆(特细砂)M5.0 砖基础的定额基价为 3 513.52 元/10 m^3。

表 4-12　预算(计价)定额分项工程项目表摘录

工作内容：清理基槽及基坑：调、运、铺砂浆；运砖、砌砖。　　　　10 m^3

定额编号			AD0001	AD0002	AD0003	AD0004	AD0005	AD0006
项　目	单位	单价/元	砖基础					
			水泥砂浆(细砂)			水泥砂浆(特细砂)		
			M5	M7.5	M10	M5	M7.5	M10
基价	元	—	3 518.52	3 543.27	3 563.26	3 521.61	3 548.27	3 570.17
人工费	元	—	1 031.40	1 031.40	1 031.40	1 031.40	1 031.40	1 031.40
材料费	元	—	2 479.09	2 503.84	2 523.83	2 482.18	2 508.84	2 530.74
机械费	元	—	8.03	8.03	8.03	8.03	8.03	8.03
水泥砂浆(细砂)M5	m^3	160.00	2.38	—	—	—	—	—
水泥砂浆(细砂)M7.5	m^3	170.40	—	2.38	—	—	—	—
水泥砂浆(细砂)M10	m^3	178.80	—	—	2.38	—	—	—
水泥砂浆(特细砂)M5	m^3	161.30	—	—	—	2.38	—	—
水泥砂浆(特细砂)M7.5	m^3	172.50	—	—	—	—	2.38	—
水泥砂浆(特细砂)M10	m^3	181.70	—	—	—	—	—	2.38
标准砖	千匹	400.00	5.240	5.240	5.240	5.240	5.240	5.240
水泥 32.5	kg	—	537.88	599.76	649.74	573.58	640.22	694.96
细砂	m^3	—	2.761	2.761	2.761	—	—	—
特细砂	m^3	—	—	—	—	2.808	2.808	2.808
水	m^3	2.0	1.144	1.144	1.144	1.144	1.144	1.144

2)混凝土强度等级换算。

【例 4-8】 某工程现场搅拌浇筑 C35(特细砂、砾石 5～40)混凝土矩形梁。由附录查得：C35 混凝土(特细砂、砾石 5～40)的单价为 232.95 元/m^3，试确定其定额基价。

经查表 4-13 无此项目，依据分部说明“若设计混凝土强度等级和砂石品种等与定额项目不同时，按定额附录配合比换算”的规定，可将混凝土矩形梁中的 C30 混凝土换算为 C35 混凝土，形成换算定额基价。

解：(1)确定相应项目的定额编码为“AE0127”。

(2)AE0127 换＝2 859.98＋(232.95－218.65)×10.10＝3 004.41(元/10 m^3)

答：C35 混凝土矩形梁(砾石 5～40)的定额基价为 3 004.41 元/10 m^3。

表 4-13　预算(计价)定额分项工程项目表摘录

工作内容：冲洗石子、混凝土搅拌、混凝土水平运输、浇捣养护等全部操作过程。　　10 m^3

定额编号			AE0125	AE0126	AE0127
项　目	单位	单价/元	现浇矩形梁(特细砂)		
			C20	C25	C30
基价	元	—	2 589.30	2 807.96	2 859.98
人工费	元	—	560.67	560.67	560.67
材料费	元	—	1 971.57	2 190.23	2 242.25
机械费	元	—	57.06	57.06	57.06
混凝土(特细砂)C20	m^3	191.85	10.100	—	—
混凝土(特细砂)C25	m^3	213.50	—	10.100	—
混凝土(特细砂)C30	m^3	218.65	—	—	10.100
水泥 32.5	kg	—	3 302.70	3 928.90	
水泥 42.5	kg	—	—	—	3 555.20
特细砂	m^3	—	3.939	3.434	3.939
砾石 5～40	千匹	—	9.999	9.898	9.797
水	m^3	1.50	10.719	10.719	10.719
其他材料费	元	—	12.44	12.44	12.44

3)抹灰砂浆换算。

【例 4-9】　某工程拟作水刷白石子(1∶2 水泥砂浆、特细砂)外墙面，试确定其定额基价。由定额附录查得 1∶2 水泥砂浆(特细砂)的单价为 298.85 元/m^3。

经查表 4-14 无此项目，依据分部说明“设计砂浆种类、厚度与定额不同时，允许材料耗量按比例调整”的规定，可将水刷白石子墙面中的 1∶3 水泥砂浆换算为 1∶2 水泥砂浆，以形成换算定额基价。

解：(1)确定相应项目的定额编码为“AM0051”。

(2)AM0051 换＝3 982.81＋(298.85－241.70)×1.73＝4 081.68(元/100 m^2)

答：水刷白石子(1∶2 水泥砂浆、特细砂)墙面的定额基价为 4 081.68 元/100 m^2。

表 4-14　预算(计价)定额分项工程项目表摘录

工作内容：1. 清理、修补、润湿基层、堵墙眼、调运砂浆、清扫落地灰；

2. 分层抹灰、抹平、配色抹面、起线压平压实、做面层等全部操作过程。　　100 m^2

定额编号			AM0050	AM0051	AM0053	AM0054
项　目	单位	单价/元	水刷白石子墙面		水刷豆石墙面	
			中砂	特细砂	中砂	特细砂
基价	元	—	4 008.59	3 982.81	3 439.04	3 415.65
人工费	元	—	2 623.10	2 623.10	2 629.90	2 629.90
材料费	元	—	1 375.45	1 349.67	799.50	776.11
机械费	元	—	10.04	10.04	9.64	9.64
水泥砂浆(中砂)1∶3	m^3	256.60	1.73	—	1.570	—
水泥砂浆(特细砂)1∶3	m^3	241.70	—	1.73	—	1.570

续表

定额编号			AM0050	AM0051	AM0053	AM0054
项　目	单位	单价/元	水刷白石子墙面		水刷豆石墙面	
			中砂	特细砂	中砂	特细砂
水泥白石子浆 1∶2	m^3	738.40	1.150	1.150	—	—
水泥豆石浆 1∶2.5	m^3	273.40	—	—	1.150	1.150
水泥浆	m^3	606.80	0.110	0.110	0.110	0.110
水泥 32.5	kg	—	1 784.83	1 784.83	1 511.71	1 511.71
中砂	m^3	—	1.972	—	1.790	—
特细砂	m^3	—	—	2.041	—	1.853
白石子(方解石)	kg	—	1 692.80	1 692.80	—	—
豆石 5～10	m^3	—	—	—	1.081	1.081
水	m^3	2.0	1.811	1.811	1.743	1.743
其他材料费	元	—	12.00	12.00	11.99	11.99

(3)木材断面的换算。若设计图纸的木门窗截面尺寸与定额规定的截面尺寸不同时，根据图纸断面和定额断面、相应定额项目材积、定额说明等相关数据资料，经调整计算形成换算定额基价。

定额分部说明一般规定：板材、枋材一面刨光增加 3 mm、两面刨光增加 5 mm；若采用原木制作，每立方应增加体积 0.05 m^3。

设计毛断面＝(设计断面净长＋刨光损耗)×(设计断面净宽＋刨光损耗)　(4-52)

$$换算后的木材体积=\frac{设计毛断面}{定额断面}\times 定额材积 \quad (4\text{-}53)$$

式中　设计毛断面——按设计图纸的尺寸增加刨光损耗计算；

定额断面——相应定额项目的门窗框断面；

定额材积——相应定额项目的木材消耗量。

换算后的定额基价＝定额基价＋(换算后的木材体积－定额材积)×木材单价　(4-54)

木材单价可从相应定额项目中查取。

【例 4-10】 某工程正施工一批带亮镶板门，设计图纸的门框净断面为 52 mm×90 mm，试确定其定额基价。

解：(1)设计毛断面＝(5.2＋0.3)×(9.0＋0.5)＝52.25(cm^2)

(2)依据设计毛断面，在表 4-15 中选择相应项目定额编码为“AH0003”。

(3)定额断面≤52 cm^2；

(4)换算后的木材体积$=\frac{设计毛断面}{定额断面}\times 定额材积$

$=\frac{52.25}{52}\times 5.54$

$=5.57(m^3)$

AH0003 换＝相应项目定额基价＋(换算后的木材体积－定额材积)×木材单价

＝12 355.73＋(5.57－5.54)×1 550＝12 402.23(元/100 m^2)

答：设计图纸门框净断面 52 mm×90 mm 的带亮镶板门定额基价为 12 402.23 元/100 m^2。

表 4-15　预算(计价)定额分项工程项目表摘录

工作内容：定位安装、校正、安装五金配件、周边塞口、清扫等全部操作过程。　　100 m^2

定额编号			AH0001	AH0002	AH0003	AH0004
项　目	单位	单价/元	镶板门带框			
			框断面≤45 m^2		框断面≤52 m^2	
			有亮子	无亮子	有亮子	无亮子
基　价	元	—	11 937.23	12 260.70	12 355.73	12 508.70
人工费	元	—	2 448.60	2 506.70	2 448.60	2 506.70
材料费	元	—	9 202.11	9 460.25	9 620.61	9 708.25
机械费	元	—	286.52	293.75	286.52	293.75
一等锯材(干)	m^3	1 550.00	5.27	5.56	5.54	5.72
木砖	m^3	1 100.00	0.33	0.39	0.33	0.39
平板玻璃 3	m^2	14.00	11.37	—	11.37	—
乳白胶	kg	6.00	4.22	4.26	4.22	4.26
铰链 70～100	付	1.50	94.00	53.00	94.00	53.00
风钩 120～150	只	0.20	47.00	—	47.00	—
插销 50～100	付	0.50	94.00	53.00	94.00	53.00
弓形拉手 150	付	0.70	47.00	53.00	47.00	53.00
搭扣	付	1.00	24.00	27.00	24.00	27.00
其他材料费	元	—	231.81	217.59	231.81	217.59

(4)其他换算。其他换算是指不属于上述几类换算的定额基价换算。

【例 4-11】 某工程楼地面需做 120 厚 C30 混凝土面层(特细砂，砾石 5～20)，试确定其定额基价。已知 C30 混凝土(特细砂，砾石 5～20)的单价为 239.70 元/m^3。

经查表 4-16 无此项目，依据分部说明“整体面层的结合层、找平层厚度与定额不同时，允许按相应项目换算”的规定，可将该项目分步骤进行换算。

解：(1)厚度换算：

K =(设计厚度－定额厚度)/定额“每增减厚度”

=(120－80)/10=4 个增加厚度

厚度换算形成的基价=3 175.99+4×304.07=4 392.27(元/100 m^2)

(2)配合比换算：在厚度换算的基础上再换算配合比。

AL0053 换=4 392.27+(239.70－210.35)×(8.08+4×1.01)

=4 747.99(元/100 m^2)

答：120 厚 C30 混凝土面层(特细砂，砾石 5～20)的定额基价为 4 747.99 元/100 m^2。

表 4-16　预算(计价)定额分项工程项目表摘录

工作内容：清理基层、搅拌混凝土、捣固、砂浆抹面、养护等全部操作过程。　　100 m^2

定额编号			AL0051	AL0052	AL0053	AL0054
项　目	单位	单价/元	混凝土面层(特细砂)			
			厚 40	每增减 5	厚 80	每增减 10
			C20			
基　价	元	—	2 112.68	172.43	3 175.99	304.07
人工费	元	—	888.75	52.55	1 142.75	84.60
材料费	元	—	1 198.09	116.94	1 982.70	213.87
机械费	元	—	25.84	2.94	50.54	5.60
C20 混凝土(特细砂、砾石 5～10)	m^3	227.85	4.040	0.510	—	—
C20 混凝土(特细砂、砾石 5～20)	m^3	210.35	—	—	8.080	1.010
水泥砂浆(特细砂)1∶1	m^3	372.30	0.510	—	0.510	—
水泥浆	m^3	606.80	0.10	—	0.100	—
水泥 32.5	kg	—	2 194.53	204.51	3 515.61	367.64
特细砂	m^3	—	1.953	0.199	3.609	0.404
砾石 5～10	m^3	—	3.717	0.469	—	—
砾石 5～20	m^3	—	—	—	7.676	0.960
水	m^3	2.0	6.914	0.372	9.661	0.712
其他材料费	元	—	13.20	—	13.2	—

本章小结

本章对预算定额的概念、编制方法、编制原则；构成预算定额的人工、材料、机械台班消耗量指标的确定；对预算定额基价的形成、预算定额手册的应用等方面进行了全面阐述，并配以基本知识点的应用案例。

预算定额是确定完成一定计量单位的分项工程或结构构件所需要的人工、材料和机械台班消耗的数量及资金标准。它既是施工图预算、竣工结算、招标标底及投标报价的计价依据，也是编制概算定额和概算指标的基础。

预算定额是按社会平均水平确定的人工、材料及机械台班消耗量标准。预算定额基价的形成过程如下：

(1)确定预算定额人工、材料、机械台班消耗量指标；

1)人工消耗量指标=基本用工+超运距用工+辅助用工+人工幅度差；

2)材料消耗量指标=材料净用量+材料损耗量；

3)机械台班消耗量指标=施工定额中机械台班的消耗量+机械幅度差。

(2)确定预算定额人工、材料、机械台班单价：

1)日工资单价=基本工资+工资性补贴+生产工人辅助工资+职工福利费+生产工人劳动保护费；

2)材料预算价格=材料基价+材料检验试验费；

其中：

材料基价=材料原价+材料运杂费+运输损耗费+采购及保管费；

3)机械台班单价=折旧费+大修理费+经常修理费+安拆费及场外运费+燃料动力费+台班人工费+车船使用税。

(3)形成预算定额基价：

1)人工费= $\sum$ (人工消耗量指标×日工资单价)；

2)材料费= $\sum$ (材料销量指标×材料基价)+材料检验试验费；

3)施工机械使用费= $\sum$ (机械台班消耗量指标×机械台班单价)。

复习思考题

1. 简述预算定额的概念、编制原则及定额水平。
2. 简述预算定额与施工定额的关系。
3. 预算定额中的人工消耗量指标包括哪些用工？
4. 预算定额中的材料消耗量指标包括哪些内容？
5. 预算定额中的机械台班消耗量指标包括哪些内容？
6. 简述人工单价、材料单价、机械台班单价的构成。
7. 简述预算定额基价的构成。
8. 某工地购进水泥的情况见表4-17。其中，供销部门手续费费率为2.0%；运输费为3.0元/(t·km)、装卸费为20元/t；运输损耗费费率为1%；采购及保管费率为2.5%，试计算水泥的预算价格。

表4-17　某工地购买水泥情况实录

供货厂商	单价/(元·t^{-1})	运距/km	供货比例/%
甲厂	350	25	50
乙厂	450	30	30
丙厂	300	40	20

9. 某建筑工地购买钢筋情况见表4-18，已知：运输损耗率为1%，采购及保管费费率为3%，检验试验费费率为2%，试计算钢筋的预算价格。

表 4-18　钢筋购买实录

来源地	数量/t	购买价/(元·t^{-1})	运距/km	运输费/[元·(t·km)$^{-1}$]	装卸费/(元·t^{-1})
甲地	100	4 000	60	0.6	16
乙地	200	4 200	50	0.7	15
丙地	400	4 500	40	0.8	14

10. 某机械预算价格为 12 万元，耐用总台班为 3 600 台班，残值率为 5%，折旧年限为 10 年，年折现率为 10%，试计算该机械的台班折旧费。

11. 预算定额(计价定额)的应用方法有哪些?

12. 试根据地区近期计价定额确定下列分项工程的定额编码、基价和主要材料的用量。

(1)挖沟槽土方(底宽≤3 m、≤4 m、≤6 m)。

(2)机械挖淤泥(大开挖)。

(3)M5.0 水泥砂浆(特细砂)砖基础及 M5.0 混合砂浆(特细砂)砖基础。

(4)框架结构间和预制柱间砌砖墙。

(5)C25 混凝土直形挡土墙(特细砂)。

(6)C20 细石混凝土楼地面面层(120 厚、特细砂)。

第五章　概算定额、概算指标及投资估算指标

第一节　概算定额

概算定额

一、概算定额的概念

概算定额是指生产一定计量单位的扩大分项工程或结构构件所需要消耗的人工、材料和机械台班的数额与资金标准。概算定额又称为扩大结构定额，它是在预算定额的基础上，根据通用设计图和标准图等资料，将主要施工工序及与之相关的其他施工工序进行综合、扩大和合并所形成的定额。例如，"砖基础"这一概算定额项目，便是以砖基础为主，将平整场地、基础土方、基础垫层、基础防潮层、回填土、外运余土等诸多工序进行综合、扩大和合并而形成的。

二、概算定额的作用

概算定额是在初步设计阶段编制设计概算的依据，是在扩大初步设计(或技术设计)阶段编制修正概算的依据，是选择设计方案并对其进行技术经济比较的依据，是建筑安装企业在施工准备阶段编制施工组织总设计、总规划以及各种资源需要量的依据，是编制概算指标的基础。

三、概算定额和预算定额的区别与联系

1. 概算定额与预算定额的联系

(1)其项目均以建筑物(构筑物)的分项工程和结构构件为单位确定，其内容均包括人工、材料和机械台班使用定额三个基本部分，并都列有基价。

(2)概算定额表达的主要内容、主要方式以及基本使用方法都与预算定额类似。概算定额基价的计算公式如下：

$$\begin{aligned}\text{概算定额基价} &= \text{定额单位人工费} + \text{定额单位材料费} + \text{定额单位机械台班使用费}\\ &= \sum(\text{概算定额人工消耗量} \times \text{人工工资单价}) + \sum(\text{概算定额材料消耗量} \times \\ &\quad \text{材料预算价格}) + \sum(\text{概算定额施工机械消耗量} \times \text{机械台班费用单价})\end{aligned} \tag{5-1}$$

(3)概算定额与预算定额同属社会平均水平，即在正常条件下，大多数施工企业能够达到的生产及施工管理水平。

2. 概算定额与预算定额的区别

在分项工程项目的划分上，其综合和扩大程度不同，概算定额综合了多个预算定额的分项工程，其工程量计算规则比预算定额略为粗放，更为简化，例如，楼地面工程量以轴

线面积计算，再乘系数加以调整；另外，概算定额的主要用途是用于编制设计概算，而预算定额则主要用于编制施工图预算及竣工结算等。

四、概算定额的编制

(一)概算定额的编制原则

(1)相对于预算定额而言，概算定额应本着扩大综合和简化计算的原则进行编制。

(2)概算定额的编制应符合简明适用的原则。

(3)为保证概算定额的编制质量，必须将定额水平控制在一定的幅度内，概算定额与预算定额间幅度差的极限值保持在5%以内，通常情况下控制在3%左右。

(4)概算定额要适应设计深度的要求，项目划分应符合简化、准确和适用的原则，宜“细算粗编”。所谓“细算”，是指在含量的取定上，要选择具有代表性且设计质量高的图纸资料，精心计算，全面分析；“粗编”是指在对项目内容进行综合时，要贯彻“以主代次”的原则，将影响水平较大的项目确定为主要的核心内容，而将影响水平较小的项目综合平衡考虑进去，综合的内容宜多一些和宽泛一些。另外，还应尽量做到少留活口，减少换算。

(二)概算定额的编制依据

(1)现行的设计标准、规范和施工技术规范、规程。

(2)有代表性的设计图纸和标准设计图集、通用图集。

(3)现行的建设工程预算定额和概算定额。

(4)现行的人工工资标准、材料预算价格、机械台班预算价格以及各项取费标准。

(5)有关的施工图预算和竣工结算等资料。

(6)国家、省、自治区、直辖市的相关文件。

(三)概算定额的编制方法

(1)确定计量单位，概算定额的计量单位可沿用预算定额的规定执行，但扩大了该单位所包含的工程内容，其计量单位为m、m^2、m^3、t等。

(2)划分定额项目，一般按以下方法划分：

1)按工程结构划分(分项工程)：如按基础、墙体、梁柱、楼地面、屋面、装饰、构筑物等工程结构划分，确定出若干个定额子项。

2)按工程部位划分(分部工程)：如按基础、墙体、梁柱、楼地面、屋盖、其他工程等进行划分，确定出各分部工程，其中各分部工程中包含若干个定额子项目，如基础分部中包含了砖、石、混凝土基础等若干个定额子项目。

(3)概算定额小数取位，概算定额小数取位与预算定额相同。

五、概算定额手册的组成及应用

(一)概算定额手册的组成

1. 总说明

总说明主要阐述概算定额的编制原则、编制依据、适用范围、有关规定、取费标准和概算造价的计算方法等内容。

2. 定额分部说明

定额分部说明是分部工程定额项目表的应用指南，主要阐述分部工程中各定额项目的工作及工料机内容；套用定额单价应遵循的规定及相关的注意事项。

3. 定额项目表

定额项目表是概算定额的主要内容，由若干个分项工程定额项目所组成。在定额项目表中列有：计量单位、概算基价、各种资源消耗量指标，以及被概算定额所综合的预算定额子项名称和相应的工程数量。表 5-1 摘自《四川省建筑工程概算定额》。

表 5-1 土石方及基础工程(摘录)

定额编号		1—57	1—58	1—59	1—60
项 目	单位	混凝土基础		混凝土基础(带防潮)	
		深度 2 m 内	深度 4 m 内	深度 2 m 内	深度 4 m 内
		m^2			
概算基价	元	138.50	146.98	139.64	147.01
人工费	元	28.77	37.20	28.87	37.21
机械费	元	5.20	5.20	5.20	5.20
水泥 42.5	kg	256.95	256.95	260.89	257.21
砾石 5～40	m^3	0.34	0.34	0.34	0.34
砾石 20～80	m^3	0.66	0.66	0.66	0.66
中砂	m^3	0.48	0.48	0.48	0.48
模板摊销	元	13.67	13.67	13.67	13.67
混凝土基础	m^3	1.00	1.00	1.00	1.00
基础土方	m^3	3.24	4.07	3.24	4.07
水泥砂浆防潮层	m^2			0.3	0.02

(二)概算定额手册的应用

概算定额主要用于编制设计概算，设计概算的编制方法有概算定额法、概算指标法、类似工程预算法等，而最常用的方法是概算定额法。

1. 概算定额法的概念

概算定额法又称为扩大单价法或扩大结构定额法，是一种用概算定额编制设计概算的方法，类似于采用预算定额编制施工图预算的方法。运用概算定额法确定设计概算，要求初步设计图纸必须达到一定的深度，如图纸中建筑结构比较明确，能依据图纸计算出基础、柱、梁、楼地面、墙体、门窗和屋面等分部分项工程的工程量。

2. 概算定额法的编制步骤

(1)根据设计图纸和概算定额列出各分部分项工程名称，并根据概算定额的工程量计算规则计算出各分部分项的工程量。

(2)套用概算定额计算分部分项工程的定额直接费(又称直接工程费，包含措施费)；并进行工、料、机价格调整，使之符合现行价格水平。

(3)在定额直接费(又称直接工程费，包含措施费)的基础上，按规定的费率计算出其他直接费，再将定额直接费与其他直接费进行合并，形成直接费，即

$$直接费=定额直接费+措施费+其他直接费 \tag{5-2}$$

(4)计算出间接费、利润和税金。

(5)汇总形成单位工程概算造价，即

$$单位工程概算造价=直接费+间接费+利润+税金 \tag{5-3}$$

【例 5-1】 某建设单位拟建 25 000 m^2 的办公楼，其概算基价和工程量详见表 5-2，试确定该教学楼单位(土建)工程的设计概算造价和单方造价(元/m^2)。

按有关规定标准计算出措施费为 1 487 000 元，各项费率分别为：其他直接费费率为 8.5%、间接费费率为 10%、利润率为 8%、税率为 3.48%。

表 5-2　某教学楼土建工程量和概算基价

分部工程名称	单位	工程量	概算基价/元
土石方工程	10 m^3	1 500	200
基础工程	10 m^3	520	3 800
混凝土工程	10 m^3	490	3 700
钢筋工程	10 t	120	60 000
砌筑工程	10 m^3	870	3 500
屋面及防水工程	100 m^2	40	6 500
保温隔热工程	100 m^2	50	7 500

解： 根据上述已知条件，计算出教学楼土建工程概算造价，见表 5-3。

表 5-3　某教学楼土建工程概算造价计算表

序号	分部工程或费用名称	单位	工程量	单价/元	合价/元
1	土石方工程	10 m^3	1 500	200	300 000
2	基础工程	10 m^3	520	3 800	1 976 000
3	混凝土工程	10 m^3	490	3 700	1 813 000
4	钢筋工程	10 t	120	60 000	7 200 000
5	砌筑工程	10 m^3	870	3 500	3 045 000
6	屋面及防水工程	100 m^2	40	6 500	260 000
7	保温隔热工程	100 m^2	50	7 500	375 000
8	措施费(模板、脚手架等)				1 487 000
9	定额直接费小计				16 456 000
10	其他直接费	9×8.5%			1 398 760
11	直接费小计				17 854 760
12	间接费	11×10%			1 785 476
13	利润	(11+12)×8%			1 571 219
14	税金	(11+12+13)×3.48%			738 159
概算造价		11+12+13+14			21 949 614
平方米造价		20 230 058/25 000			878

答：该拟建工程的设计概算造价为 21 949 614 元，每平方米造价为 878 元。

第二节　概算指标

一、概算指标的概念

概算指标

概算指标是以整个建筑物(构筑物)为对象，确定各种不同类型的建筑物(构筑物)以每 100 m^2 建筑面积、每 1 000 m^3 建筑物体积或每一座构筑物为计量单位所需人工、材料、机械台班的消耗指标，或每万元投资额中各种指标的消耗量。

概算指标是在概算定额的基础上进一步综合与扩大而形成的，它是编制初步设计概算或扩大初步设计概算文件的依据。

二、概算指标的作用

(1)在初步设计阶段，当工程设计形象尚不具体，不能准确计算分部分项工程量，因而无法套用概算定额，但又必须提供设计概算文件的条件下，可使用概算指标进行编制。

(2)概算指标是建设项目在可行性研究阶段编制投资估算的依据。

(3)概算指标是建设单位编制基本建设计划、申请投资贷款和编写资源需要量的依据。

(4)概算指标是设计和建设单位进行设计方案的技术经济分析、考核投资效果的依据。

三、概算指标和概算定额的区别与联系

(1)概算定额与概算指标的相同之处表现为：同属于社会平均水平；概算定额是编制概算指标的基础。

(2)概算定额与概算指标的不同之处表现为以下两点：

1)确定各种消耗量指标的对象不同，概算指标以每 100 m^2 建筑面积、每 1 000 m^3 建筑物体积或每一座构筑物为计量单位确定所需消耗的指标，而概算定额是以扩大分项工程或结构构件为对象来研究项目的消耗。

2)确定各种消耗量指标的依据不同，概算定额是以现行预算定额为基础，通过计算综合确定出各种消耗量指标，而概算指标中各种消耗量指标的确定，则主要来自各种预算或结算资料。

四、概算指标的编制

(一)概算指标的编制原则

(1)概算指标也按社会平均水平确定，其形式和内容仍然贯彻简明适用的编制原则，在项目的划分上要根据不同的用途合理确定综合的范围，遵循粗而不疏、适应面广的原则，要充分体现其综合扩大的性质。从形式到内容都要求简明易懂，便于掌握。

(2)编制概算指标必须选择具有代表性的、技术上先进的、经济上合理的工程设计资料。

(二)概算指标的编制依据

(1)标准设计图纸和各类典型工程设计图纸。

(2)国家颁发的建筑标准、设计规范、施工规范等。

(3)各类工程造价资料。

(4)现行的概算定额、预算定额及补充定额资料。

(5)人工工资单价、材料预算价格、机械台班预算价格等。

(三)概算指标的编制方法

下面以房屋建筑工程为例，对概算指标的编制方法作简要阐述，其步骤如下：

第一步：选择好标准设计图纸和典型工程设计图纸，计算出以100 m^2 建筑面积(或1 000 m^3 建筑物体积)为计量单位的工程量，再换算出建筑物所包含的各结构构件或分部工程中的工程量指标(如100 m^2 含钢筋混凝土柱12 m^3，表达为：钢筋混凝土柱：12 m^3/100 m^2)。

工程量指标是一项重要内容，它详尽地说明了建筑物的结构特征，规定了概算指标的适用范围。

第二步：在计算工程量指标的基础上，确定出人工、材料和机械的消耗量，确定的方法是：按照所选择的图纸，现行的概、预算定额，各类价格资料编制出单位工程概算或预算，并将各种人工、材料和机械的消耗量汇总，计算出人工、材料和机械的总用量。

第三步：计算出每平方米建筑面积和每立方米建筑物体积的单位造价，并计算出该计量单位所需的主要人工、材料和机械的实物消耗量指标；次要人工、材料和机械的消耗量则综合为：其他人工、其他材料和其他机械，用金额"元"表示。

对于经过上述编制方法确定的概算指标，需经过比较平衡、调整、水平测算及试算修订，才能最后定稿报批。

五、概算指标的表现形式

概算指标的形式有综合形式的概算指标和单项形式的概算指标两种。建筑工程(教学楼)综合概算指标见表5-4；各类建筑工程费用构成比例见表5-5；不同类型建筑工程中各分部工程占造价百分比的具体表现形式见表5-6。

(一)综合形式的概算指标

综合形式的概算指标概括性较大，如在房屋建筑工程中，包含了单位工程的单方造价、单项工程造价和每100 m^2 土建工程的主要材料消耗量，其主要材料消耗以每100 m^2(材料消耗量/100 m^2)为单位确定。

(二)单项形式的概算指标

单项形式的概算指标比综合形式的概算指标更为详细，通常包括以下四个方面内容：

(1)编制说明。编制说明主要阐述概算指标的作用、编制依据、适用范围和使用方法等。

(2)工程简图。工程简图也称为"示意图"，由立面图和平面图组成。根据工程的复杂程度，必要时要画出剖面图。对于单层厂房，只需画出平面图和剖面图。

(3)经济指标。在建筑工程中，常用每1 m^2(单位：元/m^2)和每100 m^2 的造价(单位：元/100 m^2)表示单项工程中土建、给水排水、采暖、电照等单位工程的单价指标。在造价指标中包含的内容为直接费、间接费、利润、税金和其他。

(4)构造内容及工程量指标。说明该工程项目的构造内容(对不同构造内容进行换算的依据)；相应扩大计量单位的分项工程的工程量、人工及主要材料消耗量指标。材料消耗指标是概算指标中的基础性指标，计算材料价格时，应按编制期的实际价格状况，对地区差价和时间差价予以调整。

表 5-4　某地教学楼建筑工程综合形式概算指标(摘要)

编号	工程名称	结构特征	元/m²	每平方米造价/%	其中/%			主要材料消耗量/100 m²				
					土建	水暖	电照	水泥/t	钢材/t	木材/m³	标砖/千匹	玻璃/m²
教一1	二层教学楼	框架	1 500	100	86.10	7.52	6.38	18.1	1.84	4.6	30.9	46
教一2	二层培训楼	框架	1 400	100	86.85	7.94	5.21	17.14	1.81	3.84	24.08	39.34
教一3	三层小学校	框架	3 200	100	84.90	9.61	5.49	16.7	1.96	3.41	28.83	30
教一4	三层中学校	框架	3 300	100	85.05	9.58	5.37	16	2.27	3.58	28.18	30
教一5	三层教学楼	框架	3 500	100	86.45	8.13	5.42	16.7	1.82	2.9	28	50
教一6	三层教学楼	框架	2 500	100	82.03	8.33	5.64	14.5	2.1	5.4	26.4	45
教一7	四层中学校	框架	3 800	100	86.28	8.60	5.12	18	1.73	3.5	27	41
教一8	五层中学校	框架	4 300	100	86.73	7.88	5.45	19.8	2.31	2.21	27.8	41
教一9	五层中学校	框架	4 200	100	86.81	8.13	5.05	20.24	2.82	2.82	26	47
教一10	六层教务楼	框架	4 200	100	87.14	7.54	5.32	19.6	6.06	6.06	27	40

表 5-5　各类房屋建筑工程造价构成参数表

工程类型	各种费用占造价的百分比/%								
	直接费						施工管理费	其他间接费	其他
	人工费	材料费	机械费	商品构件费	其他	小计			
办公楼	8.49	64.19	4.35	3.13	0.41	80.57	10.80	4.00	4.63
住宅	6.44	58.16	2.94	5.43	2.93	75.90	11.49	5.31	7.30
图书馆	5.95	60.82	3.45	7.69	0.48	78.39	10.90	3.94	6.77
试验楼	6.68	65.94	2.91	6.31	0.02	81.86	9.72	4.00	4.42
俱乐部、电影院	6.67	63.35	2.96	8.33	0.06	81.37	9.56	4.37	4.70
教学楼	8.00	62.93	5.41	4.96	—	81.30	10.18	4.68	3.84
医院	7.07	67.12	2.78	3.88	—	80.75	9.45	5.71	3.99

表 5-6　各类房屋建筑工程中：分部工程所占造价的比例

工程类型	各种费用占造价的百分比/%								
	基础工程	结构工程	屋面工程	门窗工程	楼面地面	室内装饰	外墙装饰	脚手架	水暖、电照及其他
办公楼	11.30	30.50	2.55	12.58	5.48	8.49	6.16	2.15	20.79
住宅	8.22	35.87	3.41	10.73	4.76	6.05	2.44	1.82	26.70
图书馆	9.66	30.65	2.44	11.87	4.66	11.72	3.76	1.06	24.18
教学楼	11.31	35.54	2.23	10.61	5.18	10.20	3.83	2.42	18.68

六、概算指标的应用

(一)概算指标法的概念

概算指标法是采用直接工程费指标，用拟建工程的建筑面积(或建筑物体积)乘以技术条件相同或基本相同工程的概算指标，得出直接工程费(定额直接费)，再计算出直接费、间接费、利润和税金，最终编制出单位工程概算造价的一种方法。

概算指标法适用于初设深度不够，不能按图纸计算工程量，但工程的技术设计比较成熟而又有类似工程概算指标可以利用的情况。

采用概算指标法编制的概算精度较低，是一种对工程造价进行估算的方法，但由于其编制速度快，故有一定的实用价值。

(二)概算指标法的应用

(1)当拟建工程特征与概算指标相同时。

1)直接工程费＝概算指标每平方米造价×拟建项目建筑面积。

2)由概算指标规定的单位面积(体积)人工、材料、机械消耗量乘以相应地区预算单价形成直接工程费。

在直接工程费的基础上，计算出直接费，结合其他各项取费规定，分别计算间接费、利润和税金，得到每平方米的概算单价，将其乘以拟建工程的建筑面积，即可得到单位工程概算造价。

(2)当拟建工程特征与概算指标有局部差异时，需对结构变化部分予以修正：

$$结构变化修正概算指标(元/m^2)=J+Q_1P_1-Q_2P_2 \tag{5-4}$$

式中 J——原有概算指标；

Q_1——换入新结构的数量；

Q_2——换出旧结构的数量；

P_1——换入新结构的单价；

P_2——换出旧结构的单价。

【例 5-2】 某地一所中学拟建二层框架结构教学楼，建筑面积为 3 600 m²，试按表 5-4 中“某地教学楼建筑工程综合形式概算指标”，计算该教学楼的单项工程概算造价。

解： 拟建工程特征与表 5-4 中的“教－1”相符；可直接套用其概算指标计算该工程的概算造价：

土建工程概算造价＝1 500×86.10%×3 600＝4 649 400(元)

水暖工程概算造价＝1 500×7.52%×3 600＝406 080(元)

电照工程概算造价＝1 500×6.38%×3 600＝344 520(元)

单项工程概算造价＝4 649 400＋406 080＋344 520＝5 400 000(元)

答：该教学楼的单项工程概算造价为 5 400 000 元。

【例 5-3】 某拟建砖混结构工程，建筑面积为 3 325 m²，按施工图纸计算出其一砖外墙为 601 m³，木窗为 571 m²；而所选定的概算指标中每 100 m² 建筑面积有一砖半外墙 25.71 m³，钢窗 15.50 m²。每 100 m² 概算造价为 75 830 元/100 m²，试计算该工程的概算造价及每平方米的概算造价。

其中，一砖外墙、1.5 砖外墙、木窗、钢窗价格资料见表 5-7。

表 5-7 1 砖、1.5 砖外墙、木窗、钢窗价格资料表 元

一砖外墙	238.21
1.5 砖外墙	235.43
木窗	126.52
钢窗	201.12

调整后概算指标计算表见表 5-8。

表 5-8 【例 5-3】调整后概算指标计算表

序号	构件名称	单位	数量	单价/元	合价/元	备注
换入的新结构	1 砖外墙	m^3	18.08	238.21	4 307	601/33.25=18.08
换入的新结构	木窗	m^2	17.17	126.52	2 172	571/33.25=17.17
换入部分小计	—	—	—	—	6 479	—
换出的旧结构	1.5 砖外墙	m^3	25.71	235.43	6 053	已知
换出的旧结构	钢窗	m^2	15.5	201.12	3 117	已知
换出部分小计	—	—	—	—	9 170	—

解： 拟建工程特征与所选定额指标有局部的结构差异，如砖墙和门窗。应对差异部分进行结构修正。

建筑面积调整概算价=(75 830+6 479−9 170)=73 139(元/100 m^2)=731.39 元/m^2

拟建工程的概算造价=3 325×731.39=2 431 871.75(元)

拟建工程的概算造价为 2 431 871.75 元；每平方米的概算造价为 731.39 元。

第三节 投资估算指标

一、投资估算指标的概念及作用

投资估算指标

投资估算指标是以独立的建设项目、单项工程或单位工程为对象，来确定其建设前期、建设实施期以及竣工验收交付使用全过程，各项投资所需支出的技术经济指标。

投资估算指标较前述各类定额都更为综合和扩大，它是一种非常概略的计价定额，其概略程度与建设项目在可行性研究阶段的编制深度相适应，是建设项目在筹建阶段对其投资进行估算、预测和控制的一种标准。在项目建议书、可行性研究和设计任务书阶段，投资估算指标是对建设项目所需投资进行估算、对投资效益进行分析研究和预测、对固定资产投资进行控制的主要依据。

以投资估算指标及相关价格资料等为依据编制的投资估算造价，是建设项目投资决策的重要依据之一。

二、投资估算指标的编制原则

由于投资估算指标属于项目建设前期进行投资估算的技术经济指标，它不但要反映建设项目实施阶段的静态投资，还必须反映建设项目前期和交付使用期内发生的动态投资，这就要求投资估算指标比其他计价定额具有更大的综合性和概括性。因此，编制投资估算指标除应遵循一般定额的编制原则外，还必须坚持以下原则：

(1)投资估算指标项目的确定，应考虑以后几年编制建设项目建议书和可行性研究投资估算的需要。

(2)投资估算指标的分类、项目划分、项目内容、表现形式等必须结合各专业的特点，与项目建议书、可行性研究报告的编制深度相适应。

(3)投资估算指标的编制内容以及典型工程的选择，必须遵循国家有关建设方针政策、国家科技政策和发展方向的原则，使投资估算指标的编制既能反映现实的科技成果和正常建设条件下的造价水平，也能适应今后一段时期内的科技发展和正常建设条件下的造价水平。

(4)投资估算指标要反映不同行业、不同项目和不同工程的特点。不但要适应建设项目前期工作深度的需要，还要具有更大的综合性。要密切结合行业特点，项目建设的特定条件，其内容构成既要贯彻指导性、准确性和可调性的原则，还要有一定的深度和广度。

(5)投资估算指标要反映出国家在项目实施阶段对其投资进行间接调控的特点。要贯彻能分能合、有粗有细、细算粗编的原则，使投资估算指标与项目建议书和可行性研究各阶段的深度要求相适应，其构成内容既有一个建设项目的全部投资，又有各个单项工程的投资，做到能合能拆，即既能综合使用，又能分解使用。

在投资估算中，如一些建筑工程、工艺设备等占投资比例较大的费用，要做到有量有价，即根据不同结构形式的建筑物，列出每 100 m^2 的主要工程量和主要材料用量、主要设备的名称及规格型号和数量。要以编制年度为基期，采用相关资料对其进行必要的调整、换算等办法计价。

(6)投资估算指标要充分考虑在市场经济条件下，由于建设条件、实施时间、建设期限等会涉及价格、建设期利息、固定资产投资方向调节税以及涉外工程的汇率等诸多因素发生动态变化，从而导致指标的量差、价差、利息差、费用差等对投资估算的影响，因此，要考虑对上述动态因素予以必要的参数调整，以减少其对投资估算准确度的影响，使其具有较强的实用性和可操作性。

三、投资估算指标的编制依据

(1)国家、行业和地方政府的有关规定。

(2)工程勘测和有关设计文件，按图示计算工程量或有关专业提供的主要工程量及主要设备清单。

(3)行业部门、项目所在地造价管理机构或行业协会编制的投资估算指标、概算指标(定额)、工程建设其他费用(规定)、价格指数和有关造价文件等。

(4)类似工程的各种技术经济指标和参数。

(5)工程所在地同期的工、料、机市场价格；建筑、工艺及附属设备的市场价格和有关费用。

(6)政府及金融机构等部门发布的价格指数、利率、汇率、税率等有关参数。

(7)与建设项目有关的工程地质资料、设计文件、图纸等。

(8)其他相关的技术经济资料。

四、投资估算指标的内容

投资估算指标是确定建设项目前期、建设实施期和竣工验收交付使用全过程各项投资支出的技术经济指标，内容则因行业不同而各有差异，一般可分为建设项目综合指标、单项工程指标和单位工程指标三个层次。

1. 建设项目综合指标

建设项目综合指标是指按规定应列入建设项目总投资的，从立项筹建至竣工验收交付使用的全部投资额。其构成如图 5-1 所示。

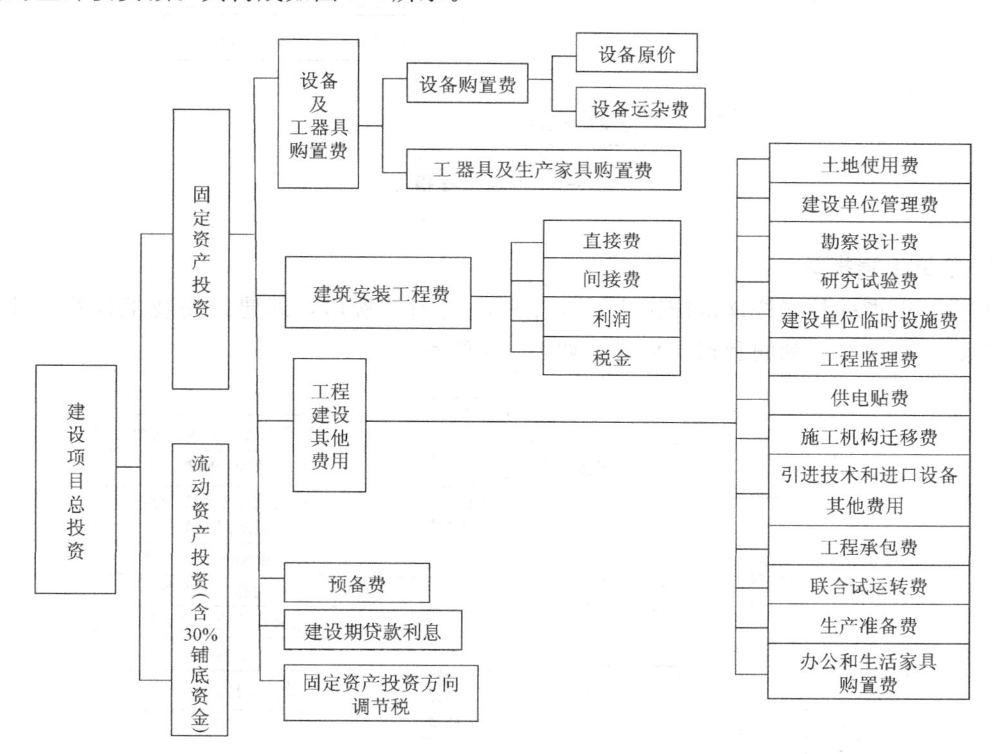

图 5-1　建设项目综合指标

建设项目综合指标一般以项目的综合生产能力单位投资表示，如“元/t”“元/kW”，或以使用功能表示，如医院用“元/床”表示。

2. 单项工程指标

单项工程指标是指按规定应列入单项工程内的全部投资额。其费用由单位建筑工程费、单位设备及安装工程费、工程建设其他费用所构成，是建设项目总投资的组成部分，如图 5-2 所示。

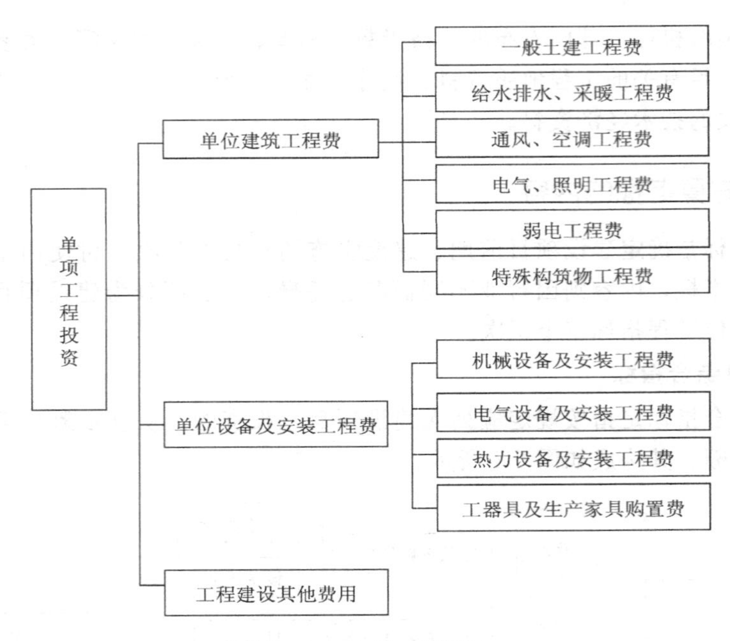

图 5-2　单项工程指标

3. 单位工程指标

单位工程指标是指按规定应列入单位工程项目内的费用，即建筑安装工程费。其费用由直接费、间接费、利润和税金构成，如图 5-3 所示。

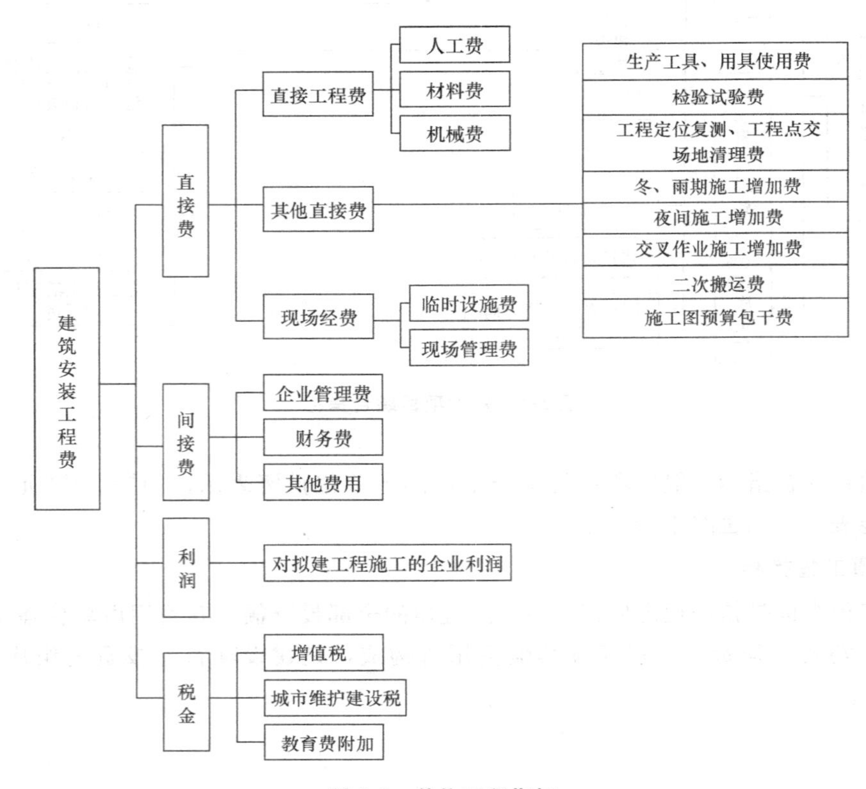

图 5-3　单位工程指标

单位工程指标一般以如下方式表示：房屋建筑工程区别不同结构形式以“元/m^2”表示；道路工程区别不同结构层、面层以“元/m”表示；水塔区别不同结构、容积以“元/座”表示；管道区别不同材质、管径以“元/m”表示。

五、投资估算指标的编制方法

投资估算指标的编制工作，涉及建设项目的产品规模、产品方案、工艺流程、设备选型、工程设计和技术经济等诸多方面，因此，在编制过程中既要考虑现阶段的技术状况，又要展望近期技术发展趋势和设计动向，才能起到在一定时期内指导建设项目实践的作用，因此，投资估算指标的编制应当成立专业齐全的编制小组，编制人员应具备较高的专业素质，并应制定一个包括编制原则、编制内容、指标相互衔接、项目划分、表现形式、计量单位、计算、复核、审查程序等内容的编制方案或编制细则，使编制工作有章可循。投资估算指标的编制一般按以下三个阶段进行。

1. 收集整理资料阶段

收集整理已建成或正在建设的，符合现行技术政策和技术发展方向、有可能重复采用的、有代表性的工程设计施工图、标准设计以及相应的竣工决算或施工图预算资料等，这些资料是编制工作的基础。资料收集越广泛，反映出的问题越多，编制工作就考虑得越全面，越有利于提高投资估算指标的实用性和覆盖面。同时，要在资料中选择出占投资比例大、相互关联多的项目进行认真分析整理。由于已建或拟建工程的设计意图、建设时间和地点、资料的基础等因素不同，相互之间的差异很大，需要对其进行去粗取精、去伪存真的整理，才能合理利用。整理后的数据资料应按项目划分栏目加以归类，再按照编制年度的现行定额、费用标准、价格及相关比例予以调整，最终形成编制年度的造价水平。

2. 平衡调整阶段

由于调查收集的资料来源不尽相同，虽然经过一定的分析整理，但难免会由于设计方案、建设条件和建设时间上的差异而带来某些影响，使数据失准或漏项等，因此，必须对有关资料进行综合平衡调整后才能采用。

3. 测算审查阶段

测算是将新编的指标和选定工程的概预算，在同一价格条件下进行比较，检验其“量差”的偏离程度是否在允许偏差的范围之内，如偏差过大，则要查找原因，进行修正，以保证指标的可靠和实用；测算工作也是对指标编制质量进行的一次系统性检查，测算应由专人负责进行，以保持测算口径的统一；在测算的基础上组织相关专业人员予以全面审查定稿。

六、投资估算指标的应用

【例 5-4】 某地区五星级酒店(超高层)投资估算资料如下：

一、工程概况

1. 工程类型：五星级酒店；

2. 技术经济指标：9 591 元/m^2；

3. 拟建地点：某直辖市；

4. 建筑面积：80 000 m^2，其中：地上面积 65 000 m^2，地下面积 15 000 m^2，标准层

面积≥1 500 m^2；

5. 建筑高度：≤160 m(檐口高度)，标准层层高为 3.6 m；

6. 建筑层数：地下 3 层，地上≤40 层(其中：裙房≤4 层)；

7. 结构形式：钢筋混凝土钻孔灌注桩，桩长≤56 m，地下连续墙围护，钢筋混凝土框筒结构；

8. 基础埋深：≤18 m(地下室外墙长度约 300 m)；

9. 地面建筑室内外高差：0.8 m。

二、建筑标准

1. 外装饰标准：高档石材/铝板幕墙，进口 LOW－E 中空夹胶玻璃单元式幕墙，外墙保温；

2. 屋面：防水砂浆，高分子防水卷材，憎水珍珠岩砂浆，挤塑聚苯板保温层，局部地砖；

3. 内装饰标准：

公共部位(大堂、电梯厅、公共卫生间)：进口花岗石地面，进口大理石墙面，石膏板/金属板造型吊顶，豪华装饰灯具，配高档活动和固定家具；

其他公共部位(公共走道、餐厅、酒吧、会议室、健身房等)：进口花岗石/高档地毯/木地板地面，进口大理石/高档墙纸/豪华装饰墙面，石膏板/金属板造型吊顶，豪华装饰灯具，高档活动/固定家具；

标准客房：高档地毯地面，高档墙纸和局部豪华木饰面墙面，石膏板吊顶，高档装饰灯具，配高档活动和固定家具，高档房门配进口五金件；卫生间进口花岗石地坪，进口大理石墙面，石膏板吊顶；

客房层走道：地毯地面，墙纸和局部木饰墙面，石膏板吊顶，装饰灯具；

后勤用房和消防楼梯间：环氧树脂涂料/地砖地坪，墙面乳胶漆，石膏板/涂料天花板。

三、设备管线

1. 给水排水管道：给水管道采用塑覆铜管，橡塑保温，饮用水管道采用不锈钢管道，排水管道采用 UPVC 管道，UPVC 雨水管；

2. 消防工程：大于 80 mm 管径采用无缝钢管，小管径采用镀锌钢管，卡箍式连接；

3. 煤气：镀锌钢管；

4. 变配电：四级热镀锌钢管，低烟无卤阻燃电线，插接式铜母线，热镀锌桥架；

5. 电气管道：热镀锌桥架，低烟无卤阻燃电线，塑料管，四级热镀锌钢管，插接式母线；

6. 空调通风：热镀锌钢管，镀锌钢板，橡塑保温，装饰风口；

7. 综合布线：六类线，RJ45 信息口，光缆；

8. BA 系统：控制线，信号线；

9. 消防报警：低烟无卤阻燃电线，阻燃控制线；

10. 安全防护系统：控制线，视频线，电源线；

11. 卫星天线及有线电视：视频线，信号线，同轴电缆。

四、设备配置

1. 给水排水工程：拼装式不锈钢水箱，中继水箱，进口变频水泵，进口高档卫生洁具及配套五金件，进口饮用水净化设备；

2. 消防工程：双头消火栓箱，湿式报警，消防泵，中继水箱，机房采用FM200气体灭火；

3. 煤气：煤气表房；

4. 变配电：变压器，进口高压柜，进口低压柜，二路供电；

5. 应急发电机：进口应急柴油发电机组，切换柜；

6. 电气工程：配电箱(主开关进口)，配电柜；

7. 泛光照明：进口投光灯，控制箱；

8. 空调通风：进口冷水机组，进口冷冻泵，冷冻冷却水循环泵，冷却塔，进口热交换器，进口变风量空调箱，高档四管制风机盘管，四管制供回水系统，送排风机组，新风机组，IT机房独立24 h空调系统；

9. 锅炉：进口燃气锅炉，水泵，集/分水器；

10. 综合布线：光端转换器，配线架；

11. BA系统：直接数字控制器，服务器，控制器，控制阀；

12. 消防报警：感烟探测器，楼层显示器，联动控制器，控制模块；

13. 安全防护系统：监控主机，监视器，采集点；

14. 广播系统：音源设备，功率放大器，扬声器，广播接线箱；

15. 卫星天线及有线电视：接收器，放大器，分配器，分支器，楼层接线箱；

16. 电梯：速度2.5～4.0 m/s，荷载≤1 350 kg，进口产品；

17. 车库管理系统：感应线圈，收费闸机，电脑管理系统；

18. 擦窗系统：进口擦窗设备及轨道，控制设备；

19. 厨房设备：基本采用进口产品。

五、投资估算造价

试以“某市五星级酒店造价估算指标及工程量”(详表5-9和表5-10)为依据计算该工程的投资估算造价。

表5-9 某市五星级酒店造价估算指标及工程量

序号	工程和费用名称	特殊说明	总价/万元	数量/m^2	单方造价/(元·m^{-2})
一	土建及装饰工程				
1	打桩			65 000	230
2	基坑维护			15 000	1 000
3	土方工程			15 000	250
4	地下建筑	含地下室装修		15 000	400
5	地下结构			15 000	2 200
6	地上建筑			65 000	450
7	地上结构			65 000	850
8	装饰			65 000	3 400
9	外立面	含入口雨篷		65 000	1 000
10	屋面			65 000	30
11	标识系统			80 000	25
	土建及装饰工程费小计			80 000	5 589
二	机电安装工程				

续表

序号	工程和费用名称	特殊说明	总价/万元	数量/m²	单方造价/(元·m⁻²)
1	给水排水工程			80 000	400
2	消防喷淋			80 000	120
3	煤气	包括调压站		80 000	20
4	变配电	15 000 kV·A		80 000	270
5	应急柴油发电机组	3 000 kW		80 000	150
6	电气			80 000	380
7	泛光照明			65 000	45
8	消防报警			80 000	45
9	综合布线			80 000	60
10	弱电配管			80 000	40
11	弱电桥架			80 000	30
12	智能化调光系统			80 000	50
13	BA 系统			80 000	60
14	卫星天线及有线电视			80 000	15
15	安全防护系统			80 000	40
16	广播系统			80 000	10
17	程控电话			80 000	40
18	空调送排风			80 000	750
19	锅炉			80 000	50
20	电梯	含自动扶梯		80 000	300
21	擦窗机			65 000	55
22	车库管理			15 000	55
23	厨房设备			65 000	300
24	宾馆管理系统			65 000	40
25	VOD 点播系统			65 000	25
26	游泳池设备			65 000	30
27	康体设施			65 000	60
	机电安装工程费小计			80 000	3 291
	建筑安装工程费合计				
三	预备费	按建筑安装工程费的 8%计算		80 000	710
四	建安工程总费用			80 000	9 591

表 5-10　某市五星级酒店估算造价计算表

序号	工程和费用名称	特殊说明	总价/万元	数量/m²	单方造价/(元·m⁻²)
一	土建及装饰工程				
1	打桩		1 495.00	65 000	230
2	基坑维护		1 500.00	15 000	1 000
3	土方工程		375.00	15 000	250
4	地下建筑	含地下室装修	600.00	15 000	400
5	地下结构		3 300.00	15 000	2 200

续表

序号	工程和费用名称	特殊说明	总价/万元	数量/m^2	单方造价/(元·m^{-2})
6	地上建筑		2 925.00	65 000	450
7	地上结构		5 525.00	65 000	850
8	装饰		22 100.00	65 000	3 400
9	外立面	含入口雨篷	6 500.00	65 000	1 000
10	屋面		195.00	65 000	30
11	标识系统		200.00	80 000	25
	土建及装饰工程费小计		44 715.00	80 000	5 589
二	机电安装工程				
1	给水排水工程		3 200.00	80 000	400
2	消防喷淋		960.00	80 000	120
3	煤气	包括调压站	160.00	80 000	20
4	变配电	15 000 kV·A	2 160.00	80 000	270
5	应急柴油发电机组	3 000 kW	1 200.00	80 000	150
6	电气		3 040.00	80 000	380
7	泛光照明		292.50	65 000	45
8	消防报警		360.00	80 000	45
9	综合布线		480.00	80 000	60
10	弱电配管		320.00	80 000	40
11	弱电桥架		240.00	80 000	30
12	智能化调光系统		400.00	80 000	50
13	BA 系统		480.00	80 000	60
14	卫星天线及有线电视		120.00	80 000	15
15	安全防护系统		320.00	80 000	40
16	广播系统		80.00	80 000	10
17	程控电话		320.00	80 000	40
18	空调送排风		6 000.00	80 000	750
19	锅炉		400.00	80 000	50
20	电梯	含自动扶梯	2 400.00	80 000	300
21	擦窗机		357.50	65 000	55
22	车库管理		82.50	15 000	55
23	厨房设备		1 950.00	65 000	300
24	宾馆管理系统		260.00	65 000	40
25	VOD 点播系统		162.50	65 000	25
26	游泳池设备		195.00	65 000	30
27	康体设施		390.00	65 000	60
	机电安装工程费小计		26 330.00	80 000	3 291
	建筑安装工程费合计		71 045.00		
三	预备费	按建筑安装工程费的8%计算	5 683.60	80 000	710
四	建安工程总费用		76 728.60	80 000	9 591

答：该五星级酒店的投资估算造价为 76 728.60 万元。

本章小结

本章主要阐述了概算定额、概算指标、投资估算指标的概念、编制原则、编制依据、编制方法及其应用。

概算定额是指生产质量合格的扩大分项工程或结构构件所需要消耗的人工、材料和机械台班的数量和资金标准，又称为扩大结构定额。概算定额是初步设计阶段编制概算文件的主要依据，当设计方案基本确定，能计算各扩大分项工程或结构构件的工程量时，采用概算定额计算精度较高。其编制方法为：计算工程量，套用概算定额单价，计算直接工程费(调整工、料、机单价)，计算其他直接费并形成直接费，计算间接费、利润和税金，形成初步设计概算造价。

概算指标是以整个建筑物或构筑物为对象，按各种不同的结构类型，确定每100 m^2 建筑面积、每1 000 m^3 建筑物体积或每一座构筑物为计量单位的人工、材料、机械台班消耗指标，或每万元投资额中各种指标的消耗量。主要用于在初步设计阶段，当工程设计形象尚不具体，不能按图纸计算各扩大分项工程或结构构件的工程量，无法套用概算定额，但又必须提供设计概算文件时，可采用概算指标进行编制；概算指标又可划分为综合形式的概算指标和单项形式的概算指标。

投资估算指标以独立的建设项目、单项工程或单位工程为对象，确定其建设前期、建设实施期以及竣工验收交付使用全过程各项投资支出的技术经济指标。主要应用于工程建设决策阶段，它不仅包括建安工程费、设备购置费等静态投资，还包括贷款利息、涨价费等动态投资因素，故投资估算指标较之概算定额和概算指标而言，其所包含的内容更为广泛。它一般可划分为建设项目综合指标、单项工程指标和单位工程指标三个层次。

复习思考题

1. 简述概算定额的编制原则。
2. 简述概算定额的编制方法。
3. 简述概算指标的编制原则。
4. 简述概算指标的编制方法。
5. 简述概算定额与概算指标的区别与联系。
6. 简述投资估算指标的编制原则。
7. 简述投资估算指标的编制内容。
8. 简述投资估算指标的作用。
9. 某新建住宅，其土建单位工程概算的直接工程费为800万元，措施费按直接工程费的8%计算，间接费费率为12%，利润率为6%，税率为3.48%。试计算该住宅的土建单位工程概算造价。
10. 某市一栋(已建)普通办公楼为框架结构，建筑面积为3 000 m^2，其土建工程的直接工程费为800元/m^2，其毛石基础为40元/m^2；现拟建工程仍为框架结构办公楼，建筑面积为4 000 m^2，其带形基础造价为55元/m^2，试计算拟建工程的直接工程费。

下　篇

建筑工程计价

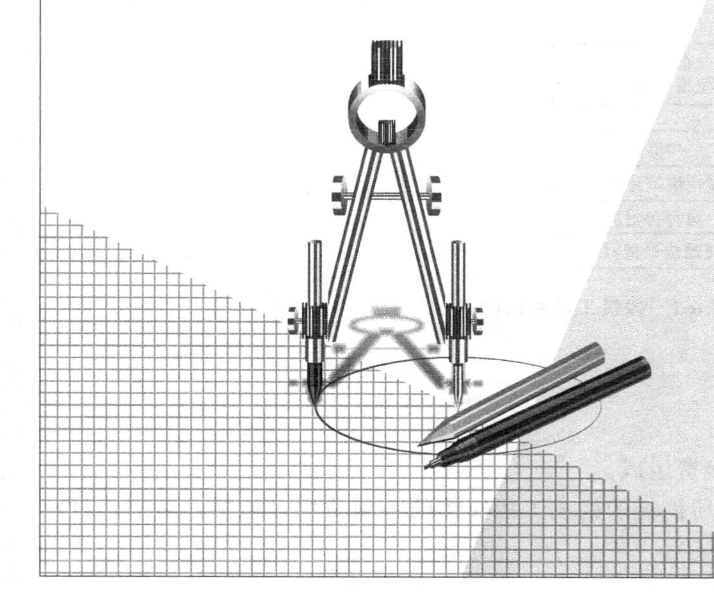

第六章　建筑工程定额计价

第一节　建筑工程费用

建筑工程费用

一、建筑工程费用的组成及标准

建筑工程费用由直接费、间接费、利润和税金组成。现以《四川省建筑工程计价定额》《四川省装饰工程计价定额》《四川省建设工程费用定额》规定的相关标准，介绍建筑工程费用的构成，如图 6-1 所示。

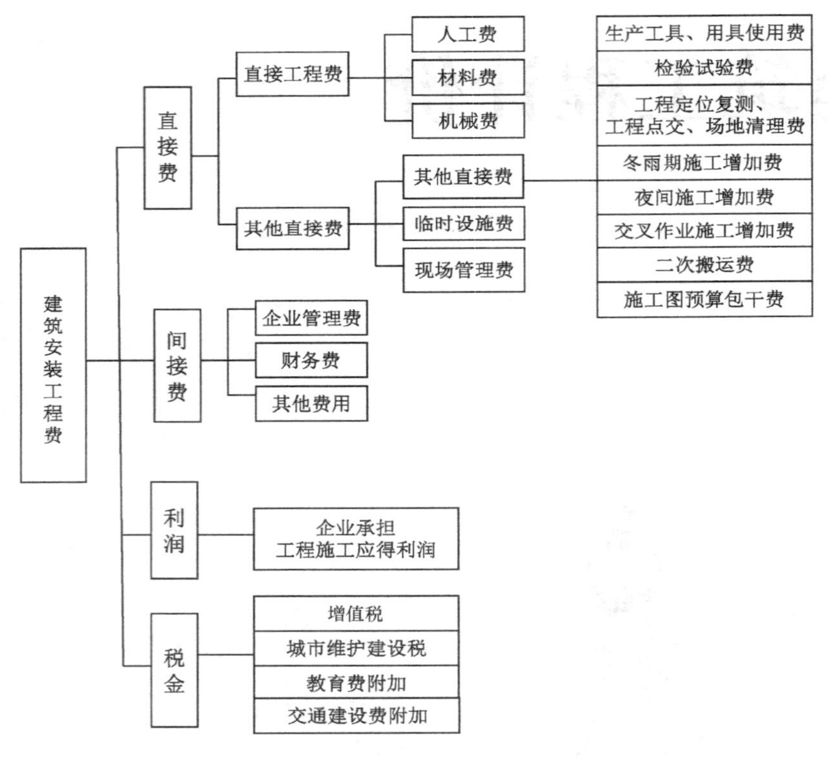

图 6-1　建筑工程费用构成

(一)直接费

直接费由直接工程费和其他直接费组成。

(1)直接工程费是指施工过程中所消耗的构成工程实体的各项费用，包括人工费、材料费、施工机械使用费(第四章已有详述)。

1)人工费是指直接从事建筑安装工程施工的生产工人所需开支的各项费用，内容包括：基本工资、工资性补贴、生产工人辅助工资、职工福利费、生产工人劳动保护费。

2)材料费是指施工过程中工程实体消耗的原材料、辅助材料、构配件、零件、半成品的费用和周转使用材料的摊销(租赁)费用，内容包括：材料原价、材料自来源地运至工地仓库或指定堆放点的运杂费和运输损耗费、采购及保管费等。

3)施工机械使用费是指使用施工机械作业所发生的机械使用费、安拆费和进出场费等，内容包括：折旧费、大修理费、经常修理费、安拆费及场外运费、台班人工费、燃料动力费、养路费及车船使用税。

(2)其他直接费是指在施工过程中发生的直接工程费以外的其他费用，内容包括：其他直接费、临时设施费、现场管理费。

1)其他直接费。

①生产工具、用具使用费是指施工生产所需，不属于固定资产的生产工具和检验用具等的购置、摊销和维修费，以及支付给工人自备工具的补贴费。

②检验试验费是指对建筑材料、构件和建筑安装物进行一般鉴定、检查所发生的费用，包括自设试验室进行试验所耗用的材料和化学药品等费用；技术革新和研究试制试验费；但不包括对新结构、新材料的试验费和建设单位对具有出厂合格证明的材料进行检验，对构件进行破坏性试验以及其他特殊要求检验的费用。

③工程定位复测、工程点交、场地清理费是指工程定位复测、交工验收以及建筑物2 m以内的垃圾、2 m以外因施工所造成的障碍物的清理，但不包括建筑垃圾的场外运输。

④冬雨期施工增加费是指在冬雨期施工需增加的临时设施(如防雨棚、防寒棚等)、劳保用品、防滑、排除雨雪的人工及劳动效率降低等费用(不包括冬雨期施工的蒸汽养护费)。

⑤夜间施工增加费是指为了确保工程质量，需要夜间连续施二而发生的照明设施、夜餐补助、劳动效率降低等费用。

⑥交叉作业施工增加费是指土建、装饰与安装工程的施工生产发生在同一建筑物时，互相妨碍、影响工效以及需要采取的各项防护措施等费用。

⑦二次搬运费是指由于施工场地条件限制，导致建筑材料、戍品、半成品及各种构件不能一次运至施工堆放地点，而必须进行二次或多次搬运所发生的费用。

二次搬运费以“有施工场地”和“无施工场地”进行划分：凡单层建筑物、多层建筑物8层以内，四周有等于或大于其底面积的施工场地者为“有施工场地”；否则为“无施工场地”。多层建筑物8层以上，四周有等于或大于其底面积1.5倍的施工场地者为“有施工场地”；否则为“无施工场地”。构筑物一般按“有施工场地”计算。

⑧施工图预算包干费是指由于工程材料的理论质量与实际质量的差值等因素所产生的费用。以定额直接费为基础计算时，按1.5%列入；以定额人工费为基础计算时，按10%列入。

2)现场经费是指项目经理部为施工准备、组织施工生产和现场管理所发生的费用。其内容包括临时设施费和现场管理费。

①临时设施费是指施工企业为进行工程建设所需的生活和生产用的临时性、半永久性的建筑物、构筑物和其他临时设施的搭设、维修、拆除和摊销的费用。其内容包括办公室、加工场、食堂、厨房、诊疗所、搅拌台、临时围墙、临时简易水塔、水池、场内人行便道、架车道路(不包括汽车道路及吊车道路)；施工现场范围内每幢建筑物(构筑物)沿外边起50 m以内的水管、电线及其他动力管线(不包括锅炉、变压器设备)；施工组织设计不便考

虑的不固定水管、电线及其他小型临时设施。

临时设施要因地制宜，因陋就简、坚持勤俭节约的原则，尽量利用原有建筑设施，或提前修建一部分生活用房及构筑物供给施工企业使用，凡由建设单位提供给施工企业使用的原有房屋设施(不包括新建未交工的房屋设施)，施工企业应按每月每平方米付给租金。

②现场管理费是指现场组织施工过程中所发生的费用。其内容包括以下几项：

a. 现场管理人员的基本工资、工资性补贴、职工福利费、劳动保护费等。

b. 办公费是指现场管理办公所需的文具、纸张、账表、书报、水、电、烧水和集体取暖(包括现场临时宿舍取暖)等费用。

c. 差旅交通费是指职工因公出差期间的旅费、住勤补助费、市内交通费和误餐补助费、职工探亲路费、劳动力招募费、工伤人员就医路费、工地转移费以及现场管理使用的交通工具的油料、燃料、牌照费。

d. 固定资产使用费是指施工现场管理及试验部门使用的属于固定资产的设备、仪器等的折旧、大修理、维修费或租赁费等。

e. 工具用具使用费是指施工现场使用的不属于固定资产的工具、器具、家具、交通工具和检验、试验、测绘、消防用具等的购置、维修和摊销费。

f. 其他费用是指上述项目以外的其他必要的费用支出，如安全文明施工增加费、赶工补偿费。

(a)安全文明施工增加费是指安全文明施工现场临时设施所增加的费用及施工现场标牌费、整洁费等。

(b)赶工补偿费是指发包方要求承包方赶工，使施工工期小于现行工期定额15%以上所增加的费用。其内容主要包括：工人夜间施工的夜餐费、夜间施工照明费、照明设备及灯具摊销费、工人夜间施工工效降低、模板及支撑材料超用的摊销费和运输费等。

建筑工程、装饰工程其他直接费、临时设施费和现场管理费标准分别见表6-1和表6-2。

表6-1　建筑工程其他直接费、临时设施费和现场管理费标准

项目	工程类别	计算基础	其他直接费/%		临时设施费/%	现场管理费/%	合计/%	
			有施工场地	无施工场地			有施工场地	无施工场地
建筑工程	一类	定额直接费	4.26	4.58	2.80	3.29	10.35	10.67
	二类	定额直接费	3.84	4.13	2.62	3.06	9.52	9.81
	三类	定额直接费	3.17	3.45	2.34	2.72	8.23	8.51
	四类	定额直接费	2.45	2.67	2.05	2.26	6.76	6.98
注：施工单位离基地25 km以外时，临时设施费增加20%。								

表6-2　装饰工程其他直接费、临时设施费和现场管理费标准

工程类别	计算基础	其他直接费/%	临时设施费/%	现场管理费/%	合计/%
一类	定额人工费	22.76	10.78	20.27	53.81
二类	定额人工费	20.67	10.04	19.08	49.79
三类	定额人工费	18.87	9.95	17.32	46.14
四类	定额人工费	15.87	9.19	14.36	39.42
注：施工单位离基地25 km以外时，临时设施费增加20%。					

建筑工程、装饰工程类别划分标准分别见表6-3和表6-4。安全文明施工增加费标准见表6-5，赶工补偿费标准见表6-6。

表6-3　建筑工程类别划分标准

一类工程	(1)跨度30 m以上的单层工业厂房；建筑面积9 000 m^2 以上的多层工业厂房。 (2)单炉蒸发量10 t/h以上或蒸发量30 t/h以上的锅炉房。 (3)层数30层以上的多层建筑。 (4)跨度30 m以上的钢网架、悬索、薄壳盖建筑。 (5)建筑面积12 000 m^2 以上的公共建筑，20 000个座位以上的体育场。 (6)高度100 m以上的烟囱；高度60 m以上或容积100 m^3 以上的水塔；容积4 000 m^3 以上的池类
二类工程	(1)跨度30 m以内的单层工业厂房；建筑面积6 000 m^2 以上的多层工业厂房。 (2)单炉蒸发量6.5 t/h以上或蒸发量20 t/h以上的锅炉房。 (3)层数16层以上的多层建筑。 (4)跨度30 m以内的钢网架、悬索、薄壳盖建筑。 (5)建筑面积8 000 m^2 以上的公共建筑，20 000个座位以内的体育场。 (6)高度100 m以内的烟囱；高度60 m以内或容积100 m^3 以内的水塔；容积3 000 m^3 以上的池类
三类工程	(1)跨度24 m以内的单层工业厂房；建筑面积3 000 m^2 以上的多层工业厂房。 (2)单炉蒸发量4 t/h以上或蒸发量10 t/h以上的锅炉房。 (3)层数8层以上的多层建筑。 (4)建筑面积5 000 m^2 以上的公共建筑。 (5)高度50 m以内的烟囱；高度40 m以内或容积50 m^3 以内的水塔；容积1 500 m^3 以上的池类。 (6)栈桥、混凝土贮仓、料斗
四类工程	(1)跨度18 m以内的单层工业厂房；建筑面积3 000 m^2 以内的多层工业厂房。 (2)单炉蒸发量4 t/h以内或蒸发量10 t/h以内的锅炉房。 (3)层数8层以内的多层建筑。 (4)建筑面积5 000 m^2 以内的公共建筑。 (5)高度30 m以内的烟囱；高度25 m以内的水塔、容积1 500 m^3 以内的池类。 (6)运动场、混凝土挡土墙、围墙、堡坎、砖、石挡土墙

注：1. 跨度：是指设计图标注的相邻两纵向定位轴线的距离，多跨厂房或仓库按主跨划分。
2. 层数：是指建筑分层数。地下室、面积小于标准层30%的顶层、小于2.2 m的技术层，不计层数。
3. 面积：是指单位工程的建筑面积。
4. 公共建筑：
(1)礼堂、会堂、影剧院、俱乐部、音乐厅、报告厅、排演厅、文化宫、青少年宫。
(2)图书馆、博物馆、美术馆、档案馆、体育馆。
(3)火车站、汽车站的客运楼、机场候机楼、航运站客运楼。
(4)科学试验研究楼、医疗技术大楼、门诊楼、住院楼、邮电通信楼、邮政大楼、大专院校教学楼、电教楼、试验楼。
(5)综合商业服务大楼，多层商场，贸易科技中心大楼、食堂、浴室、展销大厅。
5. 冷库工程和建筑物有声、光、超净、恒温、无菌等特殊要求者按相应类别的上一类取费。
6. 工程分类均按单位工程划分，内部设施，相连裙房及附属于单位工程的零星工程(如化粪池、排水、排污沟等)如为同一企业施工，应并入该单位工程一并分类。
7. 凡注明“××以内”者包括××本身，“××以上”者不包括××本身。

表 6-4　装饰工程类别划分标准

一类工程	每平方米(装饰建筑面积)定额直接费(含未计价材料费)1 600 元以上的装饰工程；外墙面各种幕墙、石材干挂工程
二类工程	每平方米(装饰建筑面积)定额直接费(含未计价材料费)1 000 元以上的装饰工程；外墙面二次块料面层单项装饰工程
三类工程	每平方米(装饰建筑面积)定额直接费(含未计价材料费)500 元以上的装饰工程；外墙面二次块料面层单项装饰工程
四类工程	独立承包的各类单独装饰工程；每平方米(装饰建筑面积)定额直接费(含未计价材料费)500 元以下的装饰工程；家庭装饰工程

表 6-5　安全文明施工增加费标准

项　目	计算基础	安全文明施工增加费/%
以定额直接费为取费基础的工程	定额直接费	0.4～1.0
以定额人工费为取费基础的工程	定额人工费	0.8～4.0

表 6-6　赶工补偿费标准

项　目	计算基础	赶工补偿费/%
以定额直接费为取费基础的工程	定额直接费	1.1～2.8
以定额人工费为取费基础的工程	定额人工费	4.4～11.2

(二)间接费

间接费是指施工企业在完成各工程项目的过程中所共同发生的费用。由于不能直接计入某一个工程的成本，因此只能以间接分摊的方式计入各个单位工程造价中，故称为间接费。其内容如下：

(1)企业管理费是指施工企业为组织施工生产经营活动所发生的管理费。其内容包括以下几项：

1)企业管理人员的基本工资、工资性补贴及按规定标准计提的职工福利费。

2)差旅交通费是指企业职工因公出差、调动工作的差旅费、住宿费、市内交通及误餐补助费、职工探亲路费，劳动力招募费，离、退休职工一次性路费及交通工具油料、燃料、牌照及养路费等。

3)办公费是指企业办公文具、纸张、账表、印刷、邮电、书报、会议、水、电、燃煤(气)等费用。

4)固定资产折旧、修理费是指企业属于固定资产的房屋、设备、仪器等的折旧及维修费用。

5)工具、用具使用费是指企业不属于固定资产的工具、用具、家具、交通工具和检验、试验、消防等的摊销及维修费用。

6)工会经费是指企业按职工工资总额的 2%计提的工会经费。

7)职工教育经费是指企业为职工学习先进技术和提高文化水平，按职工工资总额的 1.5%计提的费用。

8)职工失业保险费是指按规定标准计提的职工失业保险费。

9)保险费是指企业财产保险、管理用车辆保险等费用。

10)税金是指企业按规定应缴纳的房产税、土地使用税、印花税等。

11)工程保修费是指工程竣工交付使用后，在规定的保修期内的修理费。

12)其他包括技术转让费、技术开发费、业务招待费、绿化费、广告费、公证费、法律顾问费、审计费、咨询费以及预算定额测定和劳动定额测定费(不包括应交各级造价管理部门的定额编制管理费和劳动定额测定费)和有关部门规定应支付的上级管理费等。

建筑工程、市政工程及仿古园林工程企业管理费标准见表6-7；装饰工程企业管理费标准见表6-8；维修及单独机械土石方工程企业管理费标准见表6-9。

表6-7 建筑工程、市政工程及仿古园林工程企业管理费标准

项　目		计算基础	企业管理费/%
建筑工程 市政工程 仿古园林工程	一类工程	定额直接费	7.54
	二类工程	定额直接费	6.91
	三类工程	定额直接费	5.92
	四类工程	定额直接费	5.03

表6-8 装饰工程企业管理费标准

项　目		计算基础	企业管理费/%
装饰工程	一类工程	定额人工费	38.07
	二类工程	定额人工费	35.25
	三类工程	定额人工费	32.50
	四类工程	定额人工费	27.58

表6-9 维修及单独机械土石方工程企业管理费标准

项　目	计算基础	企业管理费/%
维修工程	定额直接费	24.69
单独机械土石方工程	定额直接费	7.05

(2)财务费用是指企业为筹集资金而发生的各项费用，包括企业经营期间发生的短期贷款利息净支出、汇兑净损失、调剂外汇手续费、金融机构手续费，以及企业筹集资金发生的其他财务费用。财务费用应根据企业资金占用、管理状况，结合年度承担工程任务情况予以核定。

编制概算造价应将资金打足，以定额直接费为基础计算时，财务费用可暂按1.15%列入，而以定额人工费为基础计算时，可暂按4.35%列入；在施工实施阶段，该费用应按工程承包企业取费证上核定的标准计算(表6-10)。

表6-10 财务费用标准

取费级别	财务费用标准			
	计算基础	财务费用/%	计算基础	财务费用/%
一级取费	定额直接费	1.15	定额人工费	4.35
二级取费	定额直接费	1.04	定额人工费	4.00
三级取费	定额直接费	0.85	定额人工费	3.40
四级取费	定额直接费	0.71	定额人工费	2.80

(3)劳动保险费是指企业支付离退休职工的退休金(包括提取的离退休职工劳动统筹基金)、价格补贴、医药费、易地安家补助费、职工退职金、六个月以上的病假人员工资，职工死亡丧葬补助费、抚恤费，按规定支付给离休干部的各项经费。

编制概算造价应将资金打足，以定额直接费为基础计算时，劳动保险费费率可暂按4.5%列入，而以定额人工费为基础计算时，可暂按22.5%列入(表6-11)。

表6-11　劳动保险费标准

取费级别	财务费用标准			
	计算基础	劳动保险费/%	计算基础	劳动保险费/%
一级取费	定额直接费	3.0～4.5	定额人工费	15.0～22.5
二级取费	定额直接费	2.5～3.0	定额人工费	12.5～15.0
三级取费	定额直接费	2.0～2.5	定额人工费	10.0～12.5
四级取费	定额直接费	1.5～2.0	定额人工费	7.5～10.0

(4)工程定额测定费是指按规定支付给工程造价管理机构的工程定额编制管理费及劳动定额测定费。其取费标准如下：

1)工程定额编制管理费按建筑安装工程工作量的1.3‰计取；

2)工程劳动定额测定费按建筑安装工程工作量的0.5‰计取。

(三)利润

利润是指按规定应计入建筑工程造价的施工企业利润。利润率的核定根据施工企业的取费级别，结合企业上一年度承担工程的类别，并参照当年计划承担工程的类别等条件综合核定。一级取费企业上一年度完成一类工程建安工作量的比例达到30%以上，工程优良率达到25%以上时，利润率按同类取费中等级“Ⅰ”的标准核定；否则，利润率按同类取费中等级“Ⅱ”的标准核定；二至四类取费的施工企业利润率的核定以此类推。

凡国家投资的工程项目或投资部分，其利润率可按取费证核定的利润率标准减少15%执行。

编制概算造价应将资金打足，以定额直接费为基础计算时，可暂按10%列入，以定额人工费为基础计算时，可暂按55%列入；在施工实施阶段，该费用应按工程承包企业取费证上核定的标准计算(表6-12)。

表6-12　利润标准

取费级别		计算基础	利润/%	计算基础	利润/%
一级取费	Ⅰ	定额直接费	10	费额人工费	55
	Ⅱ	定额直接费	9	费额人工费	50
二级取费	Ⅰ	定额直接费	8	费额人工费	44
	Ⅱ	定额直接费	7	费额人工费	39
三级取费	Ⅰ	费额直接费	6	费额人工费	33
	Ⅱ	费额直接费	5	费额人工费	28
四级取费	Ⅰ	费额直接费	4	费额人工费	22
	Ⅱ	费额直接费	3	费额人工费	17

(四)税金

税金是指国家税法规定的应计入建筑安装工程造价内的增值税、城市维护建设税、教育费附加、交通建设费附加，计算标准规定如下：

(1)增值税、城市维护建设税、教育费附加、交通建设费附加的税率为：

1)工程在市区内时为3.43%；

2)工程在县城、镇时为3.37%；

3)工程不在市、区、县城、镇时为3.25%。

(2)增值税、城市维护建设税、教育费附加、交通建设费附加的税率为：

1)钢筋混凝土预制构件为9.64%；

2)钢结构构件为7.23%；

3)木门窗为8.20%。

二、建筑工程费用计算程序

建筑工程计价仍以四川省建筑安装工程费用计算表的组成为标准，阐述建筑工程和装饰工程的费用计算，分别见表6-13和表6-14。

表6-13 建筑工程费用计算表

序号	费用名称	计算公式	费率/%	金额/元
1	A. 定额直接费	A.1+A.2+A.3		
2	A.1 人工费	定额人工费+派生人工费		
3	A.2 材料费	定额材料费+派生材料费		
4	A.3 机械费	定额机械费+派生机械费		
5	B. 其他直接费	B.1+B.2+B.3		
6	B.1 其他直接费	A×规定费率		
7	B.2 现场管理费	A×规定费率		
8	B.3 临时设施费	A×规定费率		
9	C. 价差调整	C.1+C.2+C.3		
10	C.1 人工费调整	按地区规定计算		
11	C.2 材料费调整	C.2.1+C.2.2		
12	C.2.1 材料单项调整价差	按地区规定计算		
13	C.2.2 材料综合调整价差	按地区规定调整系数		
14	C.3 机械费调整	按省造价总站规定调整系数		
15	D. 施工图预算包干费	A×规定费率		
16	E. 企业管理费	A×规定费率		
17	F. 财务费用	A×取费证核定费率		
18	G. 劳动保险费	A×取费证核定费率		
19	H. 利润	A×取费证核定费率		
20	I. 文明施工增加费	A×规定费率		
21	J. 安全施工增加费	A×规定费率		
22	K. 赶工补偿费	A×按承包合同约定费率		

续表

序号	费用名称	计算公式	费率/%	金额/元
23	L. 按规定允许按实计算的费用	内容：城市排水设施费、超标污染和超标噪声处理费、按实计算的大型机械进出场和安拆费……		
24	M. 定额管理费	(A+……+K)×规定费率(‰)		
25	N. 税金	N. 1+N. 2		
26	N. 1 构件增值税及附加	N1. 1+N1. 2+N1. 3		
27	N1. 1 钢筋混凝土构件增值税	钢筋混凝土预制构件制作定额直接费×规定费率		
28	N1. 2 金属构件增值税	金属构件制作安装定额直接费×规定费率		
29	N1. 3 木构件增值税	木门窗制作定额直接费×规定费率		
30	N. 2 增值税及附加	(A+……+M)×规定税率		
31	O. 单位工程造价	A+……+N		合计

表 6-14　装饰工程费用计算表

序号	费用名称	计算公式	费率/%	金额/元
1	A. 定额直接费	A. 1+A. 2+A. 3+A. 4		
2	A. 1 人工费	定额人工费+派生人工费		
3	A. 2 计价材料费	定额材料费+派生材料费		
4	A. 3 未计价材料费	未计价材料费		
5	A. 4 机械费	定额机械费+派生机械费		
6	B. 其他直接费、临时设施费及现场管理费	B. 1+B. 2+B. 3		
7	B. 1 其他直接费	A. 1×规定费率		
8	B. 2 临时设施费	A. 1×规定费率		
9	B. 3 现场管理费	A. 1×规定费率		
10	C. 价差调整	C. 1+C. 2+C. 3		
11	C. 1 人工费调整	A. 1×地区规定费率		
12	C. 2 计价材料综合调整价差	按省造价管理总站规定调整系数计算		
13	C. 3 机械费调整	按省造价管理总站规定调整系数计算		
14	D. 施工图预算包干费	A. 1×规定费率		
15	E. 企业管理费	A. 1×规定费率		
16	F. 财务费用	A. 1×取费证核定费率		
17	G. 劳动保险费	A. 1×取费证核定费率		
18	H. 利润	A. 1×取费证核定费率		
19	I. 文明施工增加费	A. 1×规定费率		
20	J. 安全施工增加费	A. 1×规定费率		
21	K. 赶工补偿费	A. 1×承包合同约定费率		
22	L. 按规定允许按实计算的费用			
23	M. 定额管理费	(A+……+K)×规定费率(‰)		
24	N. 税金	(A+……+M)×规定税率		
25	O. 单位工程造价	A+……+N		合计

第二节　工程量计算的一般规定

一、工程量计算

工程量计算的一般规定

1. 工程量的含义

工程量是指以物理计量单位或自然计量单位表示的各分项工程或结构构件的实物数量。其物理计量单位如 m、m^2、m^3、t 等；自然计量单位如个、台、套、组等。

2. 计量单位

当物体的长、宽、高尺寸均不固定时，常采用 m^3 作为计量单位，如土石方、砖砌体、各类混凝土构件等分项工程的计量单位；当物体的长、宽两个尺寸均发生变化，而高度(厚)不变时，常采用 m^2 作为计量单位，如楼地面、抹灰等分项工程的计量单位；当物体的宽度和高度尺寸固定，即有固定的截面形状，而长度发生变化时，常以 m 为计量单位，如楼梯扶手等分项工程的计量单位；当物体体积变化不大而质量差异较大时，常以 t 为计量单位，如钢筋、铁件等分项工程的计量单位；一些无法用物理计量单位计量的物体，常以自然计量单位表示，如个、台、套、组等。

3. 小数点位数

计算工程量时，其小数点有效位数保留应遵循以下规定：

(1)以“m^3”“m^2”“m”为单位者，应保留至小数点后两位数，第三位四舍五入。

(2)以“t”为单位者，应保留至小数点后三位数，第四位四舍五入。

(3)以“个”“项”等为单位者，应取整数。

二、工程量计算的原则

分项工程或结构构件的工程量，是计算单位工程造价的基础性数据，工程量计算准确与否将直接影响工程造价的准确性，因此，计算工程量应遵循以下原则：

(1)所计算的分项工程项目，应与其对应的定额项目在工作内容、计量单位、计算方法、计算规则上相一致；应避免漏算、错算、重复计算。

(2)工程量计算的精度应统一。

(3)尺寸取定应准确。

(4)工程量计算的准备工作。

1)熟悉施工图纸，内容包括以下几项：

①仔细阅读施工图设计说明；

②熟悉房屋的开间、进深、跨度、层高、总高等；

③弄清楚建筑物的室内外高差、各层平面和层高是否有变化；

④对施工图中的门窗表、构件统计表和钢筋下料长度表等抽样校核；

⑤仔细阅读大样详图、墙面、楼地面、顶棚和外墙面的装饰做法、屋面的构造做法等；

⑥对施工图中的建筑面积必须进行校核，不能直接取用。

2)计算基数。在计算工程量的过程中，一些基础性数据能一次算出多次使用，因此称其为基数。常用的建筑基数有：$L_{外}$、$L_{中}$、$L_{内}$、$S_{底}$，概括为："三线一面"。

$L_{外}$——外墙外边线；

$L_{中}$——外墙中心线；

$L_{内}$——内墙净长线；

$S_{底}$——底层建筑面积。

3)各分项工程的项目名称。将图纸内容与定额各分部的项目表进行对照，列出准确的分项工程项目名称，以准确套用分项工程定额项目。

(5)工程量计算的一般顺序。

1)按施工图装订顺序计算，即按图纸装订的前后顺序进行计算，一般顺序为：先建施后结施。

2)按顺时针方向排序计算，即在同一张平面图纸内，自图纸左上角开始，从左至右、先上后下，沿着顺时针方向算至图纸的左上角至其闭合为止(图 6-2)。

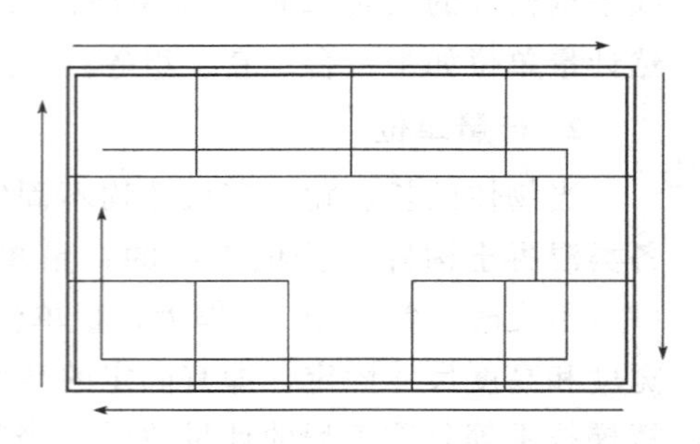

图 6-2　从图纸左上角开始的计算顺序

3)按定额分部工程排列顺序计算，如建筑面积→基础工程→混凝土及钢筋混凝土工程→门窗工程→墙体工程→装饰抹灰工程→楼地面工程→屋面工程→金属结构工程→其他工程。

第三节　建筑面积计算

一、建筑面积的概念及组成

建筑面积计算

(一)建筑面积的概念

建筑面积是指按建筑物自然层外墙结构外围水平面积之和计算的面积。

外墙结构外围是指不包括装饰抹灰层的外墙厚度。

建筑面积应按图纸标注的尺寸计算，不能现场量取计算。

(二)建筑面积的组成

建筑面积一般由使用面积、辅助面积和结构面积组成。

(1)使用面积是指建筑物各层平面中供生产或生活使用的净面积之和，在民用建筑中称其为居住面积。

(2)辅助面积是指建筑物各层平面中，辅助生产或生活使用部分如楼梯、走廊等所占面积。

(3)结构面积是指建筑物各层平面中的结构部分如墙、柱等所占面积。

二、建筑面积计算规范

《建筑工程建筑面积计算规范》(GB/T 50353—2013)，是中华人民共和国国家标准，其条文说明如下：

(一)总则

我国的《建筑工程建筑面积计算规则》最初是在20世纪70年代制定的，之后根据需要进行了多次修订。1982年经国家基本建设办公室(82)经基设字58号印发了《建筑工程建筑面积计算规则》，对20世纪70年代制定的《建筑工程建筑面积计算规则》进行了修订。1995年原建设部发布《全国统一建筑工程预算工程量计算规则》(土建工程 GJD_{GZ}—101—95)，其中含“建筑面积计算规则”，是对1982年的《建筑工程建筑面积计算规则》进行的修订。2005年原建设部以国家标准发布了《建筑工程建筑面积计算规范》(GB/T 50353—2005)。

此次修订是在总结《建筑工程建筑面积计算规范》(GB/T 50353—2005)(以下简称本规范)实施情况的基础上进行的，鉴于建筑发展中出现的新结构、新材料、新技术、新的施工方法，为了解决建筑技术的发展产生的面积计算问题，本着不重算，不漏算的原则，对建筑面积的计算范围和计算方法进行了修改统一和完善。

本条规定了本规范的适用范围。条文中所称建设全过程是指从项目建议书、可行性研究报告至竣工验收、交付使用的过程。

(二)计算建筑面积的规定

(1)建筑物的建筑面积应按自然层外墙结构外围水平面积之和计算。结构层高在2.20 m及以上的，应计算全面积；结构层高在2.20 m以下的，应计算1/2面积。

术语：建筑面积包括附属于建筑物的室外阳台、雨篷、檐廊、室外走廊、室外楼梯等。

条文解读：建筑面积计算，在主体结构内形成的建筑空间，满足计算面积结构层高要求的均应按本条规定计算建筑面积。主体结构外的室外阳台、雨篷、檐廊、室外走廊、室外楼梯等按相应条款计算建筑面积。当外墙结构本身在一个层高范围内不等厚时，以楼地面结构标高处的外围水平面积计算。

建筑物的主体及外部空间如图6-3所示；结构层高图示如图6-4所示。

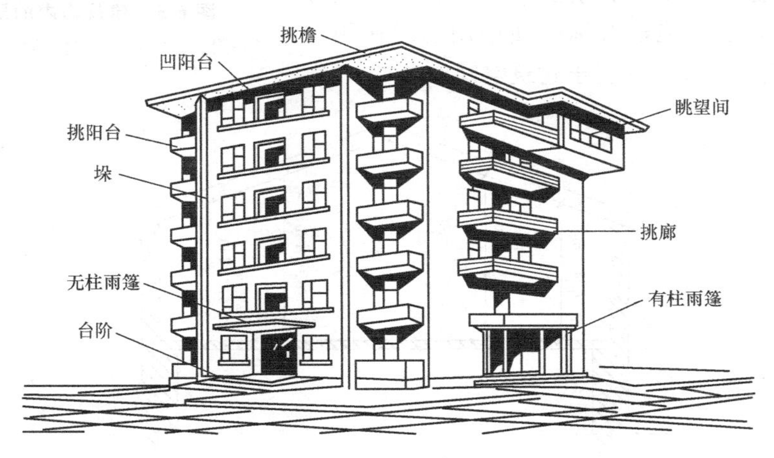

图6-3 建筑物的主体及外部空间

(2)建筑物内设有局部楼层时，对于局部楼层的二层及以上楼层，有围护结构的应按其围护结构外围水平面积计算，无围护结构的应按其结构底板水平面积计算，且结构层高在2.20 m及以上的，应计算全面积，结构层高在2.20 m以下的，应计算1/2面积。

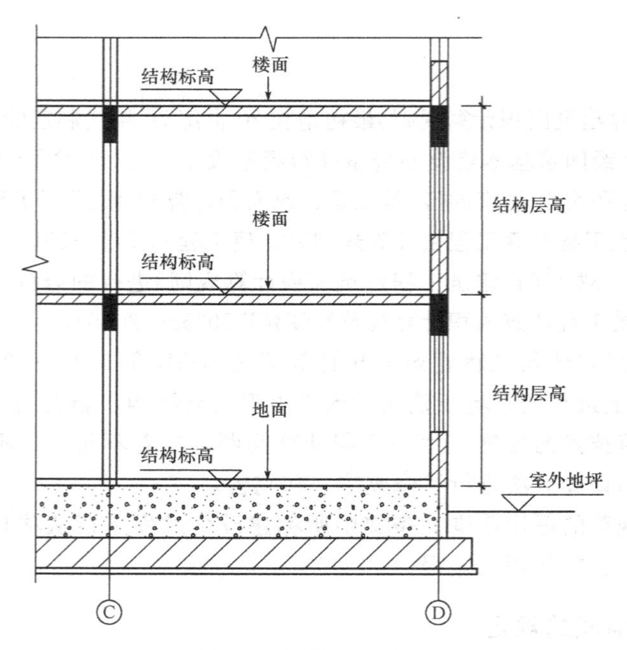

图 6-4　结构层高图示

条文解读：建筑物内的局部楼层如图 6-5 所示。

(3)形成建筑空间的坡屋顶(图 6-6)，结构净高在 2.10 m 及以上的部位应计算全面积；结构净高在 1.20 m 及以上至 2.10 m 以下的部位应计算 1/2 面积；结构净高在 1.20 m 以下的部位不应计算建筑面积。

术语：具备可出入、可利用条件(设计中可能标明了使用用途，也可能没有标明使用用途或使用用途不明确)的围合空间，均属于建筑空间。

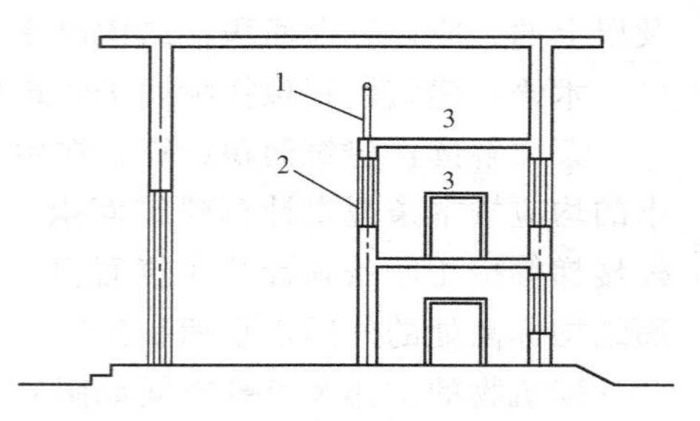

图 6-5　建筑物内的局部楼层

1—围护设施；2—围护结构；3—局部楼层

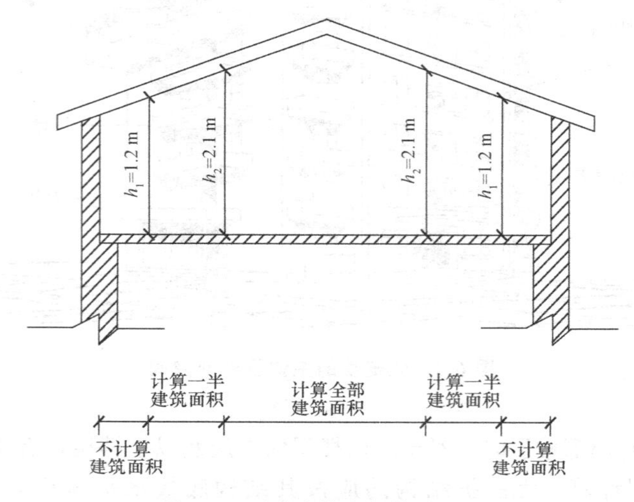

图 6-6　形成建筑空间的坡屋顶

(4)场馆看台下的建筑空间，结构净高在 2.10 m 及以上的部位应计算全面积；结构净高在 1.20 m 及以上至 2.10 m 以下的部位应计算 1/2 面积；结构净高在 1.20 m 以下的部位不应计算建筑面积。室内单独设置的有围护设施的悬挑看台，应按看台结构底板水平投影面积计算建筑面积。有顶盖无围护结构的场馆看台应按其顶盖水平投影面积的 1/2 计算面积。

条文解读：场馆看台下的建筑空间因其上部结构多为斜板，所以采用净高的尺寸划定建筑面积的计算范围和对应规则。室内单独设置的有围护设施的悬挑看台，因其看台上部设有顶盖且可供人使用，所以按看台板的结构底板水平投影计算建筑面积。“有顶盖无围护结构的场馆看台”所称的“场馆”为专业术语，指各种“场”类建筑，如体育场、足球场、网球场、带看台的风雨操场等。

体育场看台下的空间如图 6-7 所示。

图 6-7　体育场看台下的空间

(5)地下室、半地下室应按其结构外围水平面积计算。结构层高在 2.20 m 及以上的，应计算全面积；结构层高在 2.20 m 以下的，应计算 1/2 面积。

条文解读：地下室作为设备、管道层按第(26)条执行；地下室的各种竖向井道按本规范执行；地下室的围护结构不垂直于水平面的按第(18)条规定执行。

地下室及采光井如图 6-8 所示。

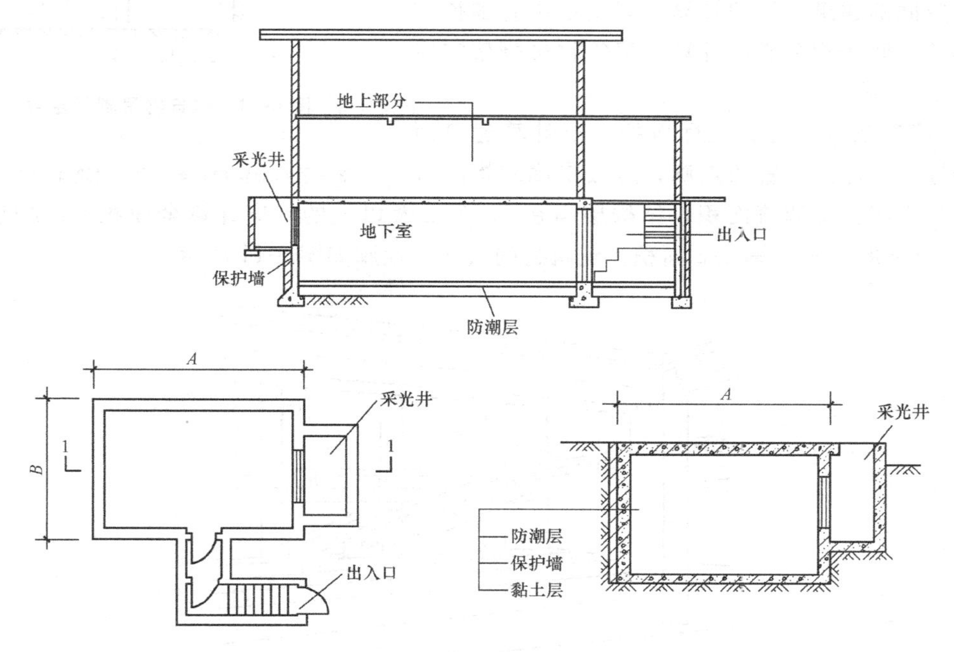

图 6-8　地下室及采光井

(6)出入口外墙外侧坡道有顶盖的部位，应按其外墙结构外围水平面积的 1/2 计算面积。

条文解读：出入口坡道分有顶盖出入口坡道和无顶盖出入口坡道，出入口坡道顶盖的挑出长度，为顶盖结构外边线至外墙结构外边线的长度；顶盖以设计图纸为准，对后增加及建设单位自行增加的顶盖等，不计算建筑面积。顶盖不分材料种类(如钢筋混凝土顶盖、彩钢板顶盖、阳光板顶盖等)。地下室出入口如图 6-9 所示。

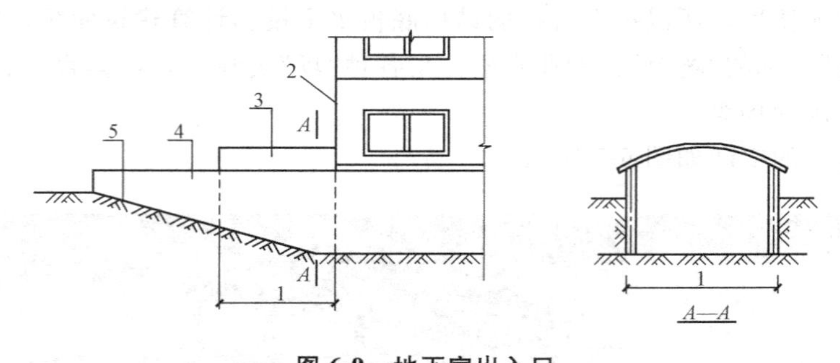

图 6-9　地下室出入口

1—计算 1/2 投影面积部位；2—主体建筑；
3—出入口顶盖；4—封闭出入口侧墙；5—出入口坡道

(7)建筑物架空层及坡地建筑物吊脚架空层，应按其顶板水平投影计算建筑面积，结构层高在 2.20 m 及以上的，应计算全面积；结构层高在 2.20 m 以下的，应计算 1/2 面积。

条文解读：本条既适用于建筑物吊脚架空层、深基础架空层建筑面积的计算，也适用于目前部分住宅、学校教学楼等工程在底层架空或在二楼或以上某个甚至多个楼层架空，作为公共活动、停车、绿化等空间的建筑面积的计算。架空层中有围护结构的建筑空间按相关规定计算。建筑物吊脚架空层如图 6-10 所示。

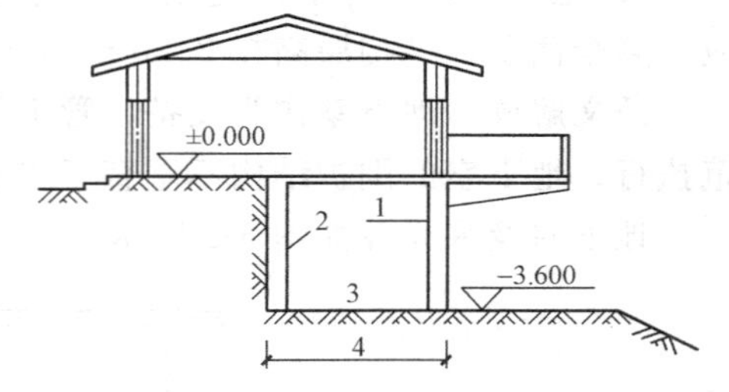

图 6-10　建筑物吊脚架空层

1—柱；2—墙；
3—吊脚架空层；4—计算建筑面积部位

(8)建筑物的门厅、大厅应按一层计算建筑面积，门厅、大厅内设置的走廊，应按走廊结构底板水平投影面积计算建筑面积，结构层高在 2.20 m 及以上的，应计算全面积；结构层高在 2.20 m 以下的，应计算 1/2 面积。建筑物的大厅及走廊如图 6-11 所示。

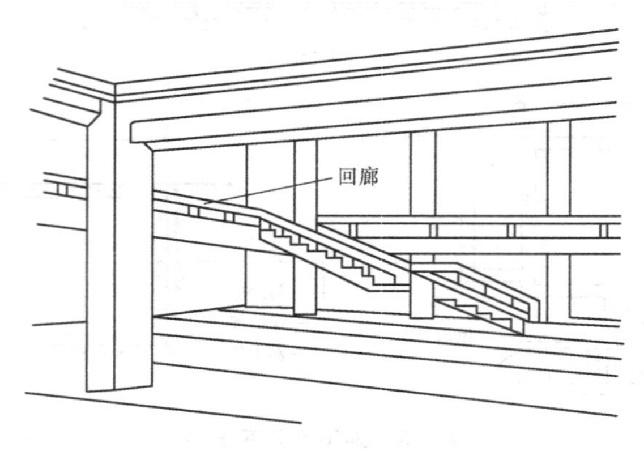

图 6-11　建筑物的大厅及走廊

(9)对于建筑物间的架空走廊，有顶盖和围护设施的，应按其围护结构外围水平面积计算全面积；无围护结构、有维护设施的，应按其结构底板水平投影面积计算 1/2 面积。

条文解读：无围护结构的架空走廊如图 6-12 所示；有围护结构的架空走廊如图 6-13 所示。

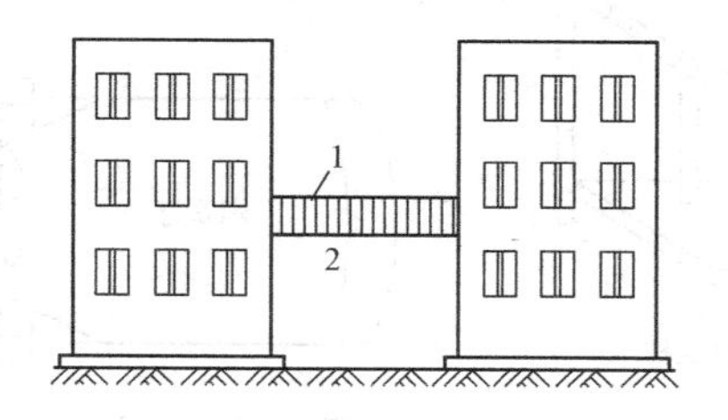

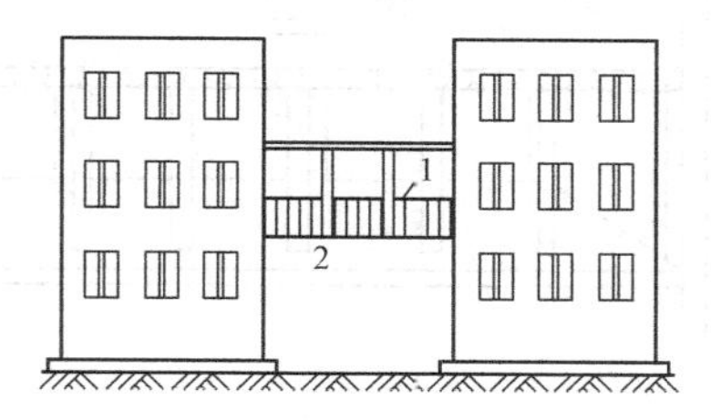

图 6-12　无围护结构的架空走廊

1—栏杆；2—架空走廊

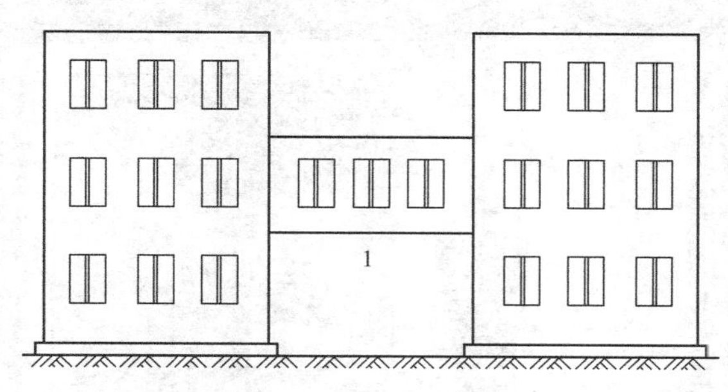

图 6-13　有围护结构的架空走廊

1—架空走廊

(10)立体书库(图 6-14)、立体仓库、立体车库，有围护结构的，应按其围护结构外围水平面积计算建筑面积；无围护结构、有维护设施的，应按其结构底板水平投影面积计算建筑面积。无结构层的应按一层计算，有结构层的应按其结构层面积分别计算。结构层高在 2.20 m 及以上的，应计算全面积。结构层高在 2.20 m 以下的，应计算 1/2 面积。

术语：结构层特指整体结构体系中承重的楼层，包括板、梁等构件。结构层承受整个楼层的全部荷载，并对楼层的隔声、防火等起主要作用。

条文解读：本条主要规定了图书馆中的立体书库(图 6-14)、仓储中心的立体仓库、大型停车场的立体车库等建筑的建筑面积计算规定。起局部分隔、存储等作用的书架层、货架层或可升降的立体钢结构停车层均不属于结构层，故该部分分层不计算建筑面积。

(11)有围护结构的舞台灯光控制室(图 6-15)，应按其围护结构外围水平面积计算。结构层高在 2.20 m 及以上的，应计算全面积；结构层高在 2.20 m 以下的，应计算 1/2 面积。

(12)附属在建筑物外墙的落地橱窗，应按其围护结构外围水平面积计算。结构层高在 2.20 m 及以上的，应计算全面积；结构层高在 2.20 m 以下的，应计算 1/2 面积。

术语：落地橱窗(图 6-16)是指在商业建筑临街面设置的下槛落地、可落在室外地坪也可落在首层地板，用来展览各种样品的玻璃窗。

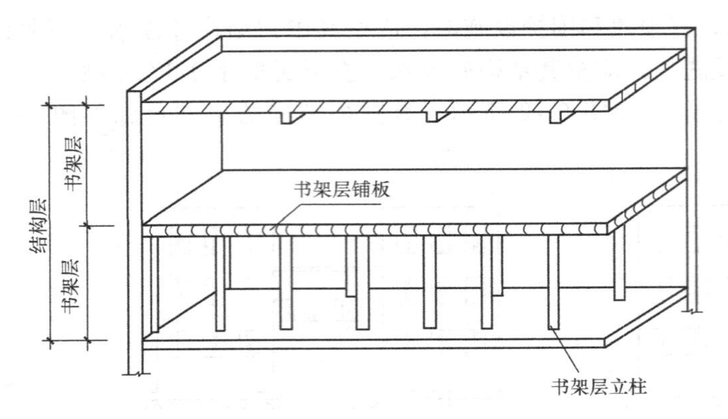

图 6-14　立体书库

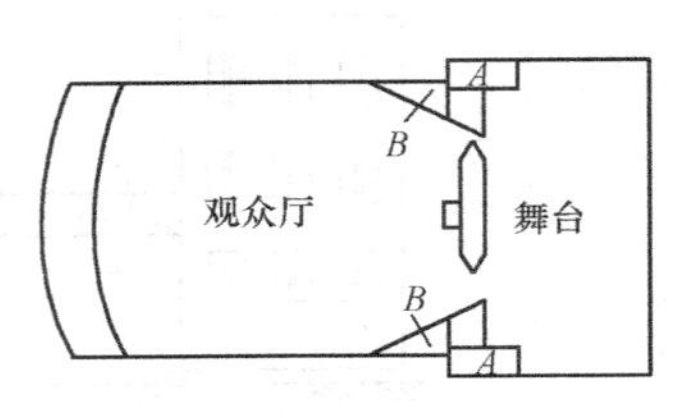

图 6-15　舞台灯光控制室

A—夹层；B—灯光控制室

图 6-16　落地橱窗

(13)窗台与室内楼地面高差在 0.45 m 以下，且结构净高在 2.10 m 及以上的凸(飘)窗，应按其围护结构外围水平面积计算 1/2 面积。

术语：凸窗(飘窗)既作为窗，就有别于楼(地)板的延伸，也就是不能把楼(地)板延伸出去的窗称为凸窗(飘窗)。凸窗(飘窗)的窗台应只是墙面的一部分且距楼(地)面应有一定的高度，如图 6-17 所示。

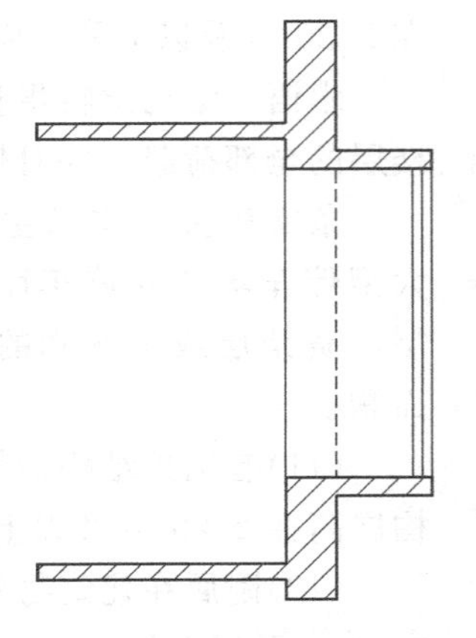

图 6-17　飘窗

(14)有围护设施的室外走廊(挑廊)，应按其结构底板水平投影面积计算 1/2 面积；有围护设施(或柱)的檐廊，应按其围护设施(或柱)外围水平面积计算 1/2 面积。

术语：檐廊是附属于建筑物底层外墙有屋檐作为顶盖，其下部一般有柱或栏杆、栏板等的水平交通空间。

条文解读：檐廊如图 6-18 所示。

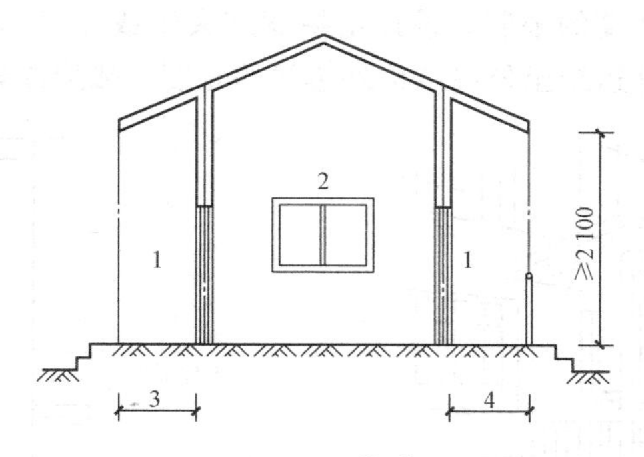

图 6-18　檐廊

1—檐廊；2—室内；3—不计算建筑面积部位；4—计算 1/2 建筑面积部位

(15)门斗应按其围护结构外围水平面积计算建筑面积，且结构层高在 2.20 m 及以上的，应计算全面积；结构层高在 2.20 m 以下的，应计算 1/2 面积。门斗如图 6-19 所示。

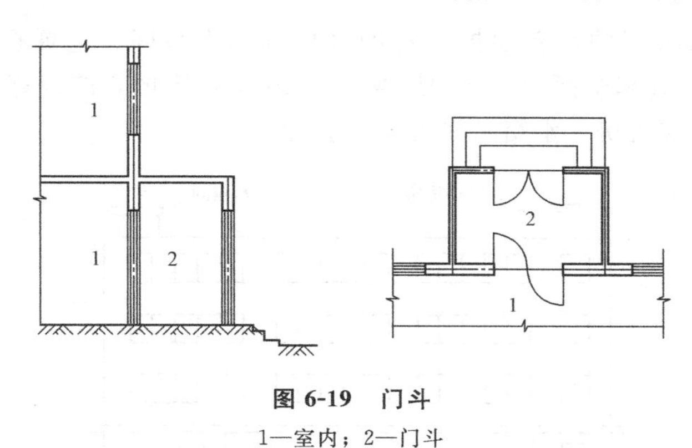

图 6-19　门斗

1—室内；2—门斗

(16)门廊应按其顶板的水平投影面积的 1/2 计算建筑面积；有柱雨篷应按其结构板水平投影面积的 1/2 计算建筑面积；无柱雨篷的结构外边线至外墙结构外边线的宽度在 2.10 m 及以上的，应按雨篷结构板的水平投影面积的 1/2 计算建筑面积。

术语：门廊(图 6-20)是指在建筑物出入口，无门、三面或两面有墙，上部有板(或借用上部楼板)围护的部位。

雨篷是指建筑物出入口上方、凸出墙面、为遮挡雨水而单独设置的建筑部件。雨篷划分为有柱雨篷(包括独立柱雨篷、多柱雨篷、柱墙混合支撑雨篷、墙支撑雨篷)和无柱雨篷(悬挑雨篷)。如凸出建筑物，且不单独设立顶盖，利用上层结构板(如楼板、阳台底板)进行遮挡，则不视为雨篷，不计算建筑面积。对于无柱雨篷如顶盖高度达到或超过两个楼层时，也不视为雨篷，不计算建筑面积。

图 6-20　门廊

条文解读：雨篷分为有柱雨篷(图 6-21)和无柱雨篷(图 6-22)。有柱雨篷，没有出挑宽度的限制，也不受跨越层数的限制，均计算建筑面积；无柱雨篷，其结构板不能跨层，并受出挑宽度的限制，设计出挑宽度大于或等于 2.10 m 时才计算建筑面积。出挑宽度，是指雨篷结构外边线至外墙结构外边线的宽度，弧形或异形时，取最大宽度。

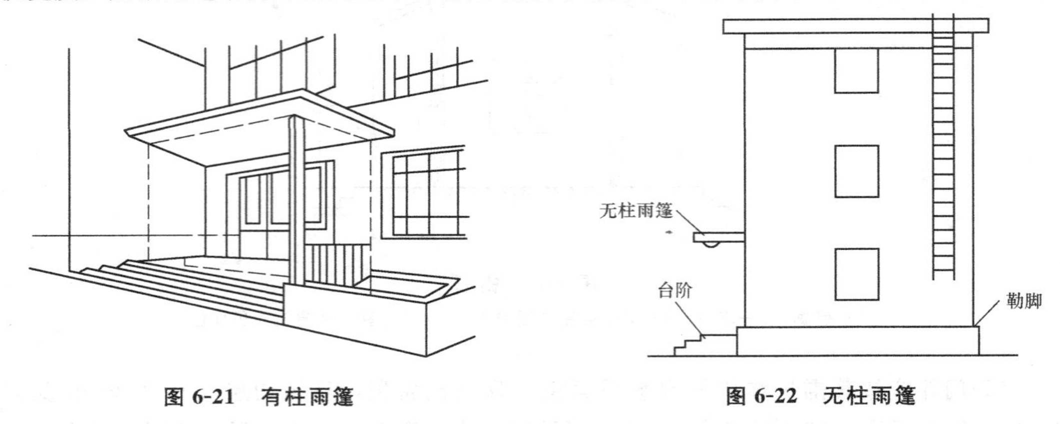

图 6-21　有柱雨篷　　　　图 6-22　无柱雨篷

(17)设在建筑物顶部的，有围护结构的楼梯间、水箱间、电梯机房等，结构层高在 2.20 m 及以上的，应计算全面积；结构层高在 2.20 m 以下的，应计算 1/2 面积。

建筑物顶部的电梯机房、水箱间如图 6-23 所示。

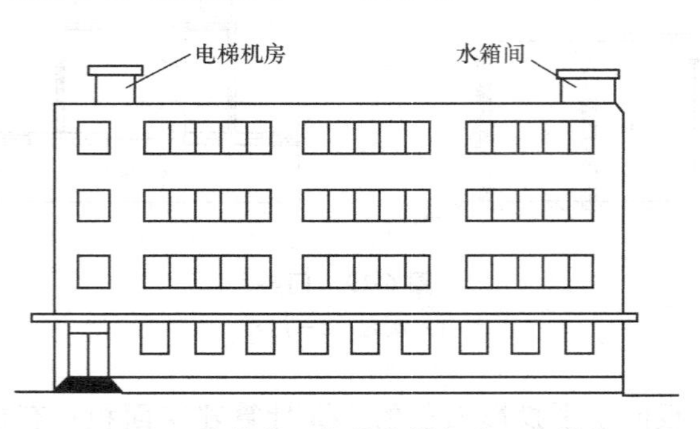

图 6-23　建筑物顶部的电梯机房、水箱间

(18)围护结构不垂直于水平面的楼层，应按其底板面的外墙外围水平面积计算。结构净高在 2.10 m 及以上的部位，应计算全面积；结构净高在 1.20 m 及以上至 2.10 m 以下的部位，应计算 1/2 面积；结构净高在 1.20 m 以下的部位，不应计算建筑面积。

条文解读：本规范的 2005 版条文中仅对围护结构向外倾斜的情况进行了规定，本次修订后条文对于向内、向外倾斜均适用。在划分高度上，本条使用的是“结构净高”，与其他正常平楼层按层高划分不同，但与斜屋面的划分原则相一致。由于目前很多建筑设计追求新、奇、特，造型越来越复杂，很多时候根本无法明确区分什么是围护结构、什么是屋顶，因此对于斜围护结构与斜屋顶采用相同的计算规则，即只要外壳倾斜，就按结构净高划段，分别计算建筑面积。斜围护结构如图 6-24 所示。

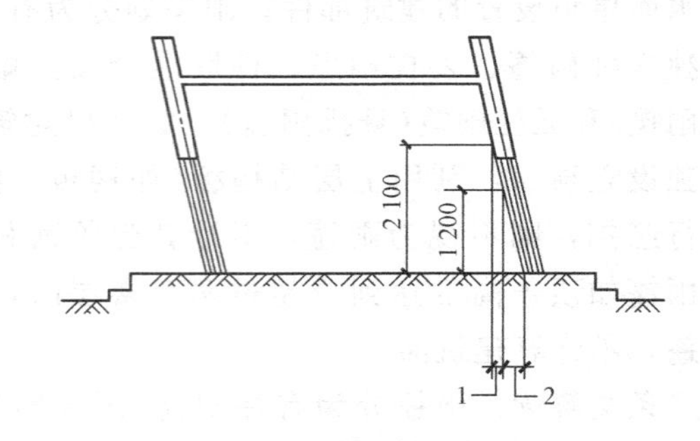

图 6-24　斜围护结构

1—计算 1/2 建筑面积部位；2—不计算建筑面积部位

(19)建筑物的室内楼梯、电梯井、提物井、管道井、通风排气竖井、烟道，应并入建筑物的自然层计算建筑面积。有顶盖的采光井应按一层计算建筑面积，且结构净高在 2.10 m 及以上的，应计算全面积；结构净高在 2.10 m 以下的，应计算 1/2 面积。

条文解读：建筑物的楼梯间层数按建筑物的层数计算。有顶盖的采光井包括建筑物中的采光井和地下室采光井。电梯井如图 6-25 所示；设备管道层如图 6-26 所示；地下室采光井如图 6-27 所示。

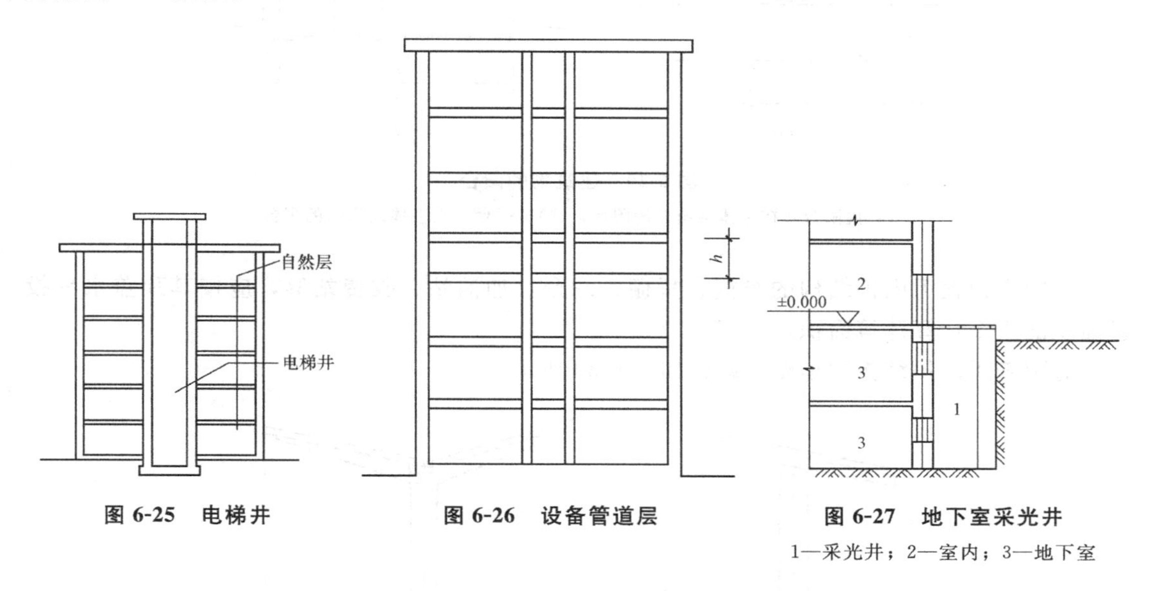

图 6-25　电梯井　　**图 6-26　设备管道层**　　**图 6-27　地下室采光井**

1—采光井；2—室内；3—地下室

(20)室外楼梯应并入所依附建筑物自然层，并应按其水平投影面积的 1/2 计算建筑面积。

条文解读：室外楼梯(图 6-28)作为连接该建筑物层与层之间交通不可缺少的基本部件，无论从其功能还是工程计价的要求来说，均需计算建筑面积。层数为室外楼梯所依附的楼层数，即梯段部分投影到建筑物范围的层数。利用室外楼梯下部的建筑空间不得重复计算建筑面积；利用地势砌筑的为室外踏步，不计算建筑面积。

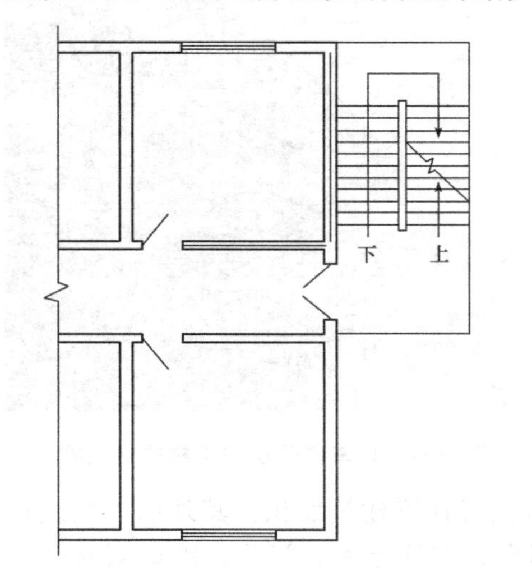

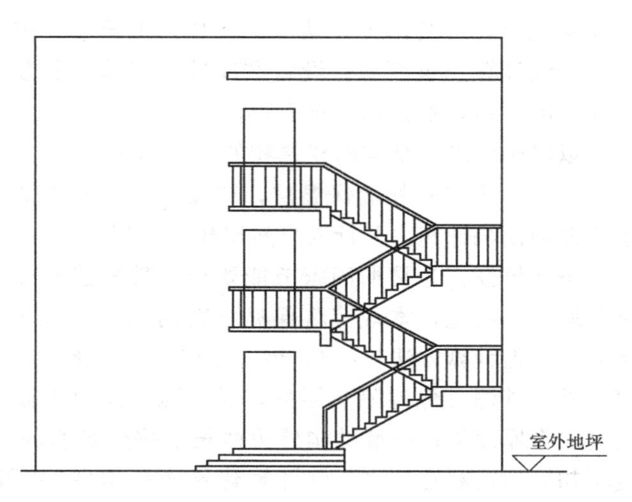

图 6-28　室外楼梯

(21)在主体结构内的阳台，应按其结构外围水平面积计算全面积；在主体结构外的阳台，应按其结构底板水平投影面积计算 1/2 面积。

条文解读：建筑物的阳台，无论其形式如何，均以建筑物主体结构为界分别计算建筑面积。建筑物的阳台如图 6-29 所示。

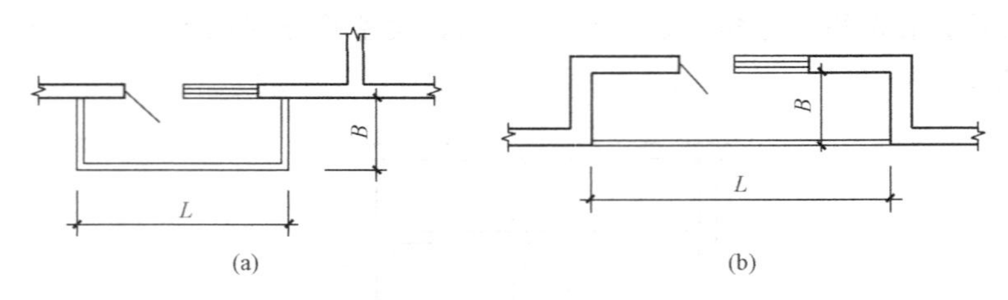

图 6-29 建筑物的阳台

(a)挑阳台—在主体结构外的阳台；(b)凹阳台—在主体结构内的阳台

(22)有顶盖无围护结构的车棚、货棚、站台、加油站、收费站等，应按其顶盖水平投影面积的 1/2 计算建筑面积。

有顶盖无围护结构的车棚、站台如图 6-30 所示。

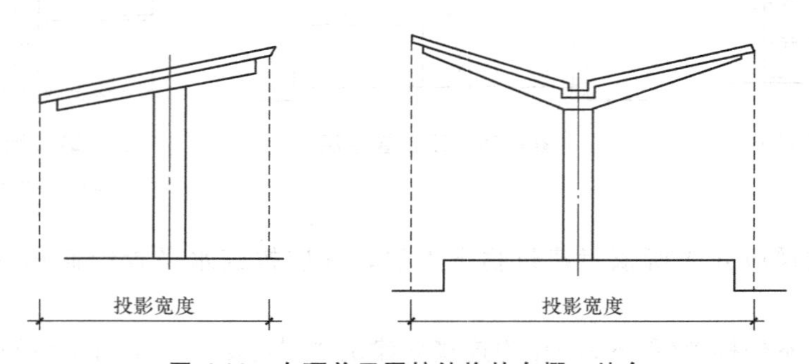

图 6-30 有顶盖无围护结构的车棚、站台

(23)以幕墙作为围护结构的建筑物，应按幕墙外边线计算建筑面积。

条文解读：幕墙以其在建筑物中所起的作用和功能来区分，直接作为外墙起围护作用的幕墙，按其外边线计算建筑面积；设置在建筑物墙体外起装饰作用的幕墙，不计算建筑面积。

以幕墙作围护结构的建筑物如图 6-31 所示。

图 6-31 以幕墙作围护结构的建筑物

(24)建筑物的外墙保温层，应按其保温材料的水平截面面积计算，并计入自然层建筑面积。

条文解读：为贯彻国家节能要求，鼓励建筑外墙采取保温措施，本规范将保温材料的厚度计入建筑面积，但计算方法较 2005 年规范有一定变化。建筑物外墙外侧有保温隔热层的，保温隔热层以保温材料的净厚度乘以外墙结构外边线长度按建筑物的自然层计算建筑面积，其外墙外边线长度不扣除门窗和建筑物外已计算建筑面积构件(如阳台、室外走廊、门斗、落地橱窗等部件)所占长度。当建筑物外已计算建筑面积的构件(如阳台、室外走廊、门斗、落地橱窗等部件)有保温隔热层时，其保温隔热层也不再计算建筑面积。外墙是斜面者按楼面楼板处的外墙外边线长度乘以保温材料的净厚度计算。外墙外保温以沿高度方向满铺为准，某层外墙外保温铺设高度未达到全部高度时(不包括阳台、室外走廊、门斗、落地橱窗、雨篷、飘窗等)，不计算建筑面积。保温隔热层的建筑面积是以保温隔热材料的厚度来计算的，不包含抹灰层、防潮层、保护层(墙)的厚度。建筑外墙外保温如图 6-32 所示。

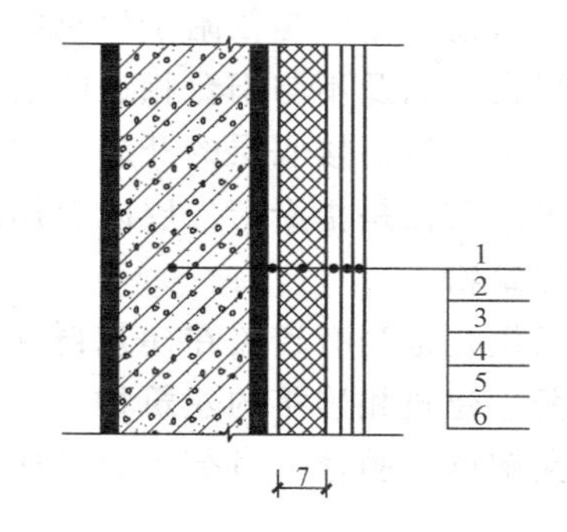

图 6-32　建筑外墙外保温

1—墙体；2—粘接胶浆；3—保温材料；4—标准网；5—加强网；6—抹面胶浆；7—计算建筑面积部位

(25)与室内相通的变形缝，应按其自然层合并在建筑物面积内计算。对于高低联跨的建筑物，当高低跨内部联通时，其变形缝应计算在低跨面积内。

术语：变形缝是指在建筑物因温差、不均匀沉降以及地震而可能引起结构破坏变形的敏感部位或其他必要的部位，预先设缝将建筑物断开，令断开后建筑物的各部分成为独立的单元，或者是划分为简单、规则的段，并令各段之间的缝达到一定的宽度，以能够适应变形的需要。根据外界破坏因素的不同，变形缝一般分为伸缩缝、沉降缝、抗震缝三种。

条文解读：本规范所指的与室内相通的变形缝，是指暴露在建筑物内，在建筑物内可以看得见的变形缝。建筑物的变形缝如图 6-33 所示。

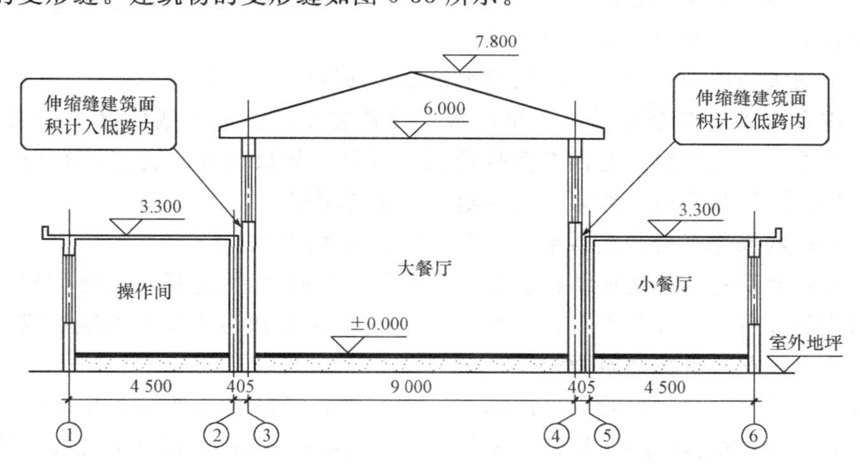

图 6-33　建筑物的变形缝

(26)对于建筑物内的设备层、管道层、避难层等有结构层的楼层，结构层高在 2.20 m 及以上的，应计算全面积；结构层高在 2.20 m 以下的，应计算 1/2 面积。

条文解读：设备层、管道层虽然其具体功能与普通楼层不同，但在结构上及施工消耗上并无本质区别，且本规范定义自然层为“按楼地面结构分层的楼层”，因此设备、管道楼层归为自然层，其计算规则与普通楼层相同。在吊顶空间内设置管道的，则吊顶空间部分不能被视为设备层、管道层。

(27)下列项目不应计算建筑面积：

1)与建筑物内部不相连通的建筑部件。

条文解读：指的是依附于建筑物外墙外不与户室开门连通，起装饰作用的敞开式挑台(廊)、平台，以及不与阳台相通的空调室外机搁板(箱)等设备平台部件。

2)骑楼、过街楼底层的开放公共空间和建筑物通道。

术语：骑楼是指沿街二层以上用承重柱支撑骑跨在公共人行空间之上，其底层沿街面后退的建筑物。

过街楼是指当有道路在建筑群穿过时，为保证建筑物之间的功能联系，设置跨越道路上空使两边建筑相连接的建筑物。

条文解读：骑楼、过街楼分别如图 6-34 和图 6-35 所示。

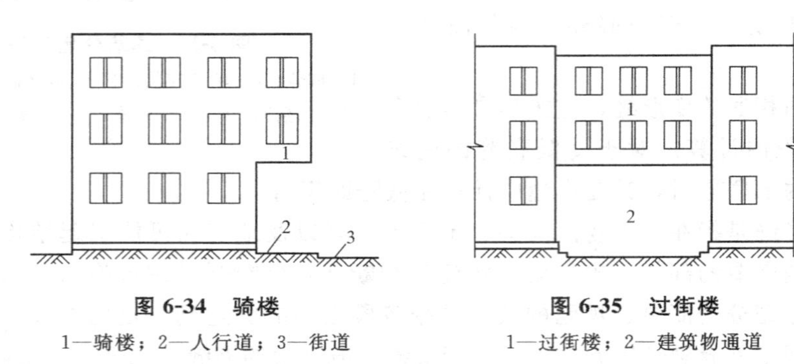

图 6-34　骑楼

1—骑楼；2—人行道；3—街道

图 6-35　过街楼

1—过街楼；2—建筑物通道

3)舞台及后台悬挂幕布和布景的天桥、挑台等。

条文解读：指的是影剧院的舞台及为舞台服务的可供上人维修、悬挂幕布、布置灯光及布景等搭设的天桥和挑台等构件设施。

4)露台、露天游泳池、花架、屋顶的水箱及装饰性结构构件。

术语：露台应满足四个条件：一是位置，设置在屋面、地面或雨篷顶；二是可出入；三是有围护设施；四是无盖。这四个条件应同时满足。如果设置在首层并有围护设施的平台，且其上层为同体量阳台，按阳台的规则计算建筑面积。

5)建筑物内的操作平台、上料平台、安装箱和罐体的平台。

条文解读：建筑物内不构成结构层的操作平台、上料平台(包括：工业厂房、搅拌站和料仓等建筑中的设备操作控制平台、上料平台等)，其主要作用为室内构筑物或设备服务的独立上人设施，因此不计算建筑面积。

6)勒脚、附墙柱、垛、台阶、墙面抹灰、装饰面、镶贴块料面层、装饰性幕墙，主体结构外的空调室外机搁板(箱)、构件、配件、挑出宽度在 2.10 m 以下的无柱雨篷和顶盖高度达到或超过两个楼层的无柱雨篷。

术语：台阶是指建筑物出入口不同标高地面或同楼层不同标高处设置的供人行走的阶梯式连接构件。室外台阶还包括与建筑物出入口连接处的平台。

条文解读：附墙柱是指非结构性装饰柱。

7)窗台与室内地面高差在 0.45 m 以下且结构净高在 2.10 m 以下的凸(飘)窗，窗台与室内地面高差在 0.45 m 及以上的凸(飘)窗。

8)室外爬梯、室外专用消防钢楼梯。

条文解读：室外钢楼梯需要区分具体用途，如专用于消防楼梯，则不计算建筑面积，如果是建筑物唯一通道，兼用于消防，则需要按第(20)条计算建筑面积。

9)无围护结构的观光电梯。

10)建筑物以外的地下人防通道、独立的烟囱、烟道、地沟、油(水)罐、气柜、水塔、贮油(水)池、贮仓、栈桥等构筑物。

【例 6-1】 某住宅楼底层平面如图 6-36 所示，墙厚均为 240 mm；层高为 2.8 m；设有挑阳台，试计算其底层建筑面积。

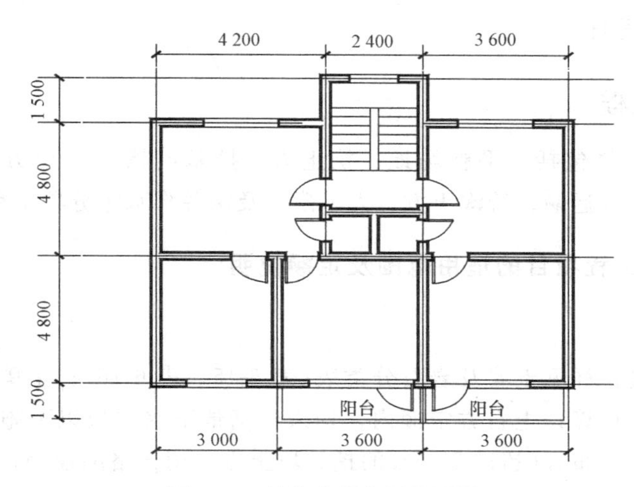

图 6-36 某住宅楼底层平面图

解：

(1)主体面积：$S_1 = 1.5 \times (2.4 + 0.24) + (4.8 \times 2 + 0.24) \times (3.6 \times 2 + 3.0 + 0.24) = 106.69(\mathrm{m}^2)$

(2)阳台面积：$S_2 = 3.6 \times 2 \times (1.5 - 0.12) \times 0.5 = 4.97(\mathrm{m}^2)$

(3)底层建筑面积：$S = S_1 + S_2 = 106.69 + 4.97 = 111.66(\mathrm{m}^2)$

答：该建筑物的底层建筑面积为 111.66 m²。

【例 6-2】 某高低联跨的单层工业厂房，其高低跨尺寸如图 6-37 所示，已知其水平方向的总长度为 24 m，试分别计算该厂房的高、低跨建筑面积及总建筑面积。

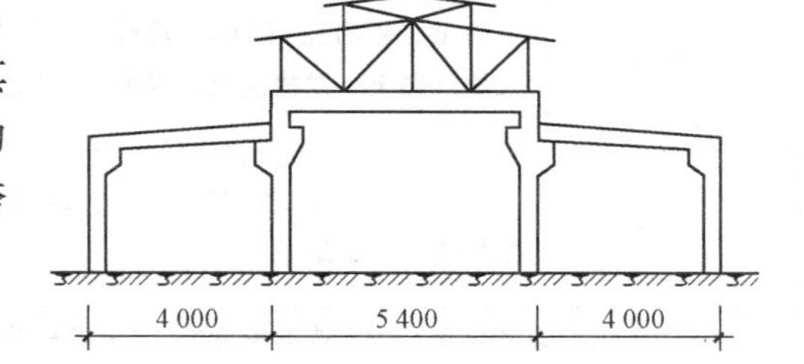

图 6-37 某高低连跨的单层工业厂房剖面图

解：

(1)高跨面积：$S_1 = 24 \times 5.4 = 129.60(\mathrm{m}^2)$

(2)低跨面积：$S_2 = 24 \times 4 \times 2 = 192.00(\mathrm{m}^2)$

(3)总建筑面积：$S = S_1 + S_2 = 129.60 + 192.00 = 321.60(\mathrm{m}^2)$

答：该厂房的高跨、低跨建筑面积分别为 129.60 m²、192.00 m²；总建筑面积为 321.60 m²。

第四节　建筑工程工程量计算规则

工程量计算规则

由于工程造价具有区域差异性的计价特点，因此，各地必须依据本地区的计价定额编制工程预(结)算造价。现以《四川省建筑工程计价定额》(SGD1—2000)、《四川省装饰工程计价定额》(SGD2—2000)为统一标准，分别对建筑、装饰工程的工程量计算规则、定额相关说明进行阐述，并在后续章节的工程案例计算中予以执行。

《四川省建筑工程计价定额》(SGD1—2000)包括：土石方工程；桩基础工程；砖石工程；脚手架工程；混凝土及钢筋混凝土工程；金属结构工程；木结构工程；防水防潮工程；耐酸、防腐、保温、隔热工程；抹灰工程；油漆、涂料工程；构筑物工程；零星工程和其他工程，共计 14 个分部。

一、土石方工程

土(石)方分部主要包括：平整场地、挖土方、挖基础槽(坑)土方、挖孔桩土方、土(石)方回填、土(石)方运输、管沟土方、人工凿石及深井降水等分项工程项目。

(一)主要分项工程项目的适用范围及定额说明

1. 一般说明

土壤、岩石分类，详见土壤及岩石分类表(表 6-15、表 6-16)；土壤、岩石体积均按天然密实体积(自然方)计算；土石方定额内，均未包括地下水水位以下施工的排水费用，发生时另行计算；按竖向布置(超过 30 cm 的挖、填土方，用方格网控制挖填至设计标高即为按竖向布置挖、填土方)进行挖填土方时，不得再计算平整场地的工程量。

表 6-15 土壤分类表

土壤分类	土壤名称	开挖方法
一、二类土	粉土、砂土(粉砂、细砂、中砂、粗砂、砾砂)、粉质黏土、弱中盐渍土、软土(淤泥质土、泥炭、泥炭质土)软塑红黏土、冲填土	用锹，少许用镐、条锄开挖。机械能全部直接铲挖满载者
三类土	黏土、碎石土(圆砾、角砾)混合土、可塑红黏土、硬塑红黏土、强盐渍土、素填土、压实填土	主要用镐、条锄，少许用锹开挖。机械需部分刨松方能铲挖满载者或可直接铲挖但不能满载者
四类土	碎石土(卵石、碎石、漂石、块石)、坚硬红黏土、超盐渍土、杂填土	全部用稿、条锄挖掘，少许用撬棍挖掘。机械需普遍刨松方能铲挖满载者
注：本表土的名称及其含义按国家标准《岩土工程勘察规范(2009 年版)》(GB 50021—2001)定义。		

表 6-16 岩石分类表

坚硬程度		定性鉴定	代表性岩石
硬质岩	坚硬岩	锤击声清脆，有回弹，震手，难击碎；浸水后，大多无吸水反应	未风化～微风化的： 花岗岩、正长岩、闪长岩、辉绿岩、玄武岩、安山岩、片麻岩、硅质板岩、石英岩、硅质胶结的砾岩、石英砂岩、硅质石灰岩等
	较坚硬岩	锤击声较清脆，有轻微回弹，稍震手，较难击碎；浸水后，有轻微吸水反应	1. 中等(弱)风化的坚硬岩； 2. 未风化～微风化的： 熔结凝灰岩、大理岩、板岩、白云岩、石灰岩、钙质砂岩、粗晶大理岩等

续表

坚硬程度		定性鉴定	代表性岩石
软质岩	较软岩	锤击声不清脆，无回弹，较易击碎；浸水后，指甲可刻出印痕	1. 强风化的坚硬岩； 2. 中等(弱)风化的较坚硬岩； 3. 未风化～微风化的： 凝灰岩、千枚岩、砂质泥岩、泥灰岩、泥质砂岩、粉砂岩、砂质页岩等
	软岩	锤击声哑，无回弹，有凹痕，易击碎；浸水后，手可掰开	1. 强风化的坚硬岩； 2. 中等(弱)风化～强风化的较坚硬岩； 3. 中等(弱)风化的较软岩； 4. 未风化的泥岩、泥质页岩、绿泥石片岩、绢云母片岩等
	极软岩	锤击声哑，无回弹，有较深凹痕，手可捏碎；浸水后，可捏成团	1. 全风化的各种岩石； 2. 强风化的软岩； 3. 各种半成岩
注：本表摘自《工程岩体分级标准》(GB/T 50218—2014)。			

2. 挖土方说明

(1)人工挖土方、沟槽、基坑定额，均按干湿土综合编制。

(2)沟槽、基坑深度超过 6 m 时，按深 6 m 定额乘以系数 1.4 计算；超过 8 m 以外者，按深 6 m 定额乘以系数 2 计算。

(3)沟槽：凡槽长大于槽宽 3 倍，槽底宽在 3 m(不包括加宽工作面)以内者，按沟槽计算；槽底宽在 3 m(不包括加宽工作面)以上者，按平基计算。

(4)基坑：凡坑底面积在 20 m^2(不包括加宽工作面)以内者，按基坑计算；坑底面积在 20 m^2(不包括加宽工作面)以上者，按平基计算。

(5)人工挖土方，不分土质，均执行人工挖土方定额。

(6)机械施工土方，除淤泥外，含水量因素已综合考虑在定额内。

(7)机械作业的坡度因素，已综合考虑在定额内。

(8)机械在挖方区的土层平均厚度小于 300 mm 时，按相应定额项目乘以系数 1.2。

(9)机械挖运松土(土方堆积大于或等于一年者为密实土壤，否则为松土)，按相应定额项目乘以系数 0.80。

(10)机械挖运淤泥时，按机械挖运土方定额乘以系数 1.5。

(11)土方、石渣、混凝土渣、砖渣采用人力装汽车运输时，按相应的机械运土方、石渣定额计算。

3. 石方工程说明

(1)凡底的短边大于 7 m，且底面积大于 150 m^2 的石方爆破均执行平基相应定额项目；凡底的短边在 7 m 以内，且长边大于短边三倍或底面积在 150 m^2 以内，且长边小于短边 3 倍的石方爆破均执行槽坑爆破相应定额项目。

(2)平基石方爆破中，若设计要求某一坡面采用光面爆破时，按相应石方爆破定额乘以系数 2。

(3)预裂爆破或减振孔定额适用于孔径 42 mm 以内的钻孔、爆破材料(雷管、炸药和胶质导线)根据用量要求可按实调整。

(二)工程量计算的相关规定(计算资料)

(1)放坡系数的确定。土石方工程施工方法可分为人工挖土和机械挖土两类，不同施工方法的工程量计算规则、放坡系数(表 6-17)及套用的定额项目等均不相同。

表 6-17　放坡系数表

土类别	放坡起点/m	人工挖土	机械挖土		
			在坑内作业	在坑上作业	顺沟槽在坑上作业
一、二类土	1.20	1∶0.50	1∶0.33	1∶0.75	1∶0.50
三类土	1.50	1∶0.33	1∶0.25	1∶0.67	1∶0.33
四类土	2.00	1∶0.25	1∶0.10	1∶0.33	1∶0.25

注：1. 沟槽、基坑中土类别不同时，分别按其放坡起点、放坡系数，依不同土类别厚度加权平均计算。
2. 计算放坡时，在交接处的重复工程量不予扣除，原槽、坑作基础垫层时放坡自垫层上表面开始计算。

(2)工作面宽度的确定。工作面宽度见表 6-18。

表 6-18　工作面宽度

基础材料	每边各增加工作面宽度/mm
	地槽、地坑
砖基础	200
浆砌毛石、条石基础	150
混凝土基础垫层支模板	300
混凝土基础支模板	300
基础垂直面做防水层	1 000(防水层面)

注：1. 本表按《全国统一建筑工程预算工程量计算规则》(GJD_{GZ}—101—95)整理。
2. 原槽作基础垫层时，基础的工作面应自垫层的上表面开始计算。

(3)土方体积折算系数。土方体积折算系数表见表 6-19；石方体积折算系数表见表 6-20。

表 6-19　土方体积折算系数表

天然密实度体积	虚方体积	夯实后体积	松填体积
0.77	1.00	0.67	0.83
1.00	1.30	0.87	1.08
1.15	1.50	1.00	1.25
0.92	1.20	0.80	1.00

注：1. 虚方指未经碾压、堆积时间≤1 年的土壤。
2. 本表按《全国统一建筑工程预算工程量计算规则》(GJD_{GZ}—101—95)整理。
3. 设计密实度超过规定的，填方体积按工程设计要求执行；无设计要求按各省、自治区、直辖市或行业建设行政主管部门规定的系数执行。

表 6-20　石方体积折算系数表

石方类别	天然密实度体积	虚方体积	松填体积	码方
石方	1.0	1.54	1.31	
块石	1.0	1.75	1.43	1.67
砂夹石	1.0	1.07	0.94	
注：本表按建设部颁发《爆破工程消耗量定额》(GYD—102—2008)整理。				

(三)工程量计算规则

1. 平整场地

平整场地是指建筑场地内±30 cm以内的挖、填、找平的土方工程。其工程量按建筑物或构筑物底面尺寸的外边线外移2.0 m所围成的面积，以 m^2 计算。平整场地示意图如图6-38所示；平整场地计算示意图如图6-39所示(无论人工和机械平整场地，均执行平整场地定额项目)。

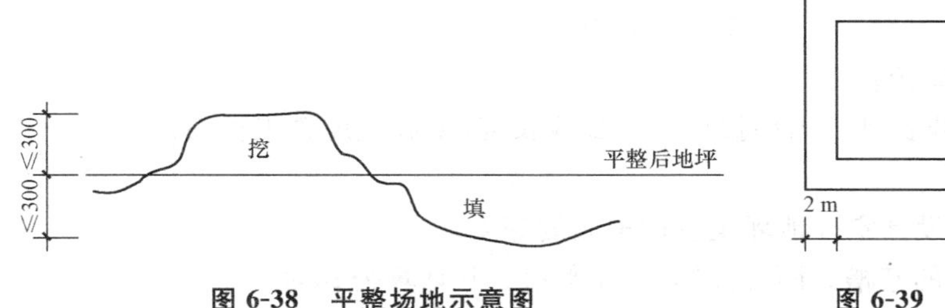

图 6-38　平整场地示意图

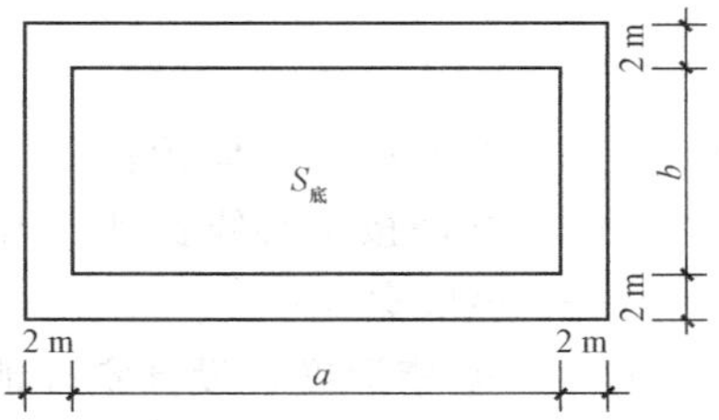

图 6-39　平整场地计算示意图

平整场地计算公式

$$S_{平整场地}=S_{底}+L_{外}\times 2+16\ m^2 \tag{6-1}$$

式中　$S_{平整场地}$——平整场地的面积；

$S_{底}$——底层的建筑面积；

$L_{外}$——建筑物底层外墙外边线长度；

16 m^2——四角形成的面积，即 $4\times 2\times 2=16(m^2)$。

2. 挖基槽土方

挖基槽土方计算公式

$$挖基槽土方体积V=基槽断面面积\times 槽长 \tag{6-2}$$

(1)确定基槽长度。

槽长：外墙基槽按中心线长度，内墙基槽按槽底净长度(槽底净宽包含工作面，如图6-40所示)计算(内墙基槽遇放坡时，在交接处产生的重复工程量不予扣除，如图6-41所示)。

(2)计算基槽土方体积：几种常见的基槽土方体积计算公式如下：

1)不放坡、无工作面的基槽，断面如图6-42所示。其计算公式为

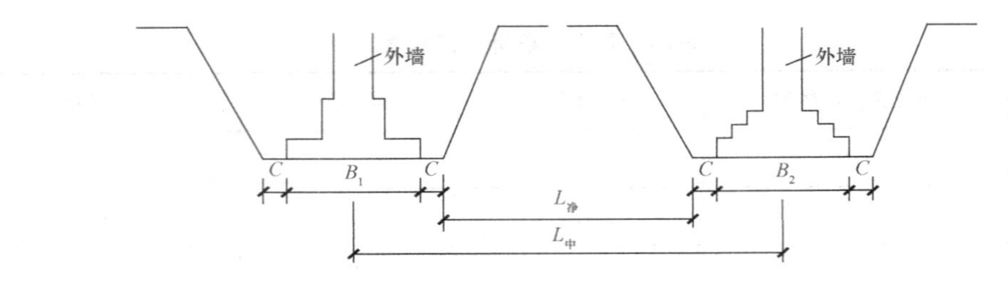

图 6-40　确定内、外墙基槽长度示意图

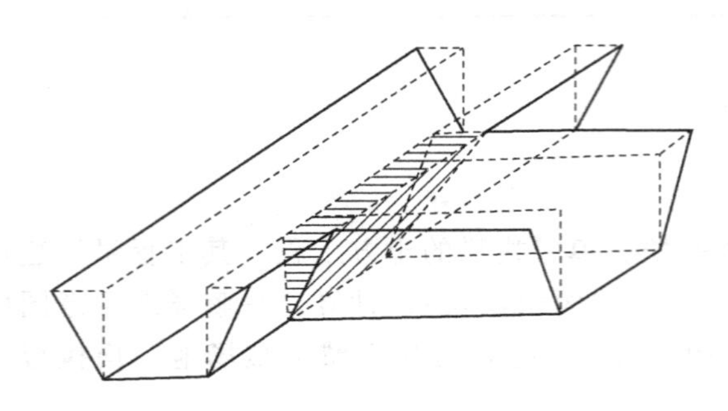

图 6-41　基槽放坡时，在交接处产生的重复工程量

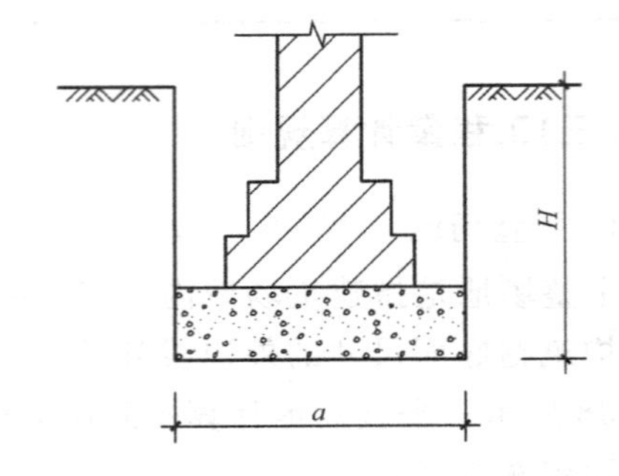

图 6-42　不放坡不增加工作面的基槽断面

$$V=L\times a\times H \tag{6-3}$$

式中　V——挖基槽土方体积；

L——外墙按中心线长度、内墙按槽底净长线长度(槽底宽度含工作面)；

a——垫层宽度；

H——基槽深度，设计室外地坪至基础槽底的深度。

2)不放坡、有工作面的基槽，断面如图 6-43 所示。其计算公式为

$$V=L\times(a+2c)\times H \tag{6-4}$$

式中　V——挖基槽土方体积；

L——外墙按中心线长度，内墙按槽底净长线长度(槽底宽度含工作面)；

a——基础(或垫层)宽度；

c——工作面宽度，按表 6-18 取值；

H——槽深，设计室外地坪至基础槽底的深度。

3)有放坡、有工作面的基槽，断面如图 6-44 所示。其计算公式为

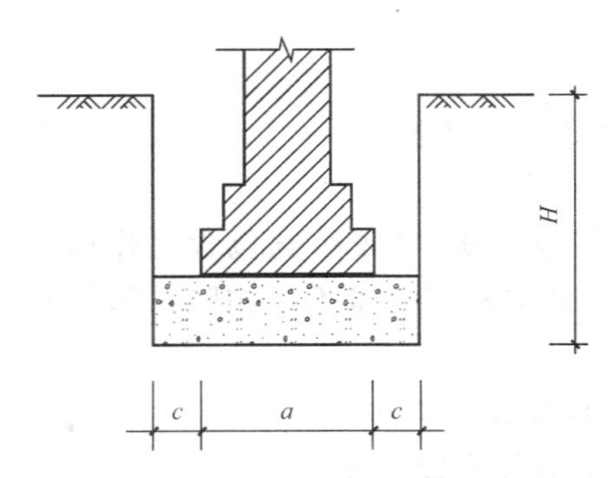

图 6-43　不放坡、有工作面的基槽断面

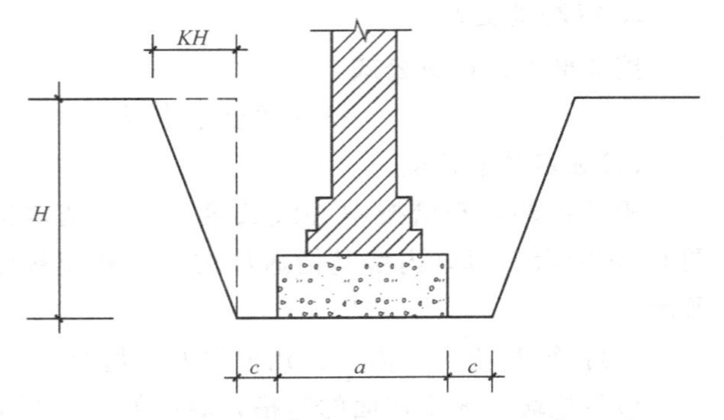

图 6-44　有放坡、有工作面的基槽断面

$$V=L\times(a+2c+KH)\times H \tag{6-5}$$

式中 V——挖基槽土方体积；

L——外墙按中心线长度，内墙按槽底净长线长度(槽底宽度包含工作面)；

a——基础(或垫层)宽度；

c——工作面宽度，按表 6-18 取值；

H——槽深，设计室外地坪至基础槽底的深度；

K——放坡系数，按表 6-17 取值。

4)有放坡、有工作面，原槽做基础垫层的基槽，断面如图 6-45 所示。其计算公式为

$$V=L\times[(a_1\times H_2)+(a_2+2c+KH_1)\times H_1] \tag{6-6}$$

式中 V——挖基槽土方体积；

L——外墙按中心线长度，内墙按槽底净长线长度(槽底宽度包含工作面)；

a_1——基础垫层宽度；

a_2——基础宽度；

c——工作面宽度，按表 6-18 取值；

H_1——槽深，设计室外地坪至基础垫层上表面的深度；

H_2——垫层厚度；

K——放坡系数，按表 6-17 取值。

5)有工作面、两边支挡土板的基槽，断面如图 6-46 所示。其计算公式为

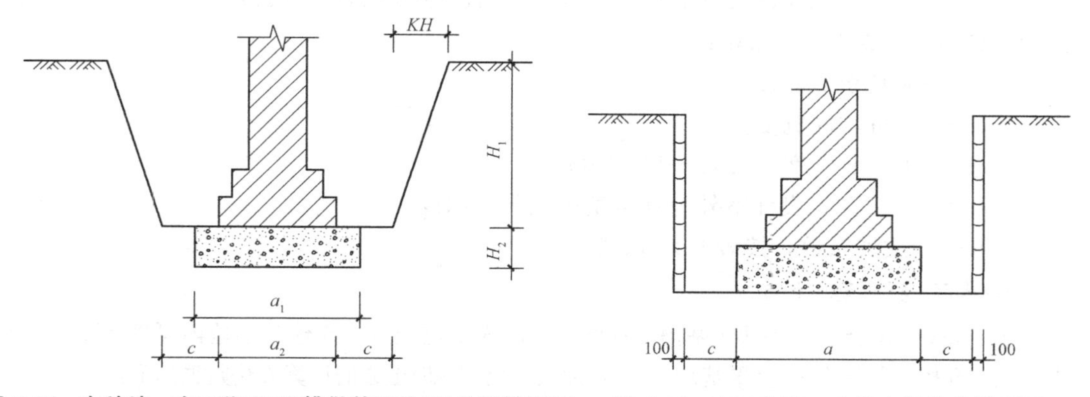

图 6-45 有放坡、有工作面(原槽做基础垫层)的基槽断面　　图 6-46 有工作面、支挡土板的基槽断面

$$V=L\times(a+2c+2\times0.1)\times H \tag{6-7}$$

式中 V——挖基槽土方体积；

L——外墙按中心线长度，内墙按槽底净长线长度(槽底宽度包含工作面)；

a——基础(或垫层)宽度；

c——工作面宽度，按表 6-17 取值(挡土板宽度通常取 100 mm)；

H——槽深，设计室外地坪至基础槽底的深度。

3. 挖基坑土方

(1)不放坡、无工作面基坑，如图 6-47 所示。其计算公式为

$$V=abh \tag{6-8}$$

式中 V——挖基坑土方体积；

a——基坑长度；

b——基坑宽度；

h——基坑深，设计室外地坪至基坑底部的深度。

(2)有放坡、有工作面基坑，如图 6-48 所示。其计算公式为

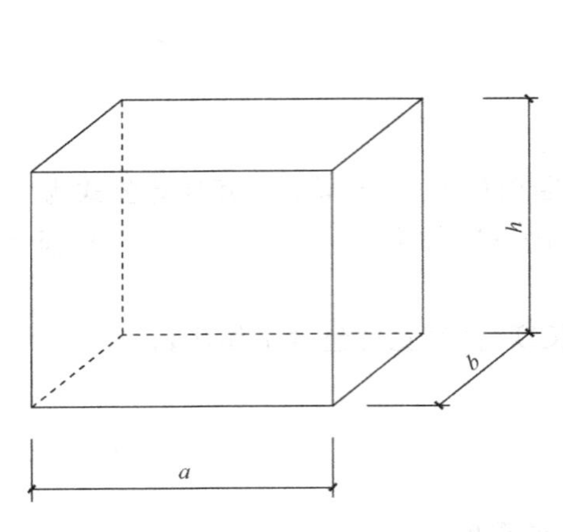

图 6-47　不放坡、无工作面基坑

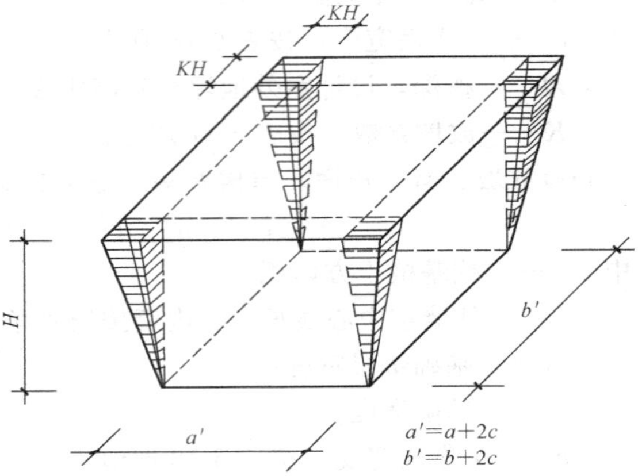

图 6-48　有放坡、有工作面基坑

$$V=\frac{H}{3}[(a+2c)(b+2c)+(a+2c+2KH)(b+2c+2KH)+\sqrt{(a+2c)(b+2c)(a+2c+2KH)(b+2c+2KH)}] \tag{6-9}$$

式中　V——挖基坑土方体积；

a——基坑坑底长度；

b——基坑坑底宽度；

c——工作面宽度，按表 6-18 取值；

h——基坑深，设计室外地坪至基坑底部的深度；

K——放坡系数，按表 6-17 取值。

4. 人工挖(平基)土方

人工挖(平基)土方：不属于基槽、基坑性质的人工挖土方，或建筑场地内厚度超过±30 m 的人工土方开挖，称为人工挖(平基)土方。几种人工挖(平基)土方的计算方法归类如下：

(1)不满足基槽条件的槽状土方，工程量仍按基槽公式计算，但应执行人工挖土方(平基)定额项目。

(2)不满足基坑条件的坑状土方，工程量仍按基坑公式计算，但应执行人工挖土方(平基)定额项目。

(3)竖向布置挖土方是指±30 cm 以上的挖、填土方，以方格网控制挖填至设计标高，并用方格网计算土方体积，但不得再计算平整场地工程量。

5. 其他类型挖土方

(1)圆形地坑类土方如：

1)无放坡、无工作面的挖孔桩桩身土方，其计算公式为

$$V=\pi R^2\times H \tag{6-10}$$

式中　V——挖孔桩桩身土方体积；

R——桩孔半径(含护壁厚度)；

H——桩身长度。

2)有放坡、有工作面的圆孔状土方计算，如图 6-49 所示，其计算公式为

$$V=\pi H/3[r^2+(r+KH)^2+r(r+KH)] \quad (6\text{-}11)$$

式中 V——圆孔状土方体积；

r——孔底半径(含加宽工作面)；

H——圆孔高度。

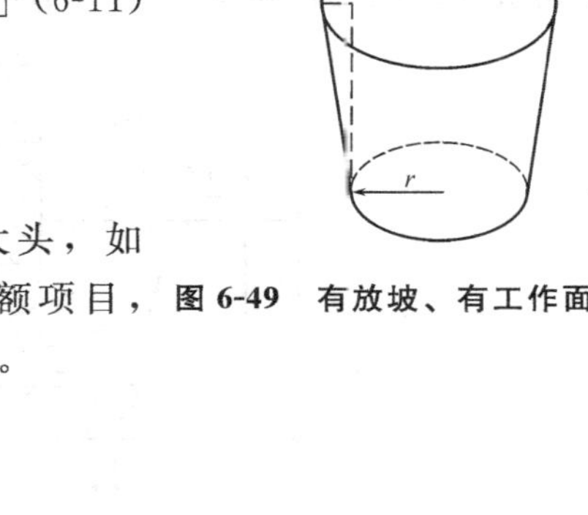

图 6-49 有放坡、有工作面圆孔状土方

3)人工挖孔桩土方以 m^3 计算(包含扩大头，如图 6-50 所示)，执行人工挖孔桩土方相应定额项目，其承台土方应执行挖基础土方相应定额项目。

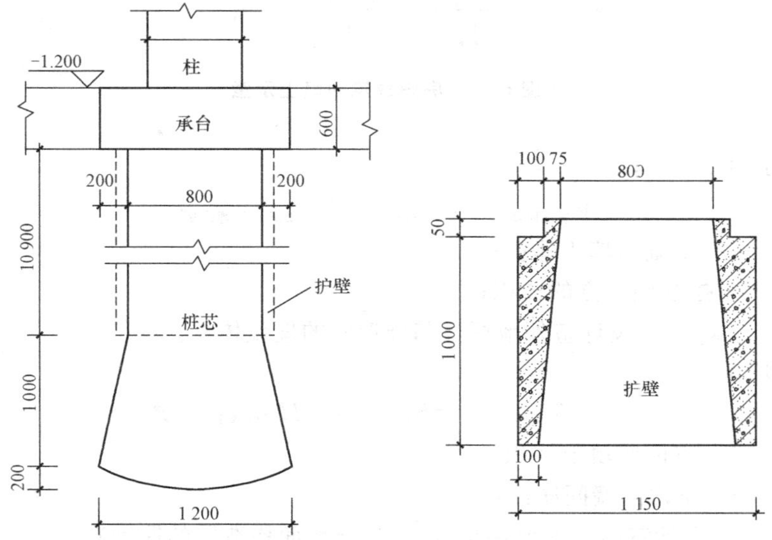

图 6-50 挖孔桩、桩身、扩大头、承台及护壁示意

(2)附墙垛基础的挖土方工程量，并入所依附的基础(槽、坑)土方中一并执行相应定额项目。

(3)管沟土方，其长度按图示管道沟槽中心线长度计算，宽度按设计规定计算，若无设计规定，可按表 6-21 计算。

表 6-21 管沟施工每侧所需工作面宽度计算表

管道材料 \ 管道结构宽/mm	≤500	≤1 000	≤2 500	>2 500
混凝土及钢筋混凝土管道/mm	400	500	600	700
其他材质管道/mm	300	400	500	600

注：1. 本表按《全国统一建筑工程预算工程量计算规则》(GJD_{GZ}—101—95)整理。

2. 管道结构宽：有管座的按基础外缘，无管座的按管道外径。

3. 各种检查井类和排水管道接口等处，因加宽而增加的工程量按管道沟槽土方总工程量增加 2.5%计算；槽、坑深度不同时，应分别计算。

6. 回填土

计算房心回填土时，不扣除跺、柱、附墙烟囱以及120 mm以内的间壁墙所占体积。

(1)房屋建筑的回填土，如图6-51所示，一般分为以下几个步骤计算：

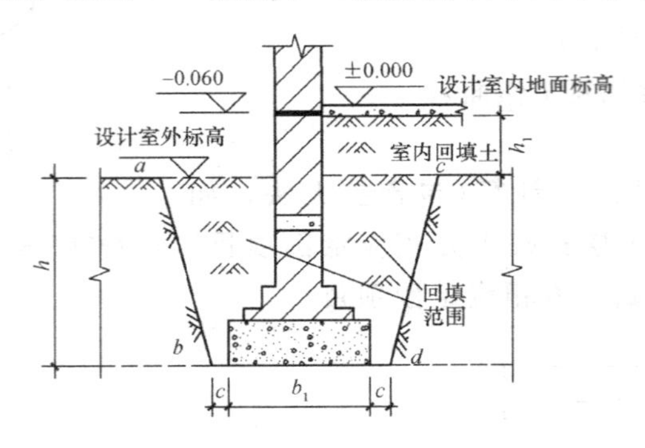

图 6-51　房屋建筑回填土示意

1)基础回填土：

$$V_{基础回填土}=V_{挖方体积}-V_{室外地坪以下埋设量} \tag{6-12}$$

式中　$V_{基础回填土}$——基础回填土体积；

$V_{挖方体积}$——挖基础土方的体积；

$V_{室外地坪以下埋设量}$——设计室外地坪至基础槽底的埋设体积。

2)室内回填土：

$$V_{室内回填土}=S_{室内净面积}\times H_{回填厚度} \tag{6-13}$$

式中　$V_{室内回填土}$——室内回填土体积；

$S_{室内净面积}$——室内主墙间净面积；

$H_{回填厚度}$——设计室内、外地坪高差(应扣减地面构造层的厚度)。

3)总回填土：

$$V_{总回填土}=V_{基础回填土}+V_{室内回填土}+V_{零星回填土} \tag{6-14}$$

式中　$V_{总回填土}$——回填土总体积；

$V_{基础回填土}$——基础回填土体积；

$V_{室内回填土}$——室内回填土体积；

$V_{零星回填土}$——除基础和室内回填土以外的零星回填土体积。

(2)管道沟槽的回填土。管道直径在500 mm以上的，需减去管道所占体积(直径≤500 mm者不减)，各类管道(直径≥500 mm)在沟槽中每米所占的埋设体积，按表6-22的规定扣减。

表 6-22　管道沟槽土方回填计算规定　　m^3

管道名称	管道直径/mm					
	500～600	700～800	900～1 000	1 100～1 200	1 300～1 400	1 500～1 600
钢管	0.21	0.44	0.71	—	—	—
铸铁管	0.24	0.49	0.77	—	—	—
钢筋混凝土管	0.33	0.60	0.92	1.15	1.35	1.55
注：如直径1 000 mm的钢筋混凝土管，在沟槽中每米所占的埋设体积为0.92 m^3。						

7. 土方运输

(1)土方运输是指余土外运或取土(借土)运输，运土方工程量按其天然密实体积计算，不考虑土的可塑性。当回填土体积小于挖方体积时，属余土外运；反之，属借土回填。其计算公式为

$$运土体积=总挖方量-总回填量 \tag{6-15}$$

当计算结果为正值时，属余土外运；为负值时，属借土回填。

(2)土方运距按以下规定计算：

1)推土机运距：按挖方区重心至回填区重心之间的直线距离计算。

2)铲运机运土距离：按挖方区重心至卸土区重心加转向距离 45 m 计算。

3)自卸汽车运距：按挖方区重心至填方区(或土方堆放地点)重心的最短距离计算。

8. 机械大开挖中的少量人工土(石)方

在机械挖运土石方工程中，机械不能施工的部分(死角)，只能依靠人工挖土，人工挖土的工程量应按施工组织设计规定计算；若无施工组织设计规定，按表 6-23 的规定计算。

表 6-23　机械土(石)方施工中人工挖土方所占比重

挖土石方总量/m³	1 万以内	5 万以内	10 万以内	50 万以内	100 万以内	100 万以上
人工占机械挖土量/%	10	7	5	3	2	1

9. 人工凿石和石方爆破

(1)人工凿石平基，其沟槽按图示尺寸以 m^3 计算。

(2)沟槽、基坑人工摊座按底面积以 m^2 计算。人工摊座定额只适用于炮开平基、沟槽、基坑等石方工程；人工凿石平基、沟槽、基坑石方不得再计算摊座项目。

(3)石方爆破工程量按图示尺寸另加允许超挖量(按被开挖的坡面面积乘以 180 mm)以 m^3 计算。

(4)光面爆破工程量按光面爆破面面积乘以 1 m(厚度)另加允许超挖量(按被开挖光面的坡面面积乘以 100 mm)以 m^3 计算。

10. 深井降水

(1)深井工程量按井位自然地表面至井孔钻最深处以 m 计算。

(2)降水机械费按抽水时间每昼夜计算。

【例 6-3】 某建筑物底层平面图如图 6-52 所示，墙厚为 240 mm，试计算其平整场地工程量。

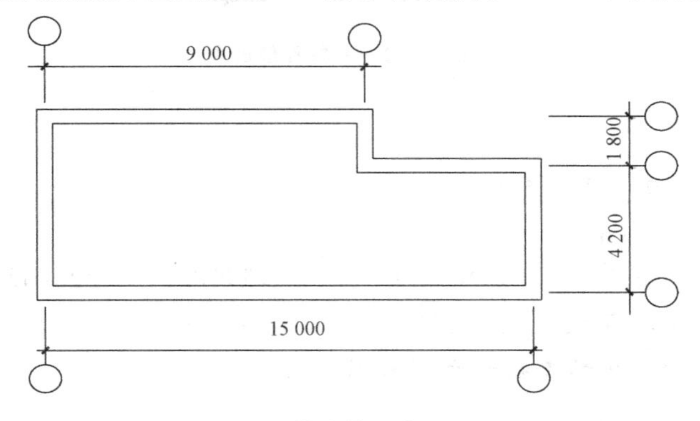

图 6-52　某建筑物底层平面图

解：平整场地工程量：

$S_{底面积}$＝15.24×4.44＋9.24×1.8＝84.30(m^2)

$L_{外}$＝(15＋4.2＋1.8)×2＋4×0.24＝42.96(m)

$S_{平整场地}$＝84.30＋42.96×2＋16＝186.22(m^2)

答：该建筑物平整场地工程量为 186.22 m^2。

【例 6-4】 某建筑物为砖基础，如图 6-53、图 6-54 所示。内外墙均为 1—1 剖面做法。

已知：a_1：垫层宽度 1.1 m；a_2：基础宽度 0.9 m；H_1：设计室外地坪至基础底部的深度 2.1 m；H_2：基础垫层厚度 0.1 m；土壤为三类土，确定原槽做基础垫层，试计算挖基础土方的工程量。

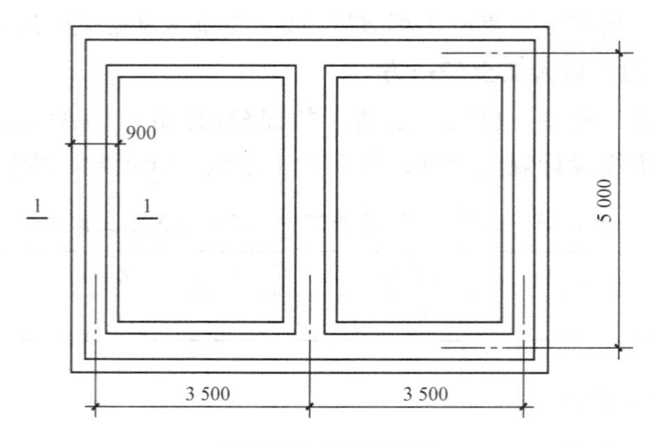

图 6-53　基础平面

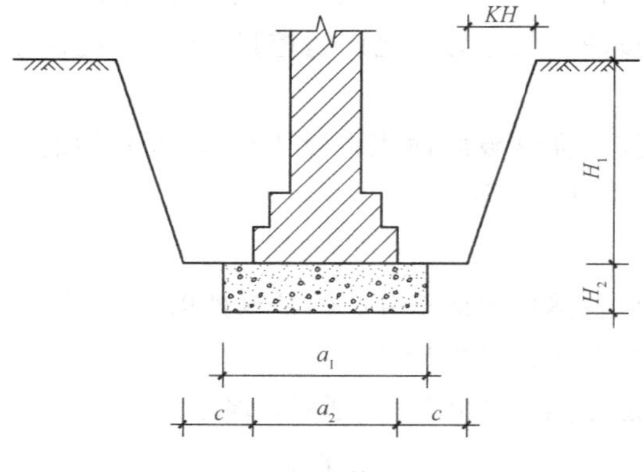

图 6-54　1—1 基础剖面图

解：

$L_{外}$＝(3.5×2＋5.0)×2＝24(m)

$L_{内}$＝5.0－1.3＝3.7(m)

$S_{基槽断面积}$＝(0.9＋2×0.2＋0.33×2.1)×2.1＋1.1×0.1＝4.295(m^2)

V＝(24＋3.7)×4.295＝118.97(m^3)

答：该工程挖基槽土方的工程量为 118.97 m^3。

二、桩基础工程

桩基础分部包括：打预制桩(送桩)、人工挖孔桩(护壁、桩芯)、钻孔灌注混凝土桩、打(冲)孔灌注混凝土桩、接桩、截桩、振冲碎石灌注桩等分项工程项目。

(一)分部工程定额相关规定及说明

(1)桩基分部的土壤级别已综合考虑，使用定额时，无论遇到何种土级(指自然状态下的土壤)均不得换算；所配备的机械已综合考虑，不论实际使用何种机械均不得换算；定额不包括清除地下障碍物，发生时按实结算。

(2)打(灌注)桩定额中，如需接桩、截桩时，根据设计要求按接桩、截桩相应定额项目计算。

(3)挖孔桩定额内未考虑边排水边施工的工效损失，发生时由甲乙双方协商解决，抽水台班费用按实际发生台班计算。

(4)单位工程打(灌注)桩工程量在下列规定数量以内时，其人工、机械按相应定额项目乘以系数1.25计算：

1)钢筋混凝土方桩：150 m^3。

2)打孔灌注钢筋混凝土桩：60 m^3。

3)打孔灌注砂石桩：60 m^3。

4)钻孔灌注钢筋混凝土桩：100 m^3。

(5)预制桩运输按混凝土及钢筋混凝土分部相应定额项目计算。

(6)打试桩按相应定额项目的人工、机械乘以系数2计算。

(7)灌注桩的充盈量已包括在定额内，不另计算。

(8)截桩定额中已包括将截下的桩头运至现场不影响下步施工的堆放点。桩头需运出现场者，运输费用按实计算。

(9)本分部定额中未包括桩的现场检验费，发生时按实计算。

(10)复打桩乘以系数0.8，套相应的现场灌注混凝土桩定额并乘以复打桩次数。

(11)现场灌注桩的预制钢筋混凝土桩尖及钢筋笼的制作，分别按“混凝土及钢筋混凝土”分部预制桩尖定额和钢筋制作、安装相应定额项目另行计算。

(12)本分部是按打垂直桩考虑的，如打斜桩，其斜度小于1∶6时，则人工、机械乘以系数1.43(俯打、仰打均同)；当斜度超过1∶6时，打桩所采用的措施费用，按实计算。

(二)工程量计算规则

(1)钢筋混凝土预制桩：其桩身及截面如图6-55所示，其计算公式为

$$V=LS \tag{6-16}$$

式中 V——桩基础体积；

L——设计桩长(包括桩尖、不扣除桩尖虚体积，即 $L=L_1+L_2$)；

S——桩断面面积。

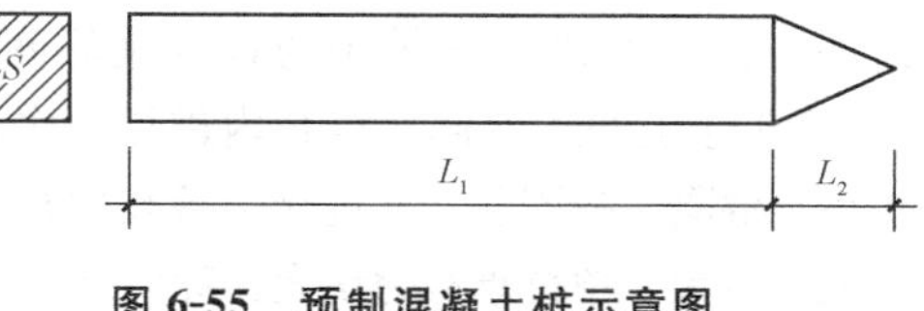

图6-55 预制混凝土桩示意图

(2)钢筋混凝土现场灌注桩：即打拔管灌注桩，也称沉管灌注桩。按施工工艺，可分为钻孔灌注桩、沉管灌注桩、爆破灌注桩三类。其桩身及截面如图6-56所示。其计算公式为

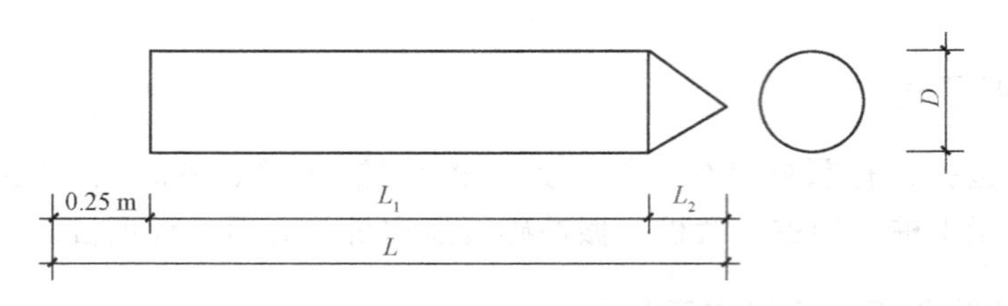

图 6-56 现浇混凝土桩示意图

$$V=L\pi(D/2)^2 \quad (6\text{-}17)$$

式中 V——灌注桩混凝土体积；

L——灌注桩全长(包括桩尖、不扣除桩尖虚体积。$L=L_1+L_2+0.25$ m)(定额规定：现场灌注桩按设计规定的桩顶标高至桩尖，再增加 0.25 m)；

D——桩身直径(按钢管管箍外径计算)。

(3)接桩：为方便预制桩的起吊和运输，其长度不得超过 30 m，因此，预制桩一般采取分段制作，打桩时先将第一段打至地面附近，再将第二段与第一段连接后继续打入土中，该施工过程称为接桩。接桩的计算公式为

$$\text{接桩工程量}=\text{接桩的接头个数} \quad (6\text{-}18)$$

(4)截桩。在打桩过程中，如遇地下障碍物，致使桩不能继续向下打，可采取不排除障碍物，直接将桩作用在障碍物上，如图 6-57 所示，这时需要截桩，也称为裁桩(施工图预算通常按桩的设计深度计算，结算时再按实际贯入深度计算，实际贯入未达到设计深度的桩，除扣减桩身长度以外，还应增加计算其截桩根数；另外，定额包含了将桩头运至现场不影响施工的堆放地点，若需运出场外，则运费按实计算)。截桩(或裁桩)的计算公式为

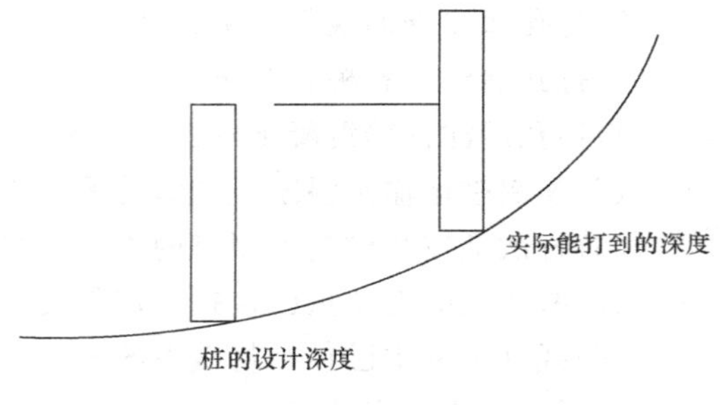

图 6-57 截桩示意图

$$\text{截桩工程量}=\text{截桩的根数} \quad (6\text{-}19)$$

(5)送桩。在打桩工程中，当设计要求将桩顶面打至低于桩架操作平台以下，或打入自然地面以下，需借助送桩器将桩送至指定标高再拔出送桩器，这一过程称为“送桩”，如图 6-58 所示。其计算公式为

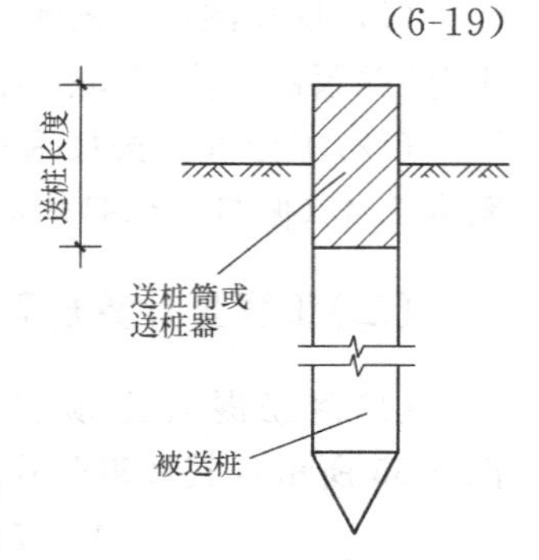

图 6-58 送桩示意图

$$\text{打送桩工程量}=\text{桩的截面面积}\times\text{送桩长度} \quad (6\text{-}20)$$

式中 送桩长度——桩顶与设计地坪间的垂直距离+0.5 m。

(6)复打桩。在同一桩孔内进行两次以上的单打，即按单打法成桩后，混凝土凝固前，在混凝土桩孔内再次成孔并灌注混凝土，使桩身截面变大，单桩承载力增大，称为复打桩。复打桩的计算公式为

$$V=LS+0.8nLS \quad (6\text{-}21)$$

式中 V——复打桩体积；

S——设计桩身截面面积；

n——复打次数；

L——桩长。

1)若桩身与桩尖为一体现浇：桩长=单桩全长+0.25 m；

2)若桩身现浇，桩尖预制：桩长=单桩全长-预制桩尖长度+0.25 m。

(7)现场灌注桩的钢筋笼工程量按设计图示规定，另按钢筋工程量计算规则计算。执行“现浇钢筋”定额项目。

(8)预制桩尖的制作、运输及安装工程量执行“混凝土及钢筋混凝土”分部相应定额项目。

(三)桩基工程其他内容

(1)人工挖孔桩的土(石)方工程量按“土石方分部”相应规定计算。

(2)泥浆外运按钻(冲)孔桩工程量以 m^3 计算。

(3)振冲碎石灌注桩按设计图纸规定的加固面积乘以深度以 m^3 计算。

【例 6-5】 某建筑物基础打预制钢筋混凝土方桩为 40 根，桩身 $L_1=9.2$ m，桩尖 $L_2=0.3$ m，断面 $S=250$ mm×250 mm，如图 6-59 所示，若将桩送入地下 0.5 m，试计算：(1)打桩工程量；(2)送桩工程量。

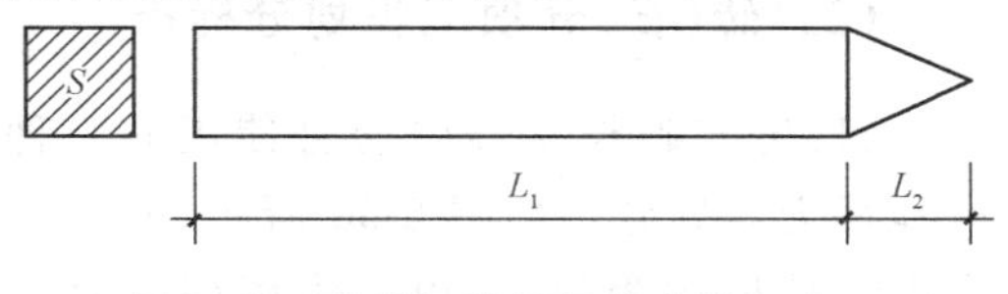

图 6-59 预制钢筋混凝土方桩示意

解：

(1)打桩工程量：

$V=(9.2+0.3)\times0.25\times0.25\times40=23.75(m^3)$

(2)送桩工程量：

$V=(0.5+0.5)\times0.25\times0.25\times40=2.5(m^3)$

答：该建筑物的打桩工程量为 23.75 m^3；送桩工程量为 2.5 m^3。

三、砖石工程

砖石工程分部主要包括：砖(石)基础、砖(石)墙、柱、空心墙等分项工程项目。

(一)分部工程定额相关规定及说明

(1)砖(石)规格说明。定额中除水泥炉渣空心砖、加气混凝土砌块、预制混凝土空心砌块的规格是综合考虑外，红(青)砖、砌块、石的规格如下：

1)红(青)砖：240 mm×115 mm×53 mm；

2)硅酸盐砌块：880 mm×430 mm×240 mm；

3)条石：1 000 mm×300 mm×300 mm 或 1 000 mm×250 mm×250 mm；

4)烧结空心砖：240 mm×180 mm×115 mm。

(2)砖(石)墙身、基础如为弧形时，按相应定额人工费乘以系数 1.10，砖用量乘以 1.025。

(3)砖墙定额中已包括钢筋砖过梁、平碹和立好后的门框调直用工，以及腰线、窗台线、挑檐线等一般出线用工。

(4)砌砖及砌块说明：

1)各种砖砌内墙、外墙、砖砌框架间隔墙，不分墙体厚度，均执行一般砖墙定额项目。

2)砖砌体(不包括砖围墙和砌块墙)均未包括勾缝，若设计规定勾缝时，按相应定额项目执行。

3)填充墙以填炉渣轻质混凝土为准，如设计用材料与定额不同时允许换算，其余不变。

4)页岩空心砖砌体执行烧结空心砖项目，规格不同时允许换算。

5)砌体内钢筋加固筋(包括抗震、加固、平砖过梁，砌体内通长水平拉结钢筋，不包括框架柱伸入砌体部分的钢筋)以砌体体积立方量套用定额项目。

(5)砌石说明。

1)定额中砌石未包括勾缝，如勾缝者，按相应定额项目执行。

2)石表面加工适用于设计规定石砌体露面部分的细加工，毛条石打平天地座、镶缝的用工已包括在定额中，不得另行计算。毛条石加工成清条石的材料加工费，应按当地有关规定计算，不得套用石表面加工定额项目。

(二)砖(石)分项工程划分标准

(1)砖基础与砖墙(柱)身使用同一种材料时，以室内地坪为界划分，如图 6-60 所示(有地下室的以地下室室内设计地坪为界)，以上为墙(柱)身；基础与墙身用不同材料，位于设计室内地坪≤±300 mm 时以不同材料为界，超过±300 mm 应以设计室内地坪为界，以下为基础，以上为墙身。

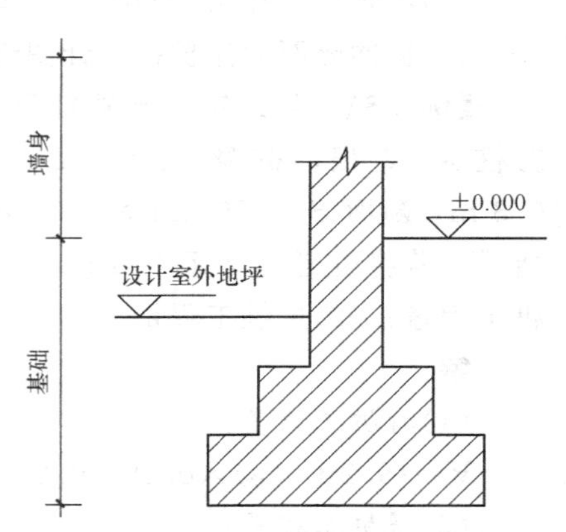

图 6-60　砖基础与墙身的划分

(2)毛石基础与墙身的划分：内墙以设计室内地坪为界；外墙以设计室外地坪为界，如图 6-61 所示。

(3)条石基础、勒脚、墙身的划分：条石基础与勒脚以设计室外地坪为界；勒脚与墙身以设计室内地坪为界(室内外高差为勒脚，如图 6-62 所示)。

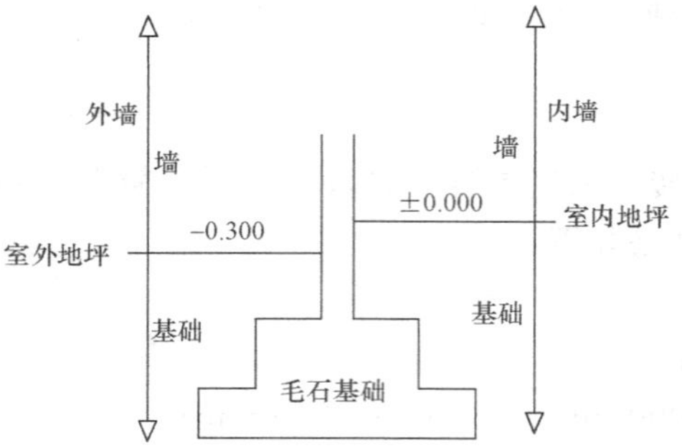

图 6-61　毛石基础与墙身的划分

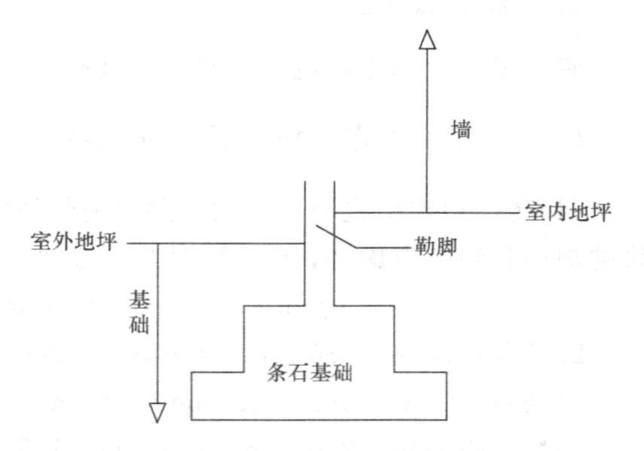

图 6-62　条石基础、勒脚、墙身的划分

(4)砖围墙以设计室外地坪为界，以上为墙身，以下为基础。石围墙内外地坪标高不同时，应以较低地坪标高为界，以下为基础，内外标高之差为挡土墙，挡土墙以上为墙身。

(三)工程量计算规则

计算标准砖墙厚度时，标准砖以 240 mm×115 mm×53 mm 为准，砌体厚度按表 6-24 的规定计算。

表 6-24　标准砖砌体厚度表

墙厚	1/4	1/2	3/4	1	3/2	2	5/2
计算厚度/mm	53	115	180	240	365	490	615

(1)砖(石)基础工程量计算规则。

砖基础按图示尺寸以 m^3 计算，基础长度：外墙按墙基中心线长度计算；内墙按墙基净长线长度计算；不扣除基础大放脚 T 形接头处的重叠部分，嵌入基础内的钢筋、铁件、管子、基础防潮层以及单个面积在 0.3 m^2 以内的孔洞所占体积。但靠墙暖气沟的挑砖、石基础洞口上的砖平碹，也不另计算。其计算公式为

$$V = L \times S - (\sum \text{嵌入基础内应扣减的构件体积} + \sum 0.3\text{m}^2 \text{以上的孔洞所占体积}) \tag{6-22}$$

式中　L——砖基础长度，外墙按中心线长度，内墙按墙基净长线长度；

S——砖基础断面面积(墙基与大放脚面积之和)。

1)确定砖基础断面面积的方法。折加高度法如图 6-63、图 6-64 所示，分别为砖基础的等高和不等高大放脚断面形式。其计算公式见式(6-25)和式(6-26)。

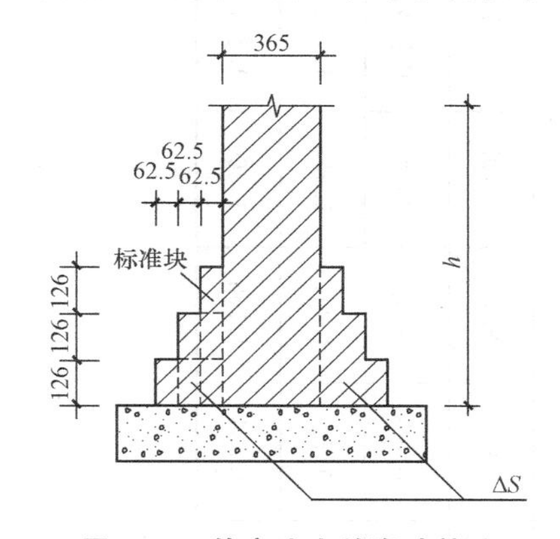

图 6-63　等高式大放脚砖基础

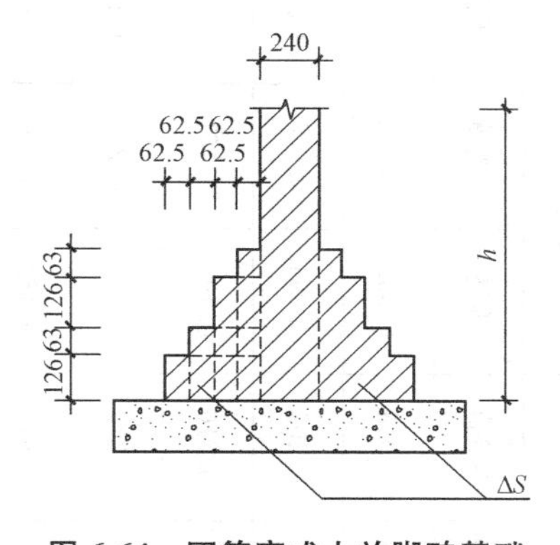

图 6-64　不等高式大放脚砖基础

①以折加高度、大放脚增加面积来确定断面面积：

$$S=b\times(h+\Delta h) \tag{6-23}$$

$$S=b\times h+\Delta S \tag{6-24}$$

②等高、不等高砖基础的断面面积计算公式：

$$\text{等高：}S=[bh+n(n+1)\times 0.0625\times 0.126] \tag{6-25}$$

$$\text{不等高：}S=bh+0.0625n[n/2(0.126+0.063)+0.126] \tag{6-26}$$

式中　S——砖基础断面面积；

b——墙基厚度；

h——基础高度；

n——大放脚层数；

ΔS——大放脚增加面积，可按表 6-25 取值；

Δh——大放脚折加高度，可按表 6-25 取值。

标准砖等高式砖柱基础大放脚折加高度见表 6-26；标准砖不等高式砖柱基础大放脚折加高度见表 6-27。

表 6-25 标准砖大放脚折加高度和增加断面面积表

放脚层数	折加高度/m												增加面积/m²	
	半砖		1砖		1砖半		2砖		2砖半		3砖			
	等高	不等高	等高	不等高	等高	不等高	等高	不等高	等高	不等高	等高	不等高		
1	0.137	0.137	0.066	0.066	0.043	0.043	0.032	0.032	0.026	0.026	0.021	0.021	0.015 75	0.015 75
2	0.411	0.342	0.197	0.164	0.129	0.108	0.096	0.080	0.077	0.064	0.064	0.053	0.047 25	0.039 38
3			0.394	0.328	0.259	0.216	0.193	0.161	0.154	0.128	0.128	0.106	0.094 5	0.078 75
4			0.656	0.525	0.432	0.345	0.321	0.253	0.256	0.205	0.213	0.170	0.157 5	0.126
5			0.984	0.788	0.647	0.518	0.482	0.38	0.384	0.307	0.319	0.255	0.236 3	0.189
6			1.378	1.083	0.906	0.712	0.672	0.58	0.538	0.419	0.447	0.351	0.330 8	0.259 9
7			1.838	1.444	1.208	0.949	0.90	0.707	0.717	0.563	0.596	0.468	0.441	0.346 5
8			2.363	1.838	1.553	1.208	1.157	0.90	0.922	0.717	0.766	0.596	0.567	0.441 1
9			2.953	2.297	1.942	1.51	1.447	1.125	1.153	0.896	0.956	0.745	0.708 8	0.551 3
10			3.61	2.789	2.372	1.834	1.768	1.366	1.409	1.088	1.171	0.905	0.866 3	0.669 4

表 6-26 标准砖等高式砖柱基础大放脚折加高度表

砖柱断面尺寸/(m×m)	断面面积/m²	等高式大放脚层数								
		1层	2层	3层	4层	5层	6层	7层	8层	9层
		每个柱基的折加高度/m								
0.24×0.24	0.057 6	0.168	0.564	1.271	2.344	3.502	5.858	8.458	11.7	15.655
0.24×0.365	0.087 6	0.126	0.444	0.969	1.767	2.863	4.325	6.195	8.501	11.298
0.24×0.49	0.117 6	0.112	0.378	0.821	1.477	2.389	3.381	5.079	6.936	9.172
0.24×0.615	0.147 6	0.104	0.337	0.733	1.312	2.1	3.133	4.423	6.011	7.904
0.365×0.365	0.133 2	0.099	0.333	0.724	1.306	2.107	3.158	4.482	6.124	8.101
0.365×0.49	0.178 9	0.087	0.279	0.606	1.089	1.734	2.581	3.646	4.955	6.534
0.365×0.615	0.224 6	0.079	0.251	0.535	0.932	1.513	2.242	3.154	4.266	5.592
0.365×0.74	0.270 1	0.070	0.229	0.488	0.862	1.369	2.017	2.824	3.805	4.979
0.49×0.49	0.240 1	0.074	0.234	0.501	0.889	1.415	2.096	2.95	3.986	5.323
0.49×0.615	0.301 4	0.063	0.206	0.488	0.773	1.225	1.805	2.532	3.411	4.46
0.49×0.74	0.362 6	0.059	0.186	0.397	0.698	1.009	1.616	2.256	3.02	3.951
0.49×0.865	0.423 9	0.057	0.175	0.368	0.642	1.009	1.48	2.06	2.759	3.589
0.615×0.615	0.378 2	0.056	0.17	0.38	0.668	1.058 5	1.549	2.14	2.881	3.762
0.615×0.74	0.455 1	0.052	0.163	0.343	0.599	0.941	1.377	1.92	2.572	3.343
0.615×0.865	0.532	0.047	0.150	0.316	0.515	0.861	1.257	2.746	2.332	3.025

表 6-27 标准砖不等高式砖柱基础大放脚折加高度表

砖柱断面尺寸/(m×m)	断面面积/m²	不等高式大放脚层数								
		1层	2层	3层	4层	5层	6层	7层	8层	9层
		每个柱基的折加高度/m								
0.24×0.24	0.057 6	0.165	0.039 6	1.097	1.602	3.113	4.220	6.814	6.814	8.434
0.24×0.365	0.087 6	0.131	0.287	0.814	1.240	2.316	3.112	4.975	4.975	6.130
0.365×0.365	0.133 2	0.101	0.218	0.609	0.899	1.701	2.268	3.596	3.596	4.415
0.365×0.49	0.178 9	0.087	0.185	0.509	0.747	1.399	1.854	2.921	2.921	3.575
0.49×0.49	0.240 1	0.072	0.154	0.420	0.614	1.140	1.504	2.357	2.357	2.876
0.49×0.615	0.301 4	0.064	0.136	0.367	0.535	0.987	1.296	2.021	2.021	2.462
0.615×0.615	0.378 2	0.056	0.118	0.319	0.462	0.849	1.111	1.725	1.725	2.097
0.615×0.74	0.455 1	0.051	0.107	0.287	0.415	0.757	0.988	1.529	1.529	1.855
0.74×0.74	0.547 6	0.046	0.096	0.256	0.370	0.673	0.875	1.349	1.349	1.635
0.74×0.865	0.640 1	0.043	0.89	0.234	0.338	0.612	0.795	1.222	1.222	1.479
0.865×0.865	0.748 2	0.039	0.081	0.214	0.307	0.555	0.719	1.104	1.104	1.334
0.865×0.990	0.856 4	0.037	0.075	0.198	0.285	0.513	0.663	1.015	1.015	1.230
0.990×0.990	0.980 1	0.034	0.070	0.183	0.263	0.472	0.610	0.931	0.931	1.123
0.990×1.115	1.103 9	0.032	0.066	0.171	0.246	0.431	0.568	0.866	0.866	1.043
1.115×1.115	1.243 2	0.030	0.061	0.160	0.229	0.410	0.425	0.803	0.803	

③砖基础工程量的计算。

a. 等高砖基础的计算公式：

$$V=L\times[b\times(h+\Delta h)] \tag{6-27}$$

$$V=L\times(b\times h+\Delta S) \tag{6-28}$$

或

$$V=L\times[bh+n(n+1)\times 0.0625\times 0.126] \tag{6-29}$$

b. 不等高砖基础的计算公式：

$$V=L\times\{bh+0.0625n[n/2\times(0.126+0.063)+0.126]\} \tag{6-30}$$

④砖柱基础工程量计算

$$V=abh+0.007875n(n+1)[(a+b)+0.04165(2n+1)] \tag{6-31}$$

式中 a——砖柱基础断面长度；

b——砖柱基础断面宽度；

h——砖柱基础高度；

n——砖柱基础大放脚层数。

(2)石基础(台阶式断面)工程量计算规则。

$$V=L\times A$$

或

$$V=L\times B\times H \tag{6-32}$$

式中 L——石基础长度：外墙中心线，内墙石基础净长线；

A——石基础断面面积；

B——石基础断面平均宽度($B=A/H$)；

H——石基础深度。

(3)砖(石)墙、柱及零星工程。砖墙按设计图示尺寸以 m^3 计算，计算时应遵循以下规定：

1)墙长度：外墙按中心线，内墙按净长计算。

2)墙高度：

①外墙：按图示尺寸计算，如设计图纸无规定时，有屋架的斜屋面且室内有顶棚者，算至屋架下弦底再加 200 mm，其余情况算至屋架下弦底再加 300 mm(如出檐宽度超过 600 mm 时，按实砌高度计算)。有钢筋混凝土楼隔层算至楼板顶面。

②内墙：位于屋架下弦者，其高度算至屋架底，无屋架者算至顶棚底再加 100 mm，有钢筋混凝土楼隔层算至楼板顶面。有框架梁时算至梁底。

③内外山墙：按其平均高度计算。

④围墙：高度算至压顶上表面(如有混凝土压顶时算至压顶下表面)，围墙柱并入围墙体积内。

⑤女儿墙：从屋面板上表面算至女儿墙顶面(如有压顶时算至压顶下表面)，如图 6-65 所示。

3)实砌砖墙按设计图示尺寸以体积计算，应扣除过人洞、空圈、门窗洞口面积和单个孔洞面积 $>0.3\ m^2$ 所占的体积。嵌入墙身的钢筋混凝土柱、梁(包括过梁、圈梁、挑梁)和暖气槽、管槽、消火栓箱、壁龛的体积。但不扣除梁头、板头、梁垫、檩木、垫木、木楞头、沿椽木、木砖、门窗头走、砖墙内的加固钢筋、木筋、铁件、钢管及单个孔洞面积 $\leqslant 0.3\ m^2$ 所占的体积。凸出墙面的窗台虎头砖、压顶线、山墙泛水、烟囱根、门窗套、三匹砖以内的腰线和挑檐等体积也不增加，凸出墙面的砖垛并入墙体体积计算。

4)砖砌地下室内外墙身，按砖墙相应项目计算。

5)框架间墙以净空面积乘墙厚以 m^3 计算，如图 6-66 所示。

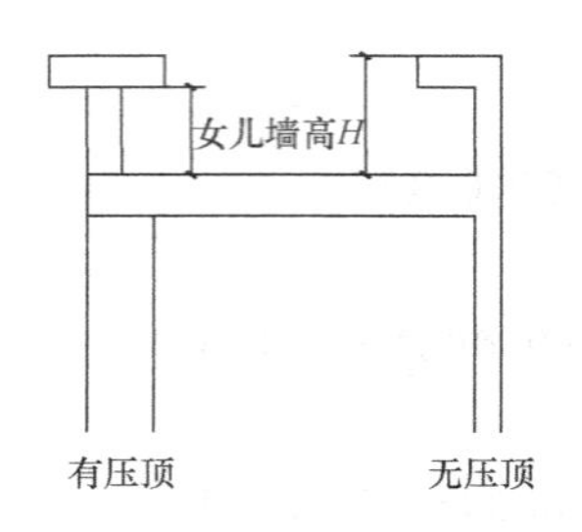

图 6-65　女儿墙计算高度

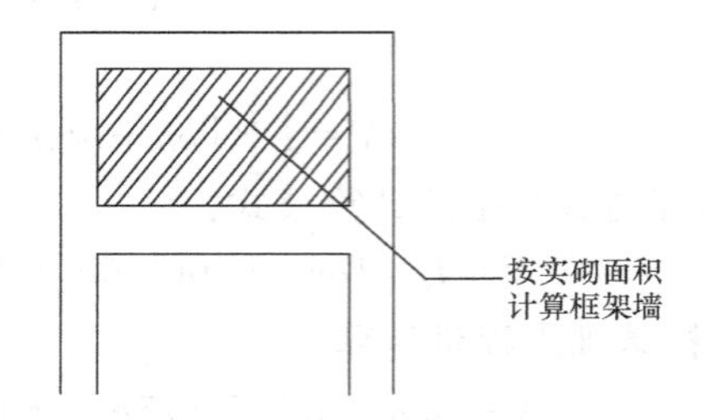

图 6-66　框架间填充墙示意

6)空斗墙按设计图示尺寸以外形体积计算；应扣除门窗洞口以及孔洞面积＞0.3 m^2 所占的体积，墙角、门窗洞口立边、内外墙节点、钢筋砖过梁、砖碹、楼板下和山尖处以及屋檐处的实砌部分已包括在定额内，不另计算。但附墙垛(柱)实砌部分，应按砖柱项目另行计算。

7)空花墙按设计图示尺寸以外形体积计算，不扣除空洞部分体积。

8)填充墙按设计图示尺寸以外形体积计算，扣除门窗洞口面积和梁(包括过梁、圈梁、挑梁)所占的体积，其实砌部分已包括在项目内，不另计算。

9)实心砖柱按设计图示尺寸以体积计算，扣除混凝土及钢筋混凝土梁垫、梁头、板头所占体积。

10)零星砌砖按设计图示尺寸以体积计算，扣除混凝土及钢筋混凝土梁垫、梁头、板头所占体积。

零星砌砖适用于厕所水槽腿、垃圾箱、台阶、台阶挡墙、梯带、阳台栏板、锅台、炉灶、蹲台、池槽、池槽腿、地垄墙、屋面隔热板下的砖墩、花台、花池，房上烟囱以及石墙的门窗立边、窗台虎头砖、钢筋砖过梁、砖平碹(图 6-67)以及孔洞面积＞0.3 m^2 填塞等实砌体。

11)墙面勾缝按墙面垂直投影面积以 m^2 计算，应扣除墙裙面的抹灰面积，不扣除门窗洞口面积、抹灰腰线、门窗套所占面积，但附墙垛和门窗洞口侧壁的勾缝面积也不增加，独立柱、房上烟囱勾缝按图示外形尺寸以 m^2 计算。

12)砌块墙：加气混凝土砌块、硅酸盐砌块、预制混凝土空心砌块、烧结空心砖，按设计图示尺寸以 m^3 计算，扣除门窗洞口面积和单个孔洞面积＞0.3 m^2 所占的体积以及嵌入砌体的柱、梁(包括过梁、圈梁、挑梁)所占的体积。

13)砖地沟按设计图示尺寸以“m^3”计算；砖明沟、暗沟按设计图示尺寸以中心线延长米计算。

14)毛石、清条石、方整石墙按图示尺寸以 m^3 计算；毛石、清条石阶沿按图示尺寸以 m^3 计算；石台阶、石踏步、石梯膀以 m^3 计算，其隐蔽部分按相应的基础定额项目计算。

15)垫层按设计图示尺寸以 m^3 计算。

$$\text{墙体工程量 } V = \text{墙长} \times \text{墙高} - \sum(\text{门窗洞口及单个面积} > 0.3\ m^2 \text{ 的孔洞}) \times \text{墙厚} - \sum \text{嵌入墙内的构件体积} \tag{6-33}$$

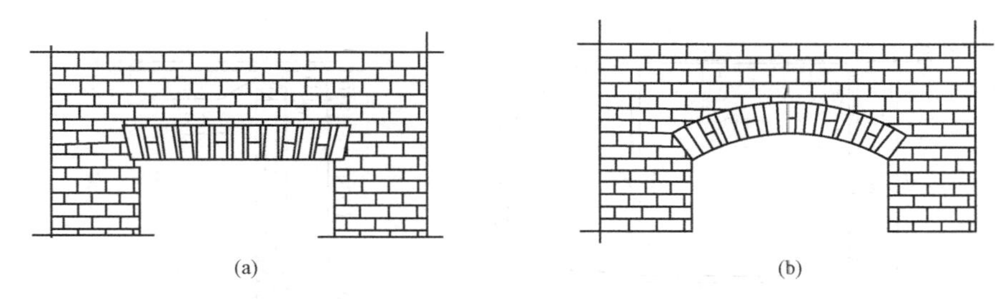

图 6-67　砖平碹(平拱式及弧拱式)

式中　墙长——外墙中心线，内墙净长线；

墙厚——以标准砖 240 mm×115 mm×53 mm 为准，视设计墙厚按规定取值；

墙高——按墙高的相应规则计算。

【例 6-6】　某建筑物的砖基础平面及断面如图 6-68 所示，墙基厚度为 240 mm，内外墙基础断面相同，试计算砖基础的工程量。

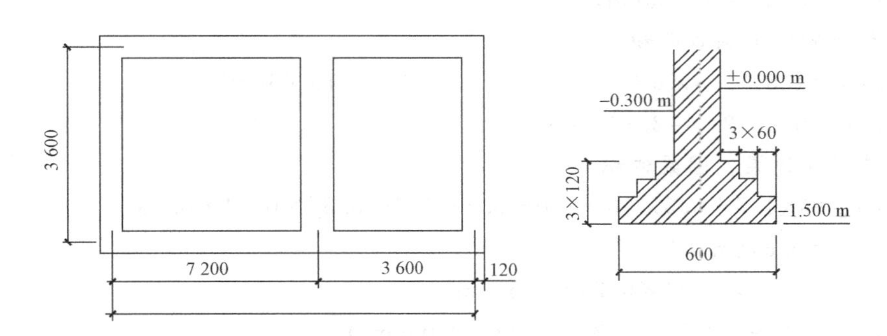

图 6-68　某建筑砖基础平面、断面示意图

解：(1)外墙、内墙基础长度：

$L_{外}=(7.2+3.6+3.6)\times2=28.8(\text{m})$

$L_{内}=3.6-0.24=3.36(\text{m})$

$L=28.8+3.36=32.16(\text{m})$

(2)砖基础工程量：

$V=32.16\times[0.24\times1.5+3\times(3+1)\times0.060\times0.120]=14.36(\text{m}^3)$

答：该砖基础的工程量为 14.36 m^3。

【例 6-7】　某传达室的平面图、墙身剖面图如图 6-69 所示，240 mm 厚内外砖墙，采用实心标准砖，M5.0 混合砂浆砌筑，其中：

①M1：1 000 mm×2 400 mm；②M2：900 mm×2 400 mm；③C1：1 500 mm×1 500 mm；④门窗上部均设过梁(断面 240 mm×180 mm，长度按门窗洞口宽度每边增加 250 mm)；⑤外墙均设圈梁，断面 240 mm×240 mm(内墙不设)。

试计算该传达室砖墙的工程量。

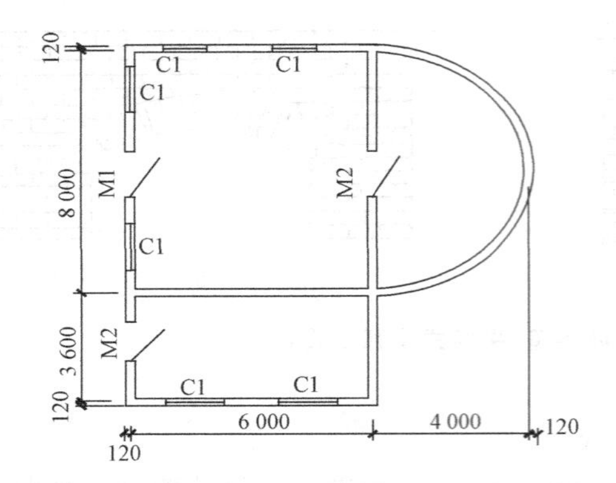

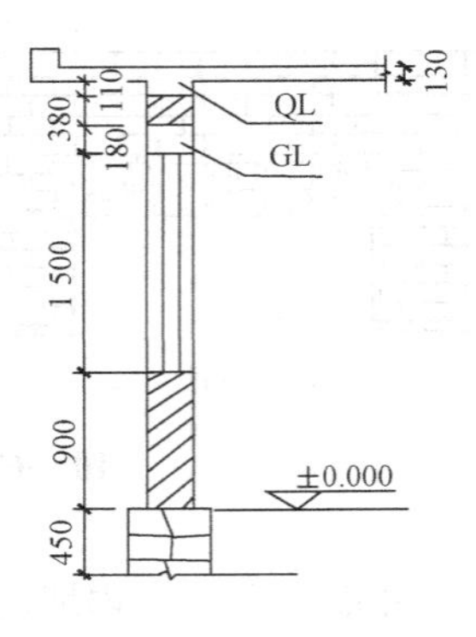

图 6-69　某传达室平面、墙身剖面

解：(1)外墙、内墙、弧形墙长度：

$L_{外}=6.00+3.60+6.00+3.60+8.00=27.20(m)$

$L_{内}=6.00-0.24+8.00-0.24=13.52(m)$

$L_{外弧}=3.14\times4.0=12.56(m)$

(2)应扣减的门窗洞口面积：

$S_{外墙门窗面积}=1.5\times1.5\times6+1.0\times2.4+0.9\times2.4=18.06(m^2)$

$S_{内墙门窗面积}=0.9\times2.4=2.16(m^2)$

(3)外墙嵌入过梁、圈梁体积：

$V_{外墙嵌入过梁}=[(1.5+0.5)\times6+1.0+0.5+0.9+0.5]\times0.24\times0.18$
$=0.64(m^3)$

$V_{外墙嵌入圈梁}=27.2\times0.24\times0.24=1.57(m^3)$

$V_{内墙嵌入过梁}=(0.9+0.5)\times0.24\times0.18=0.06(m^3)$

$V_{弧形嵌入圈梁}=12.56\times0.24\times0.24=0.72(m^3)$

(4)砖墙工程量：

$V_{外墙}=[27.2\times(0.9+1.5+0.18+0.38+0.11+0.13)-18.06]\times0.24-(0.64+1.57)$
$=14.35(m^3)$

$V_{内墙}=[13.52\times(0.9+1.5+0.18+0.38+0.11+0.13)-2.16]\times0.24-0.06$
$=9.81(m^3)$

$V_{弧形墙}=12.56\times(0.9+1.5+0.18+0.38+0.11+0.13)\times0.24-0.72$
$=8.93(m^3)$

(5)M5.0 混合砂浆直形砖墙：

$V=V_{外墙}+V_{内墙}=14.35+9.81=24.16(m^3)$

(6)M5.0 混合砂浆弧形砖墙$=8.93\ m^3$

答：该传达室 M5.0 混合砂浆直形砖墙工程量为 24.16 m^3；弧形砖墙工程量为 8.93 m^3。

四、脚手架工程

脚手架工程主要包括综合脚手架和单项脚手架两类分项工程项目。

(一)主要分项工程项目的适用范围及定额相关说明

(1)综合脚手架：凡能够按"建筑面积计算规则"计算面积的建筑工程均按综合脚手架定额计算脚手架摊销费，本分部综合脚手架的有关规定如下：

1)综合脚手架定额项目中已综合考虑了斜道、上料平台、安全网，不再另行计算。

2)定额是按扣件式钢管脚手架(其中包括提升架、单双排架)进行编制的，若实际采用木制、竹制时，按相应定额项目乘以表 6-28 中的系数。

表 6-28　综合脚手架系数

24 m 以下木制脚手架	24 m 以下竹制脚手架
0.74	0.72

3)综合脚手架已综合考虑了砌筑、浇筑、吊装、抹灰、油漆涂料等脚手架费用。满堂基础(独立柱基或设备基础投影面积超过 20 m^2 以上)按满堂脚手架基本层费用的 50%计取；当使用泵送混凝土时，则按满堂脚手架基本层费用的 40%计取。

4)定额中的檐口高度是指檐口滴水高度，平屋顶是指屋面板底高度，凸出屋面的电梯间、水箱间不计算檐高。

5)檐口高度在 50 m 以上的综合脚手架中，外墙脚手架是按提升架综合的，实际施工不同时，不作调整。

(2)单项脚手架：凡不能按"建筑面积计算规则"计算面积的建筑工程，但施工组织设计规定需搭设脚手架时，均按相应单项脚手架定额计算脚手架摊销费。

1)单项脚手架定额项目中已综合考虑了斜道、上料平台、安全网，不再另行计算。

2)定额是按扣件式钢管脚手架(其中包括：提升架、单双排架)进行编制的，若实际采用木制、竹制时，按相应定额项目乘以表 6-29 中的系数。

表 6-29　单项脚手架系数

单排 15 m 以下木制外脚手架	双排 24 m 以下外脚手架		里脚手架		木制满堂脚手架		竹制满堂脚手架	
	木制	竹制	木制	竹制	基本层	增加层	基本层	增加层
0.77	0.92	0.78	0.88	0.81	0.59	0.85	0.52	0.64

3)本分部水平防护、垂直防护，均指脚手架以外，单独搭设的，用于车辆通道、人行通道以及其他物体的隔离防护。封闭施工是指除安全网外挂搭的尼龙编织布、密目安全网等遮蔽物。

4)高层提升架项目已考虑了垂直封闭工料，不另计算。

(二)工程量计算规则

(1)综合脚手架应分单层、多层和不同檐高，按建筑面积计算。

(2)满堂基础脚手架工程量按其底板面积计算。

(3)外脚手架、里脚手架均按所服务对象的垂直投影面积计算。

(4)砌砖工程高度在 1.35～3.6 m 以内者，按里脚手架计算。高度在 3.6 m 以上者，按外脚手架计算。独立砖柱高度在 3.6 m 以内者，以柱外围周长乘实砌高度按里脚手架计算；

高度在 3.6 m 以上者，以柱外围周长加 3.6 m 乘实砌高度按单排脚手架计算；独立混凝土柱按柱外围周长加 3.6 m 乘以浇筑高度按单排脚手架计算。

(5)砌石工程(包括砌块)高度超过 1 m 时，按外脚手架计算。独立石柱高度在 3.6 m 以内者，按柱外围周长乘以实砌高度计算工程量；高度在 3.6 m 以上者，按柱外围周长加 3.6 m 乘以实砌高度计算工程量。

(6)围墙高度从自然地坪至围墙顶计算，长度按墙中心线计算，不扣除门所占的面积，但门柱和独立门柱的砌筑脚手架不增加。

(7)凡高度超过 1.2 m 的室内外混凝土贮水(油)池、贮仓、设备基础均以构筑物的外围周长乘高度按外脚手架计算。池底按满堂基础脚手架计算。

(8)挑脚手架按搭设长度乘以搭设层数以延长米计算。

(9)悬空脚手架按搭设的水平投影面积计算。

(10)满堂脚手架按搭设的水平投影面积计算，不扣除垛、柱所占的面积。满堂脚手架高度从设计地坪至施工顶面计算，高度在 4.5～5.2 m 时，按满堂脚手架基本层计算；高度超过 5.2 m 时，每增加 0.6～1.2 m，按增加一层计算，增加层的高度若在 0.6 m 内时，舍去不计。例如，设计地坪到施工顶面为 9.2 m，其增加层数为：(9.2－5.2)/1.2＝3(层)，余 0.33 m 舍去不计。

(11)水平防护架按脚手板实铺的水平投影面积计算；垂直防护架按高度(从自然地坪至上层横杆)乘以两边立杆之间距离计算。

(12)建筑物垂直封闭工程按封闭面的垂直投影面积计算。

【例 6-8】 某框架结构建筑物，设有地下室 1 层，地上 12 层，层高均为 3.0 m，地下室建筑面积为 560 m^2，地面上各层建筑面积均为 580 m^2。试列出脚手架项目，并计算其相应工程量。

解：(1)确定该建筑物的脚手架为综合脚手架；

(2)该建筑物的建筑面积即为其综合脚手架的工程量：

$S=560+580\times12=7\ 520(m^2)$

答：该工程综合脚手架工程量为 7 520 m^2。

【例 6-9】 某单位砌筑一砖厚围墙，围墙高度为 2.5 m，长度为 382 m，试计算砌筑该围墙的脚手架工程量。若围墙高为 4.0 m，试计算脚手架工程量。

解：由于围墙不能按“建筑面积计算规则”计算建筑面积，因此其脚手架只能按单项脚手架计算。

当围墙高为 2.5 m 时，按里脚手架计算，执行里脚手架相应定额项目。

$$S_{2.5\,m}=2.5\times382=955(m^2)$$

当围墙高为 4.0 m 时，按外脚手架计算，并按单排脚手架 15 m 以内执行相应定额项目。

$$S_{4.0\,m}=4\times382=1\ 528(m^2)$$

答：当该围墙的高度为 2.5 m 时，里脚手架工程量为 955 m^2；当该围墙高度达到 4.0 m 时，其外脚手架工程量为 1 528 m^2。

五、混凝土及钢筋混凝土工程

混凝土及钢筋混凝土工程主要包括现浇混凝土构件、预制混凝土构件、钢筋及模板等分项工程项目。

(一)本分部主要分项工程项目的适用范围及定额相关说明

(1)现浇基础的适用项目为：带形基础、独立基础、杯形基础、带形桩承台、独立桩承台；现浇满堂基础适用于有梁式和无梁式满堂基础及箱形基础的底板。

(2)现浇基础梁适用于有底模和无底模的基础梁。

(3)现浇梁适用于矩形梁和异形梁。

(4)现浇圈梁适用于圈梁、过梁、叠合梁。

(5)现浇板适用于有梁板、无梁板、平板及预制混凝土嵌板带。

(6)现浇直形墙适用于墙和电梯井壁。

(7)现浇螺旋型整体楼梯适用于螺旋型和艺术型。

(8)现浇零星项目适用于小型池槽、压顶、垫块、扶手、挂板、砌体拉结带等。

(9)梁、板相连分别执行梁、板的定额项目。

(10)模板：定额中的现浇混凝土梁、板、支模高度按层高 3.9 m 以内编制；若层高超过 3.9 m 时，其超过部分工程量，按梁、板、支模超高定额项目另行计算。

(11)现浇整体螺旋型和艺术型楼梯的折算厚度为 160 mm，一般楼梯的折算厚度为 200 mm。

(二)现浇混凝土构件的工程量计算规则

1. 现浇混凝土基础

现浇混凝土基础主要包括：带形基础、独立基础、杯形基础、满堂基础及桩基承台基础等分项工程项目，其混凝土工程量按设计图示尺寸以 m^3 计算，不扣除钢筋、铁件和面积≤0.05 m^2 的螺栓盒等所占的体积。

(1)有肋带形基础。有肋带形基础是指基础扩大面以上勒高与勒宽之比，即 $h:b\leqslant 4:1$ 的带形基础，勒的体积与基础合并计算，执行有肋带形基础定额项目；当 $h:b>4:1$ 时，基础扩大面以上的勒部按墙计算，扩大面以下按带形基础计算。如图 6-70 所示，计算公式为

$$V=V_{外}+V_{内}+V_{搭} \tag{6-34}$$

式中，$V_{外}=L_{外墙基础中心线}\times$基础截面面积；$V_{内}=L_{内墙基础净长线}\times$基础截面面积；$V_{搭}$＝T 形接头处搭接体积，详见表 6-30。

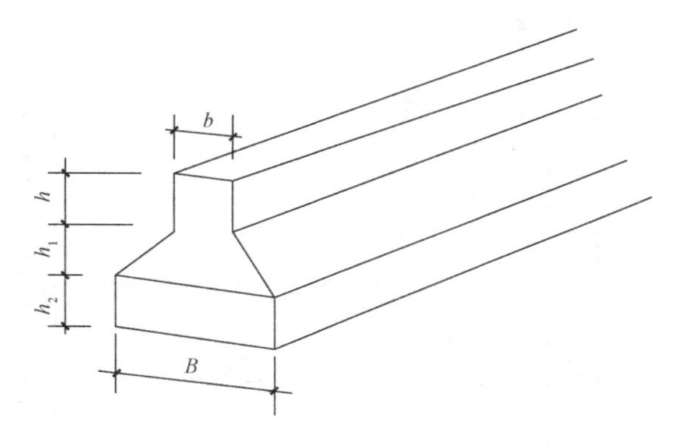

图 6-70　带形基础示意图

表 6-30　带形基础 T 形接头体积

断面形式	无梁式钢筋混凝土带形基础		有梁式钢筋混凝土带形基础	
	T 形接头处呈现矩形体	T 形接头处呈现楔形体	T 形接头处呈现矩形体	T 形接头处呈现楔形体＋矩形体
内墙基础断面	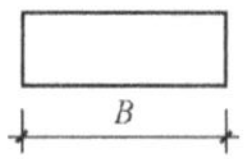 B	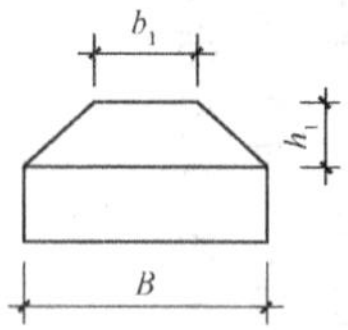 b_1, h_1, B	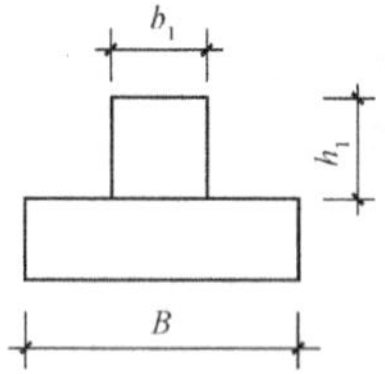 b_1, h_1, B	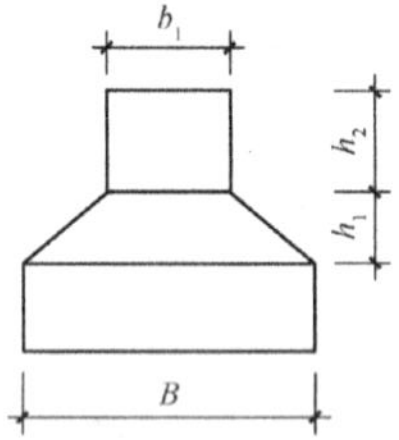 b_1, h_2, h_1, B
$V_{搭}$	—	楔形体 $V_{搭}=1/6(B+2b_1)\times h_1\times L_{搭}$	棱柱体 $V_{搭}=b_1\times h_1\times L_{搭}$	楔形体＋棱柱体 $V=1/6(B+2b_1)\times h_1\times L_{搭}+b_1\times h_2\times L_{搭}$
$V_{内}$	$V=S_{内}\times L_{底净}+\sum V_{搭}$			
$V_{外}$	$V=S_{外}\times L_{中}$			
$L_{搭}$	$L_{搭}$——如下图所示 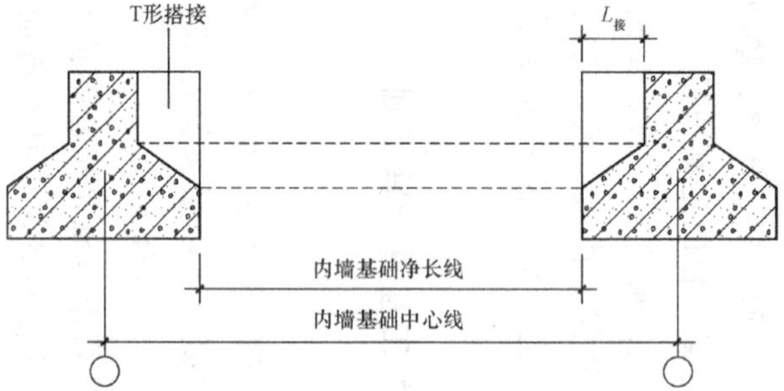 T形搭接　$L_{搭}$　内墙基础净长线　内墙基础中心线			
钢筋混凝土带形基础 T 形搭接示意 长方体　楔形体　l　b　H　h　B				

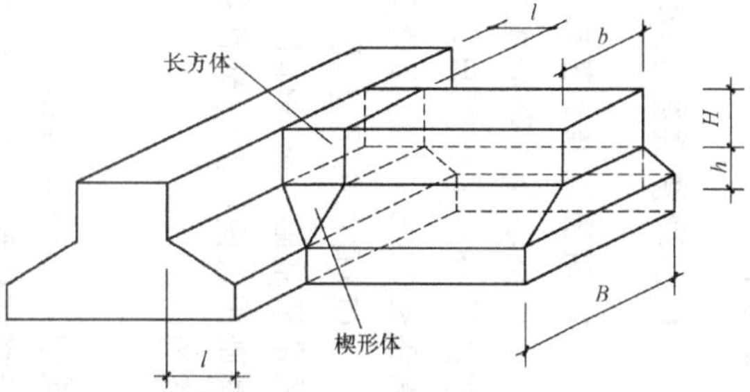

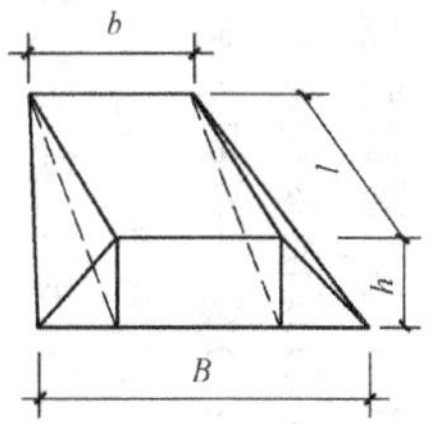

(2)独立基础。独立基础是指基础扩大面以下部分的实体，其工程量按图示尺寸以 m^3 计算，如图 6-71 所示。其计算公式为

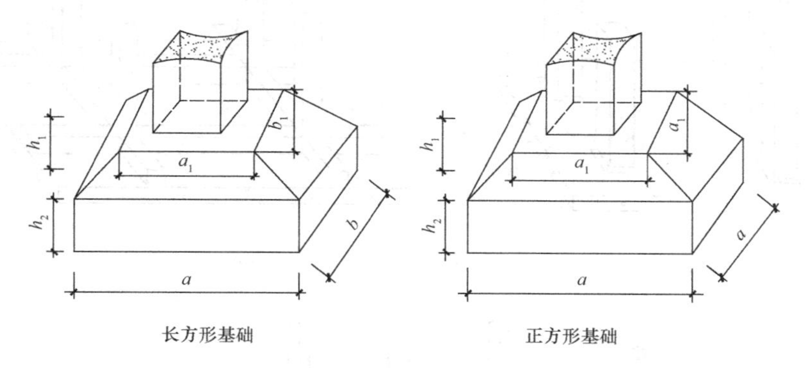

图 6-71 独立基础示意图

$$V=abh_2+\frac{h_1}{3}(ab+a_1b_1+\sqrt{aba_1b_1}) \tag{6-35}$$

式中 a，b——基础底面的长、宽；

a_1，b_1——基础颈部(四棱台)的长、宽；

h_2——基础底部六面体部分的高度；

h_1——基础四棱台部分的高度。

(3)杯形基础。杯形基础是独立柱基的一种特殊形式，由于在其中心留有安装预制钢筋混凝土柱的孔槽，形如水杯，故称为“杯形基础”，如图 6-72 所示。

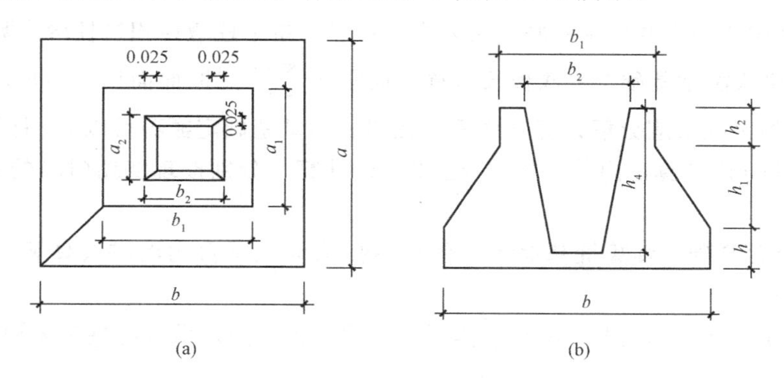

图 6-72 杯形基础示意图

(a)平面图；(b)剖面图

$$杯形基础\ V=杯形基础混凝土实体积 \tag{6-36}$$

混凝土高杯柱基(长颈柱基)，高杯(长颈)部分的高度小于其横截面长边的 3 倍，则高杯(长颈)部分按柱基计算；高杯(长颈)部分的高度大于其横截面长边的 3 倍，则高杯(长颈)部分按柱计算(安装预制柱需灌浆，因此还需另行计算预制柱“安装灌浆”的工程量)。

(4)满堂基础。满堂基础是由梁、板、柱、墙组合浇筑形成。满堂基础按其结构类型的不同，又可分为无梁式满堂基础、有梁式满堂基础和箱形满堂基础，如图 6-73 所示。

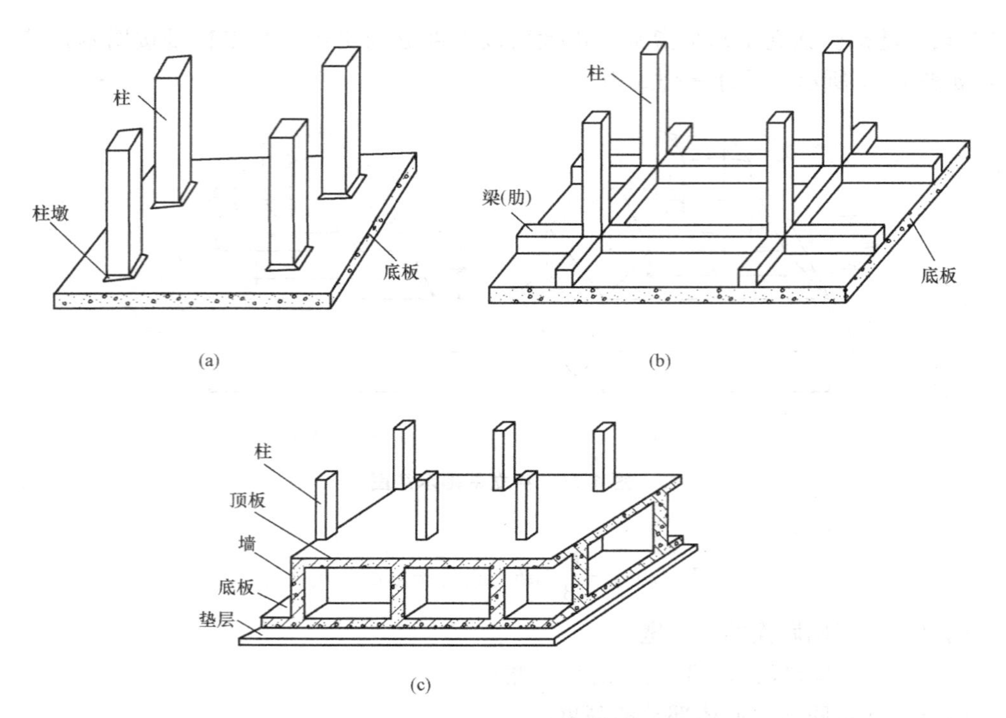

图 6-73　无梁式、有梁式和箱形满堂基础

(a)无梁式；(b)有梁式；(c)箱形

其中：

$$\text{无梁式满堂基础 } V = \text{底板长} \times \text{宽} \times \text{板厚} + \text{单个柱墩体积} \times \text{柱墩个数} \tag{6-37}$$

$$\text{梁式满堂基础 } V = \text{底板长} \times \text{宽} \times \text{板厚} + \sum (\text{梁断面面积} \times \text{梁长}) \tag{6-38}$$

箱形基础的工程量应分解计算：底板按无梁式满堂基础定额项目以 m^3 计算；顶板按现浇板定额项目以 m^3 计算，内外纵横墙(柱)以 m^3 计算，分别按现浇墙(柱)的相应定额项目计算。

(5)桩基承台基础。计算桩基承台工程量不扣除伸入承台内的桩头体积。如图 6-74 所示，其计算公式为

$$\text{桩基承台基础 } V = \text{承台实体混凝土的体积} + \text{伸入承台的桩头体积} \tag{6-39}$$

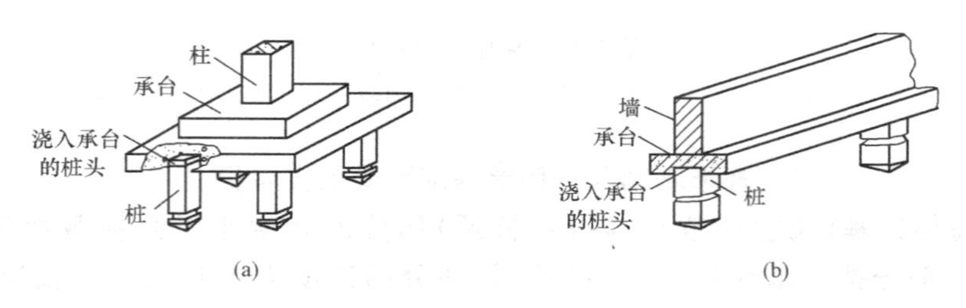

图 6-74　桩基承台基础示意

2. 现浇混凝土柱

现浇混凝土柱主要包括矩形柱、异形柱和构造柱等分项工程项目。其混凝土工程量按设

计图示尺寸以 m^3 计算，不扣除钢筋、铁件和面积在 0.05 m^2 以内的螺栓盒等所占的体积。

(1)矩形柱。

1)柱高的确定：有梁板的柱高，应以柱基上表面至楼板上表面的高度计算；无梁板的柱高应以柱基上表面至柱帽下表面的高度计算；有楼隔层板的柱高，应以柱基上表面至梁上表面的高度计算；无楼隔层的柱高，应以柱基上表面至柱顶的高度计算，如图 6-75 和图 6-76 所示。

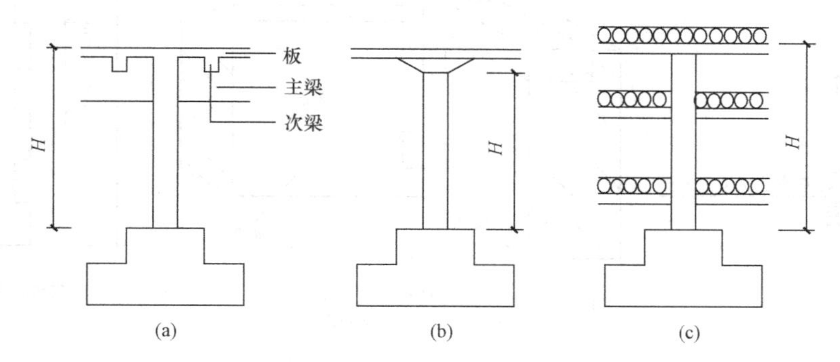

图 6-75　有梁板、无梁板及有楼隔层板的柱高示意

(a)有梁板；(b)无梁板；(c)有楼隔层板

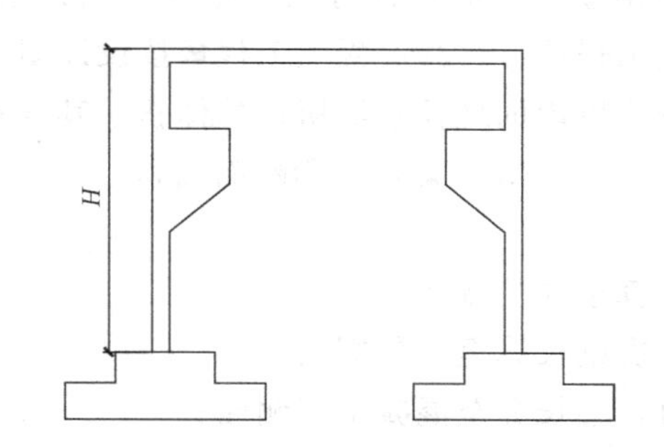

图 6-76　带牛腿无楼隔层板的柱高度示意

2)矩形柱工程量：

$$矩形柱\ V=柱断面面积\times柱高+柱上牛腿实体积 \tag{6-40}$$

[带牛腿的柱，牛腿实体积并入柱内，见式(6-40)]

3)异形柱工程量计算方法同矩形柱，按其截面特征执行异形柱的相应定额项目。

(2)构造柱。

1)构造柱高的确定：在砖混结构中，构造柱用马牙槎与砌体咬合形成整体。由于其根部一般锚固在基础或圈梁中，因此构造柱的高度应自基础或圈梁的上表面算至柱顶面(或板面)，如图 6-77 所示。

2)构造柱工程量：

$$V_{构造柱}=L\times S \tag{6-41}$$

式中　L——构造柱高度，自基础或自圈梁上表面算至柱顶面(或板面)；

　　　S——含马牙槎的折算断面面积。

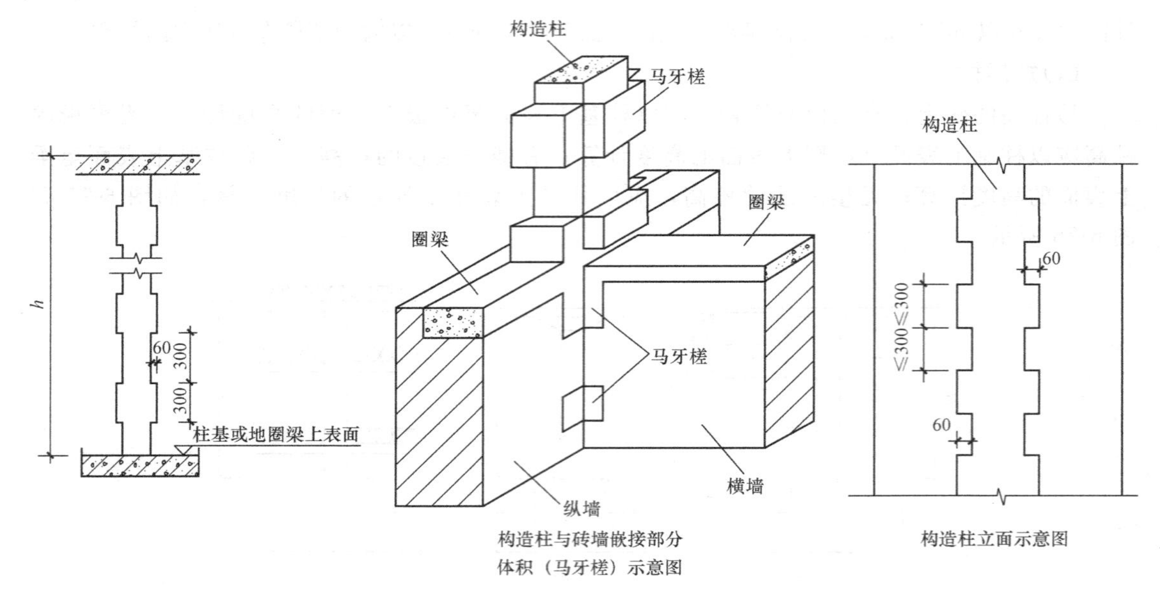

图 6-77　构造柱高度及马牙槎示意

3. 现浇混凝土梁

现浇混凝土梁按其结构用途、截面特征分类，主要包括：基础梁、连续梁、圈梁、过梁、矩形梁和异形梁等分项工程项目。其混凝土工程量按设计图示尺寸以 m^3 计算，不扣除钢筋、铁件和面积在 0.05 m^2 以内的螺栓盒等所占的体积。其计算公式为

$$V_{梁}=梁长\times梁断面面积 \tag{6-42}$$

(1)梁长的确定：

1)梁与柱连接时，梁长算至柱的侧面；

2)次梁与主梁连接时，次梁长算至主梁侧面；

3)梁与混凝土墙连接时，梁长算至混凝土墙侧面；

4)伸入墙内的梁头，梁垫体积并入梁体积内计算；

5)当梁伸入砖墙内时，梁长按实际长度计算；

6)圈梁长度：外墙按中心线长度计算，内墙按净长线长度计算，圈梁带挑梁时，以外墙结构的外边线划分，伸出墙外部分按挑梁计算，墙内部分按圈梁计算；圈梁与柱(或构造柱)连接时，算至柱(或构造柱)侧面。

(2)梁、圈梁带宽度 300 mm 以内线脚者按梁(圈梁)计算，带宽度 300 mm 以上线脚或带遮阳板者，分别按梁(或圈梁)、板计算。各类梁长取值如图 6-78 所示。

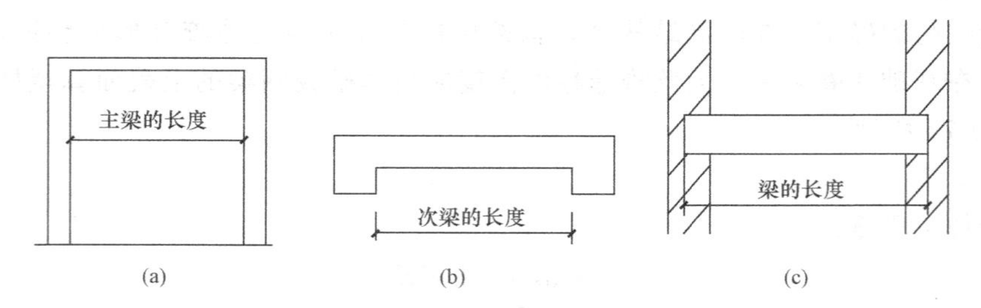

图 6-78　梁长取值示意图

(a)框架柱与主梁连接；(b)主梁与次梁连接；(c)梁与墙连接

4. 现浇混凝土板

现浇混凝土板主要包括有梁板、无梁板、平板及叠合板等类分项工程项目。其混凝土工程量按设计图示尺寸以 m^3 计算，不扣除钢筋、铁件和面积在 0.05 m^2 以内的螺栓盒等所占的体积。

(1)有梁板：由梁和板构成一体的梁板结构，如图 6-79 所示，其工程量按梁、板体积之和计算，执行有梁板的定额项目。

(2)无梁板：不用梁、墙支撑，直接用柱支撑的板，如图 6-80 所示，称为无梁板。其工程量按板和柱帽的体积之和计算。

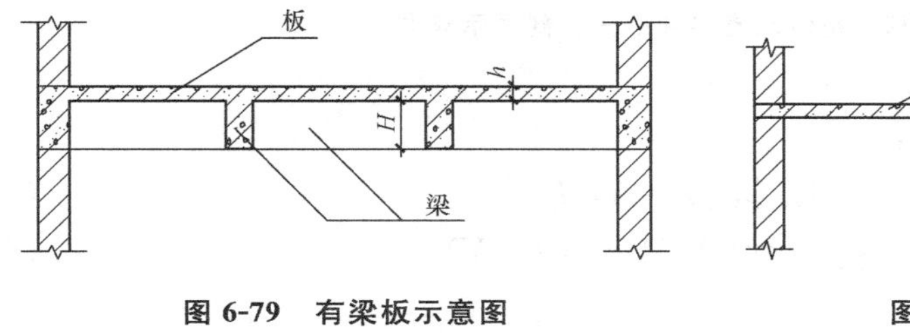

图 6-79　有梁板示意图　　图 6-80　无梁板示意图

(3)平板：无柱、无梁支撑，由墙直接支撑的板，如图 6-81 所示，工程量按平板实体积计算。

$$V_{平板}=abh \quad (6-43)$$

式中　a——平板长，含伸入墙内的板头；

b——平板宽；

h——平板厚。

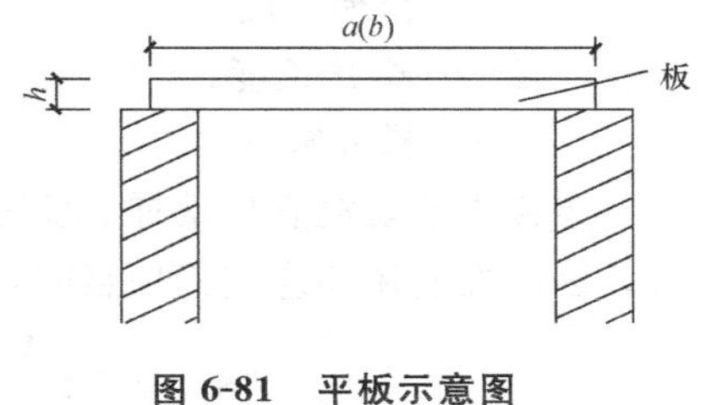

图 6-81　平板示意图

5. 现浇混凝土及钢筋混凝土墙

现浇混凝土及钢筋混凝土墙主要包括直形墙、挡土墙、地下室墙和剪力墙等分项工程项目。其工程量按设计图示尺寸以 m^3 计算，不扣除构件内钢筋、预埋铁件及≤0.3 m^2 的孔洞所占体积；应扣除门窗洞口及>0.3 m^2 的孔洞所占体积，墙垛及凸出部分、三角八字、附墙柱(框架柱除外)并入墙体积内，执行墙的定额项目；外墙长度按外墙中心线计算，内墙长度按内墙净长线计算；墙与现浇板连接时，墙高算至板顶面；挡护墙在 300 mm 以内者按墙计算。各类现浇混凝土及钢筋混凝土墙的计算公式为

$$V=墙长\times墙高\times墙厚-\sum[(门窗洞口及单个面积>0.3\ m^2 的孔洞)\times墙厚] \quad (6-44)$$

式中　墙长——外墙按中心线长度，内墙按净长线长度计算；

墙高——自基础上表面算至墙顶；

墙厚——按设计规定计算。

6. 现浇混凝土楼梯

现浇混凝土楼梯(包括休息平台、平台梁、斜梁和楼层板的连接梁)分层按水平投影面积以 m^2 计算，如图 6-82 所示；不扣除宽度≥500 mm 的楼梯井，伸入墙内的混凝土体积已包括在定额内，不另计算。当整体楼梯与现浇楼层板无楼梯梁连接时，以最后一个踏步外边缘加 300 mm 为界(楼梯基础、栏杆与地坪相连的混凝土或砖砌踏步、楼梯的支承柱等另按相应定额项目计算)。

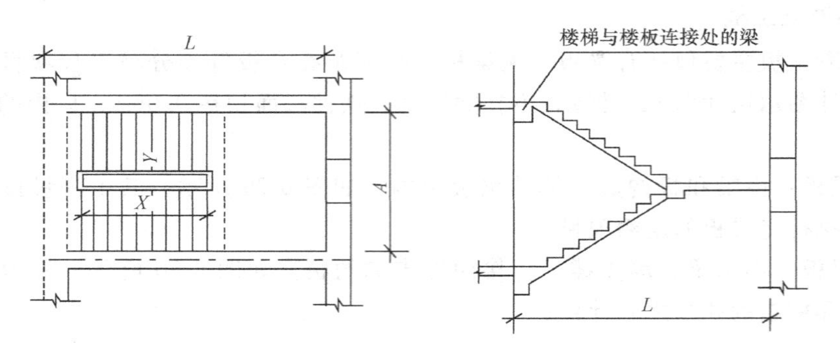

图 6-82　整体现浇楼梯平面、剖面示意图

现浇混凝土楼梯工程量计算：

当 $Y \leqslant 500$ mm 时　　$S_{水平投影面积} = A \times L$　　(6-45)

当 $Y > 500$ mm 时　　$S_{水平投影面积} = (A \times L) - (X \times Y)$　　(6-46)

式中　A——楼梯净宽；

L——楼梯长度；

X——梯井长度；

Y——梯井宽度。

定额中的现浇直形楼梯、弧形楼梯分别以折算厚度 200 mm、160 mm 确定其工料机单价，因此在套用相应定额项目时，需计算出其折算厚度。其计算公式为

$$h_{折算厚度} = \frac{V_{实体积}}{S_{水平投影面积}} = \frac{V_{踏步} + V_{休息平台} + V_{梁} + V_{梯板}}{S_{水平投影面积}} \tag{6-47}$$

式中　$h_{折算厚度}$——楼梯的折算厚度；

$V_{实体积}$——楼梯实体积，即包括休息平台、平台梁、斜梁和楼层板的连接梁在内的实体积；

$S_{水平投影面积}$——楼梯的水平投影面积，即包括休息平台、平台梁、斜梁和楼层板的连接梁在内的水平投影面积；

$V_{踏步}$——现浇楼梯踏步的实体积；

$V_{休息平台}$——楼梯休息平台的实体积；

$V_{梁}$——楼梯梁的实体积；

$V_{梯板}$——楼梯板的实体积。

7. 现浇混凝土阳台、雨篷(悬挑板)

现浇雨篷工程量按图示尺寸以 m^3 计算。雨篷板与反边的体积应合并计算。与梁接触部分算至梁的外边线，嵌入墙内部分按相应定额项目另行计算，如图 6-83 所示。

8. 天沟(檐沟)、挑檐

天沟(檐沟)、挑檐与板或屋面板连接时，以外墙外边线为分界计算；与梁、圈梁连接时，以梁、圈梁外边线为分界计算，分别套用相应定额项目，如图 6-84 所示。

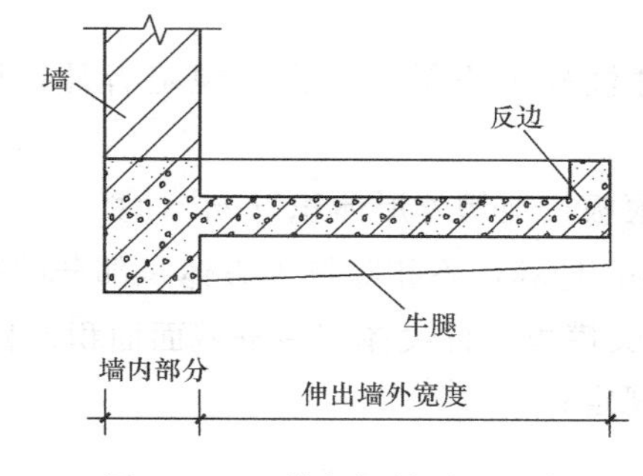

图 6-83　雨篷与梁的关系示意

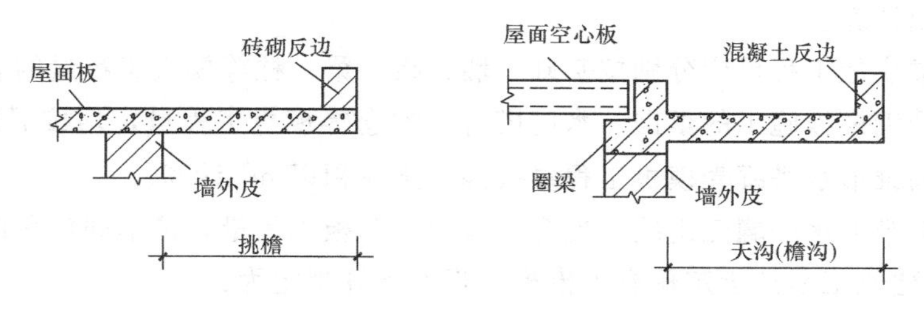

图 6-84　挑檐、檐沟与圈梁及屋面板关系示意图

9. 零星现浇

小型池槽、压顶、垫块、扶手、挂板、砌体拉结带等按图示尺寸以 m^3 计算，执行零星现浇项目。

10. 模板工程

《全国统一建筑工程预算工程量计算规则》中有关模板工程计算规则如下：

(1)现浇混凝土及钢筋混凝土构件模板工程量除另有规定者外，均应区别模板的不同材质，按混凝土与模板的接触面积以 m^2 计算。

1)现浇混凝土墙、板上的单孔面积≤0.3 m^2 者不予扣除，而洞的侧壁模板也不增加；单孔面积>0.3 m^2 者应予扣除，洞侧壁模板并入墙、板模板之内计算。

2)现浇钢筋混凝土框架应分别按柱、梁、板、墙有关规定计算模板工程量。附墙柱的模板工程量并入所在墙的模板工程量内。柱与梁、柱与墙、梁与梁等连接的重叠部分以及伸入墙内的梁头、板头部分均不计算模板面积。

3)构造柱外露面应按图示外露部分计算模板面积。构造柱与墙接触部分不计算模板面积。

4)现浇钢筋混凝土悬挑板(雨篷、阳台、挑檐)按图示外挑部分尺寸的水平投影面积计算支模工程量。挑出墙外的牛腿及板的边模板不另计算面积。

5)现浇钢筋混凝土楼梯以图示露明面尺寸的水平投影面积计算支模工程量，不扣除≤500 mm 宽的楼梯井所占面积。楼梯踏步、踏步板平台梁等侧面模板不另计算模板体积。

6)混凝土台阶不包括梯带，按图示台阶尺寸的水平投影面积计算支模工程量，台阶端头两侧不另计算模板面积。

7)现浇钢筋混凝土小型池槽按构件外围体积计算支模工程量，池槽内、外侧及底部不另计算模板面积。

(2)预制钢筋混凝土构件模板工程量，除另有规定者外，均按混凝土实体体积以 m^3 计算。

1)预制混凝土小型池槽模板按池槽外形体积以 m^3 计算。

2)预制桩尖按虚体积以 m^3 计算，不扣除桩尖虚体积部分的工程量。即

预制桩尖模板＝桩尖体积＝桩截面面积×桩尖长　　(6-48)

式中　桩截面面积——设计规定；

桩尖长——桩尖全长。

(3)钢筋混凝土构筑物模板工程量，除另有规定者外，均按以上现浇、预制构件模板工程量的有关规则计算。

1)大型池槽模板工程量应分别按基础、墙、板、梁、柱等模板工程量的有关规则计算。

2)液压滑升钢模板施工的烟囱、水塔塔身、贮仓等模板工程量，均按混凝土体积以 m^3 计算。预制倒圆锥形水塔罐壳模板工程量按混凝土体积以 m^3 计算。

3)预制倒圆锥形水塔罐壳组装、提升、就位等模板工程量，按不同容积以座计算。

(4)四川省建筑工程计价定额有关模板工程的计算规定为：

1)现浇混凝土构件的模板工程量，按现浇构件的混凝土工程量计算规则计算，执行“混凝土及钢筋混凝土”分部中相应的模板定额项目。如现浇混凝土柱的模板工程量为

现浇混凝土柱的模板工程量＝现浇混凝土柱的混凝土工程量　　(6-49)

2)预制混凝土及钢筋混凝土构件的模板已综合考虑在定额中，不另计算。

(三)预制混凝土构件

预制混凝土构件主要包括柱、梁、板、楼梯、零星预制构件等分项工程项目。各类预制构件的图算工程量按设计图示尺寸以 m^3 计算，不扣除钢筋、铁件和面积 $\leqslant 0.05\ m^2$ 的螺栓盒等所占体积。

(1)定额规定各类预制构件的适用范围。

1)预制混凝土构件的定额项目中包括模板费，不再另行计算，且包干使用不作调整。

2)预制梁适用于基础梁、楼梯斜梁、矩形梁、异形梁、T 形吊车梁、过梁、挑梁。

3)预制异形柱适用于工字形柱和双肢柱。

4)预制零星构件适用于阳台栏板、烟囱、垃圾道、地沟盖板、檩条、支撑、天窗侧板、上下档、垫头、压顶、扶手、窗台板、阳台隔断、壁龛、粪槽、池槽、雨水管、厨房壁柜、搁板、井圈等。

5)预制混凝土构件的制作、安装、运输损耗见表 6-31。

表 6-31　预制混凝土构件制作、安装、运输损耗

项目	构件名称	损耗率/%
现场预制	混凝土桩	1.6%
	水磨石窗台板、隔断	1.4%
	其他混凝土	0.7%

续表

项目	构件名称	损耗率/%
非现场预制	混凝土桩	2%
	水磨石窗台板、隔断	3%
	混凝土柱、梁	—
	围墙柱、过梁及其他混凝土	1.5%

(2)预制混凝土构件工程量计算规则。

1)各类预制混凝土构件的制作工程量按图算量增加损耗量计算，见式(6-50)。其图算工程量的计算规则如下：

①混凝土灌注桩中的预制桩尖，其图算工程量按实体积计算。

②预制空心板的图算工程量应扣除空洞体积，按实体积计算。

③预制花格的图算工程量按外围尺寸以 m^3 计算。

预制混凝土构件制作工程量＝预制混凝土构件图算工程量×(1＋相应损耗率) (6-50)

2)各类预制混凝土构件的安装、灌浆工程量按图算工程量计算。

3)各类预制混凝土构件的运输工程量按图算工程量计算，执行以下规定：

①组合屋架的运输工程量仅计算混凝土部分的工程量；

②每 10 m^2 预制混凝土花格按 0.5 m^3 计算运输工程量。

预制混凝土构件运输分类见表 6-32。

表 6-32　预制混凝土构件运输分类

构件分类	构件名称
Ⅰ类	各类屋架、薄腹梁、各类柱、山墙防风桁架、吊车梁、9 m 以上的桩、梁、大型屋面板、空心板、槽形板等
Ⅱ类	9 m 以内的桩、梁、基础梁、支架、大型屋面板、槽形板、肋形板、空心板、平板、楼梯段
Ⅲ类	墙架、天窗架、天窗挡风架(包括柱侧挡风板、遮阳板、挡雨板支架)、墙板、端壁板、天沟板、檩条、上下档、各种支撑、预制门窗框、花格、预制水磨石窗台板、隔断板、池槽、楼梯踏步

4. 钢筋工程

计算现浇、预制、预应力构件钢筋时，应按设计图纸将钢筋工程划分为现浇构件钢筋、预制构件钢筋、预应力构件钢筋、预埋铁件等分项工程项目。计算钢筋工程必须遵循以下规定：

(1)现浇、预制、预应力混凝土定额项目中均未包括钢筋和预埋铁件的用量，需另行计算并套用相应定额项目。

(2)定额中的钢筋是以机制手绑、部分电焊、对焊、点焊、电渣压力焊、窄间隙焊等编制的，实际施工与定额不同时不得换算，定额中已包括钢筋除锈工料，不得另行计算。

(3)预制构件的吊钩、现浇构件中固定钢筋位置的支撑钢筋、双层钢筋用的“铁马”、伸出构件的锚固钢筋均按钢筋计算，并入钢筋工程量内，短钢筋接长所需的工、料、机，定额内已综合考虑，不另计算。

(4)钢筋工程量计算规则：

按设计长度乘以每米的理论质量以 t 计算。钢筋的长度计算方法见式(6-51)。

1)纵向钢筋长度计算：

$$钢筋长度=构件长度-混凝土保护层厚度+增加长度 \tag{6-51}$$

式中 构件长度——按设计图示尺寸计算；

混凝土保护层厚度——按设计规定计算，如无设计规定，按表 6-33 取值；

钢筋增加长度——钢筋的弯钩、弯起、搭接和锚固等增加长度。

表 6-33 钢筋保护层厚度(当设计无规定时)取值 mm

环境条件	构件类别	≤C20	C25 或 C30	≥C35
室内正常环境	板、墙	15		
	梁	25		
	柱	30		
露天或室内高湿度环境	板、墙	35	25	15
	梁	45	35	25
	柱	45	35	30

①弯钩长度计算如图 6-85 所示。

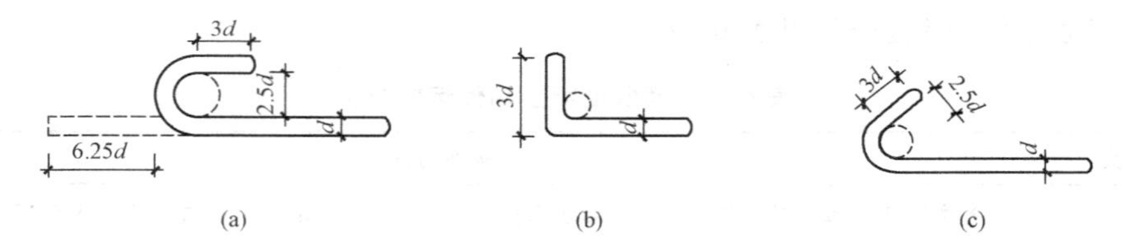

图 6-85 钢筋弯钩示意图

(a)半圆弯钩($\Delta L=6.25d$)；(b)90°直弯钩($\Delta L=3.5d$)；(c)45°斜弯钩($\Delta L=4.9d$)

②弯起钢筋如图 6-86 所示，其计算公式为

$$弯起钢筋增加长度\ \Delta L=S_w-L_w \tag{6-52}$$

式中 ΔL——斜长与水平投影长度之间的差值；

S_w——斜长；

L_w——水平投影长度。

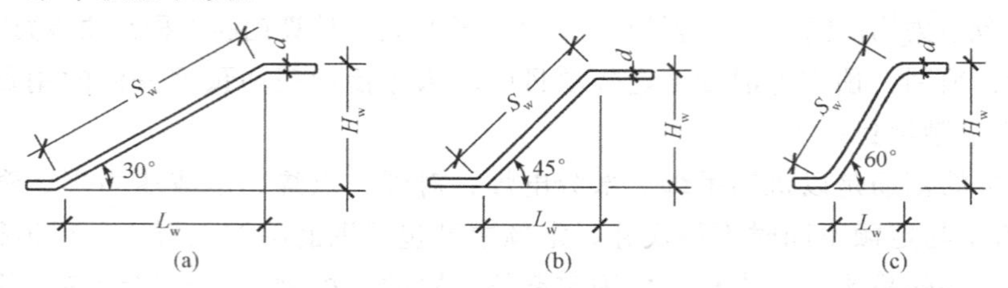

图 6-86 钢筋弯起示意图

(a)30°弯起；(b)45°弯起；(c)60°弯起

30°、45°、60°弯起钢筋的增加长度见表 6-34。

表 6-34　30°、45°、60°弯起钢筋的增加长度

	α	S_w	L_w	S_w-L_w
	30°	$2.000H_w$	$1.732H_w$	$0.268H_w$
	45°	$1.414H_w$	$1.000H_w$	$0.414H_w$
	60°	$1.55H_w$	$0.578H_w$	$0.577H_w$
注：表中所示的 H_w＝构件截面高度(或厚度)－保护层厚度－弯起钢筋直径。				

③箍筋长度确定。

a. 箍筋如图 6-87 所示，其长度计算公式为

箍筋长度＝构件截面周长－8×保护层厚度＋2×弯钩长度　　(6-53)

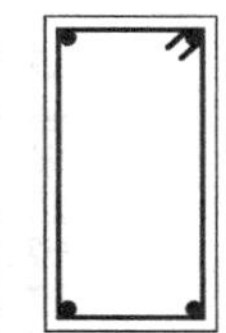

图 6-87　箍筋示意图

b. 混凝土桩身螺旋箍筋长度计算公式为

$$L=\frac{H}{h}\sqrt{h^2+[\pi(D-50)]^2} \quad (6\text{-}54)$$

式中　H——桩身高度；

h——相邻两螺旋箍之间的垂直距离；

D——桩身直径；

50——桩身混凝土保护层厚度(一般取值为 25×2)。

c. 箍筋根数：

箍筋根数＝配置范围÷箍筋间距＋1

④锚固钢筋长度的确定，如图 6-88 所示。纵向钢筋锚固长度按设计规定计算，若无设计规定，其最小锚固长度按表 6-35 计算。

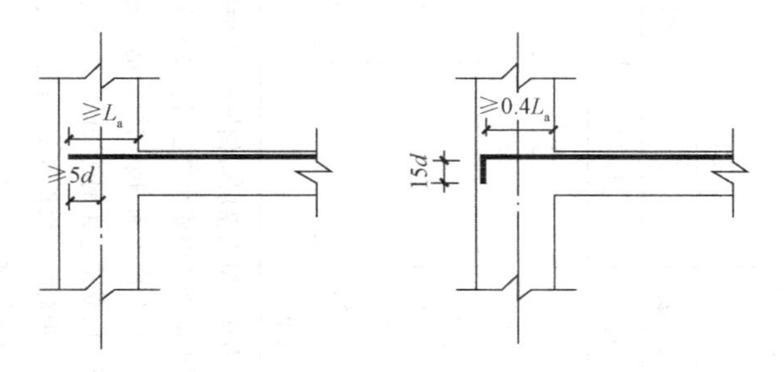

图 6-88　纵向钢筋锚固示意图

表 6-35 受拉钢筋抗震锚固长度 l_{aE}

钢筋种类及抗震等级		混凝土强度等级																
		C20	C25		C30		C35		C40		C45		C50		C55		≥C60	
		$d≤25$	$d≤25$	$d≥25$	$d≤25$	$d≥25$	$d≤25$	$d≥25$	$d≤25$	$d≥25$	$d≤25$	$d≥25$	$d≤25$	$d≥25$	$d≤25$	$d≥25$	$d≤25$	$d≥25$
HPB300	一、二级	45d	39d	—	35d	—	32d	—	29d	—	28d	—	26d	—	25d	—	24d	—
	三级	41d	36d	—	32d	—	29d	—	26d	—	25d	—	24d	—	23d	—	22d	—
HRB335 HRBF335	一、二级	44d	38d	—	33d	—	31d	—	29d	—	26d	—	25d	—	24d	—	24d	—
	三级	40d	35d	—	30d	—	28d	—	26d	—	24d	—	23d	—	22d	—	22d	—
HPB400 HRBF400	一、二级	—	46d	51d	40d	45d	37d	40d	33d	37d	32d	36d	31d	35d	30d	33d	29d	32d
	三级	—	42d	46d	37d	41d	34d	37d	30d	34d	29d	33d	28d	32d	27d	30d	26d	29d
HPB500 HRBF500	一、二级	—	55d	61d	49d	54d	45d	49d	41d	46d	39d	43d	37d	40d	36d	39d	35d	38d
	三级	—	50d	56d	45d	49d	41d	45d	38d	42d	36d	39d	34d	37d	33d	36d	32d	35d

注：1. 当为环氧树脂涂层带钢筋时，表中数据尚应乘以 1.25。

2. 当纵向受拉钢筋在施工过程中易受扰动时，表中数据尚应乘以1.1。

3. 当锚固长度范围内纵向受力钢筋周边保护层厚度为 $3d$、$5d$（d 为锚固钢筋的直径）时，表中数据可分别乘以 0.8、0.7；中间时取内插值。

4. 当纵向受拉普通钢筋锚固长度修正系数（注 1～注 3）多于一项时，可按连乘计算。

5. 受拉钢筋的锚固长度 l_a、l_{aE}计算值不应小于 200。

6. 四级抗震时，$l_{aE}=l_a$。

7. 当锚固钢筋的保护厚度不大于 $5d$ 时，锚固钢筋长度范围内应设置横向构造钢筋，其直径不应小于 $d/4$（d 为锚固钢筋的最大直径）；对梁、柱等构件间距不应大于 $5d$，对板、墙等构件间距不应大于 $10d$，且均不应大于 100（d 为锚固钢筋的最小直径）。

⑤纵向受拉钢筋的搭接长度，按锚固长度乘以修正系数计算，其修正系数见表6-36。其计算公式为

$$纵向受拉钢筋的搭接长度=钢筋锚固长度\times修正系数 \tag{6-55}$$

表 6-36 纵向受拉钢筋抗震绑扎接头搭接长度修正系数

纵向钢筋搭接接头面积百分率	≤25	50	100
修正系数	1.2	1.4	1.6

⑥先张法预应力钢筋，按构件外形尺寸计算长度。

⑦后张法预应力钢筋按设计图纸规定的预应力钢筋预留孔道长度，区别不同的锚具类型，分别按下列规定计算：

a. 低合金钢筋两端采用螺杆锚具时，预应力钢筋按预留孔道长度减0.35 m计算，螺杆另行计算。

b. 低合金钢筋一端采用墩头插片，另一端采用螺杆锚具时，预应力钢筋长度按预留孔道长度计算，螺杆另行计算。

c. 低合金钢筋一端采用墩头插片，另一端采用帮条锚具时，钢筋长度增加0.15 m计算；两端采用帮条锚具时，钢筋长度按孔道长度增加0.3 m计算。

d. 低合金钢筋采用后张混凝土自锚时，钢筋长度按孔道长度增加0.35 m计算。

e. 低合金钢筋(钢绞线)采用JM、XM、QM型锚具，孔道长度≤20 m时，钢筋长度增加1 m计算；孔道长度>20 m时，钢筋长度增加1.8 m计算。

f. 碳素钢丝采用锥形锚具，孔道长度≤20 m时，钢丝束长度按孔道长度增加1 m计算；孔道长度>20 m时，钢丝束长度按孔道长度增加1.8 m计算。

g. 碳素钢丝采用镦头锚具时，钢丝束长度按孔道长度增加0.35 m计算。

2)各类钢筋每米的理论质量见表6-37。

表 6-37 钢筋理论质量

直径/mm	4	5	6	6.50	8	10	12	14	16
每米质量/$(kg\cdot m^{-1})$	0.099	0.154	0.222	0.260	0.395	0.617	0.888	1.21	1.58
直径/mm	18	20	22	25	28	30	32	36	
每米质量/$(kg\cdot m^{-1})$	2.00 (2.11)	2.47	2.98	3.85 (4.10)	4.83	5.549	6.31 (6.65)	7.99	
注：括号内为预应力螺纹钢筋的数值。									

【例 6-10】 某现浇钢筋混凝土带形基础C20，平面、剖面如图6-89所示，其内、外墙基础均为1—1剖面。试计算该基础的工程量。

解：

$L_{外墙基础中心线}=(4.5\times3+6.0)\times2=39(m)$

$L_{内墙基础净长线}=(6.0-0.625\times2)\times2=9.5(m)$

$S_{1-1剖面面积}=1.25\times0.3+(1.25+0.45)\times0.2/2+0.45\times0.4=0.725(m^2)$

(1)计算外墙基础：

$V_{外墙基础}=39\times0.725=28.28(m^3)$

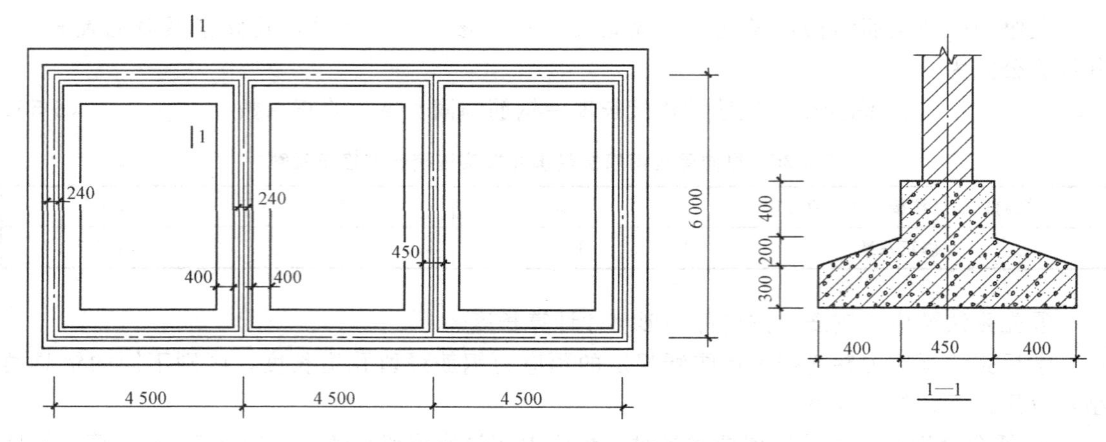

图 6-89　某工程基础平面、剖面图

(2)计算内墙基础(图 6-90)：

$V_{内墙基础}=9.5\times0.725=6.89(m^3)$

$V_{搭}=[1/6(B+2b_1)\times h_1\times L_{搭}+b_1\times h_2\times L_{搭}]\times2$

$=[1/6\times(1.25+2\times0.45)\times0.2\times0.4+0.45\times0.4\times0.4]\times2=0.201(m^3)$

$V=V_{外墙基础}+V_{内墙基础}+V_{搭}=28.28+6.89+0.201=35.37(m^3)$

答：某基础 C20 混凝土的工程量为 35.37 m^3。

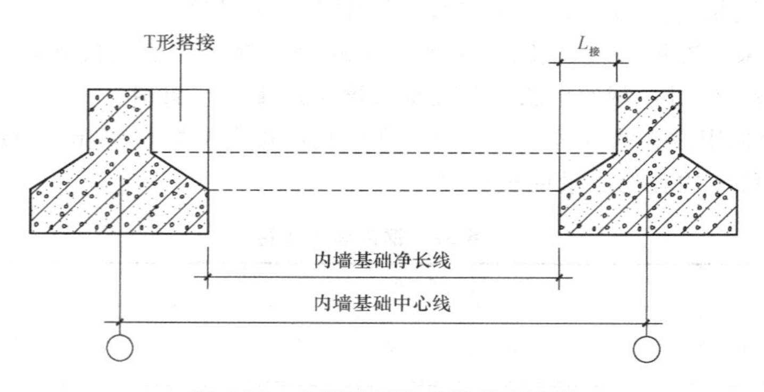

图 6-90　内墙基础净长线长度示意

【例 6-11】　某现浇框架结构如图 6-91 所示，图中各轴线均逢柱中；柱、梁、板强度等级均为 C30 混凝土；板厚为 100 mm；试计算图示柱及有梁板的混凝土工程量。

解：计算工程量：

(1)C30 现浇混凝土柱：$6\times0.4\times0.4\times(8.5+1.85-0.4-0.35)=9.22(m^3)$

(2)C30 现浇混凝土梁：

KL1：$[0.3\times(0.4-0.1)\times(6.0-0.4)]\times6=3.02(m^3)$

KL2：$[0.3\times(0.4-0.1)\times(4.5-0.4)]\times8=2.95(m^3)$

KL3：$[0.25\times(0.3-0.1)\times(9.0-0.3-0.1\times2)]\times2=0.85(m^3)$

(3)现浇混凝土板 C30：$(6+0.4)\times(9+0.4)\times0.1\times2=12.03(m^3)$

(4)现浇混凝土有梁板 C30：

$V_{有梁板}=3.02+2.95+0.85+12.03=18.85(m^3)$

答：该框架结构的工程量为 C30 现浇柱混凝土 9.22 m^3；C30 现浇有梁板混凝土 18.85 m^3。

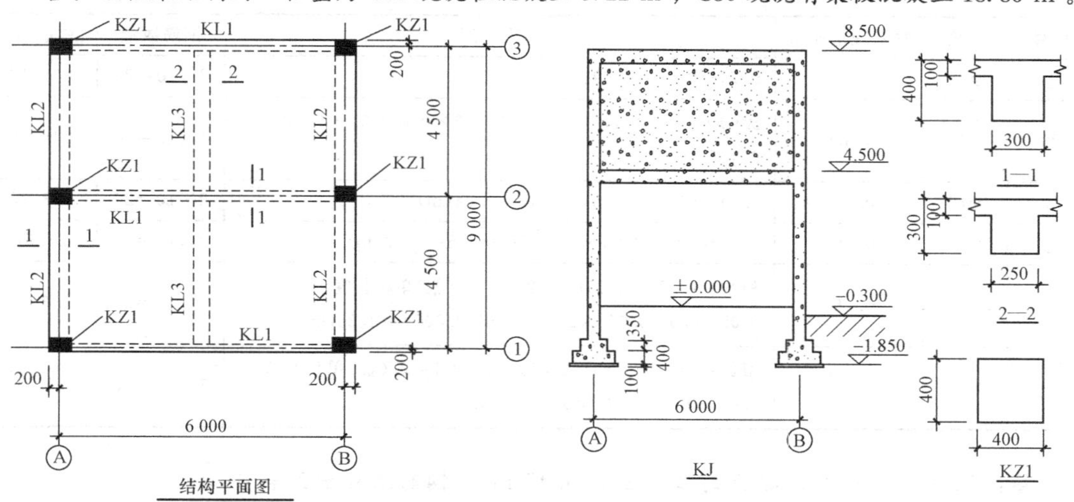

图 6-91　某现浇框架平面、模板、断面图

【例 6-12】 某工程项目有 10 根(图 6-92)C20 现浇钢筋混凝土梁，试计算其混凝土和钢筋的工程量。

解：(1)C20 混凝土梁：

单根梁 $V=[(5.74-0.24\times2)\times(0.25\times0.5+0.12\times0.36)]+2\times0.24\times0.25\times0.5$
$=0.945(m^3)$

$V_{梁}=10\times0.945=9.45(m^3)$

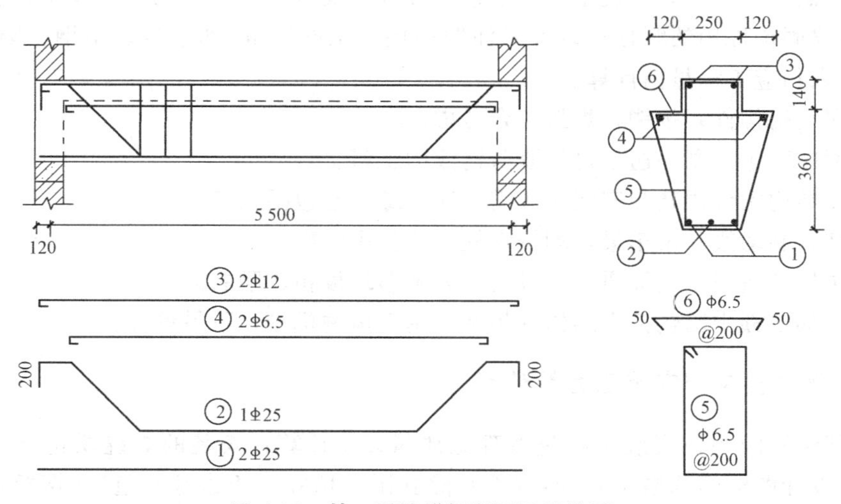

图 6-92　某工程楼梯梁断面及配筋图

(2)计算楼梯梁的钢筋工程量，见表 6-38。

表 6-38　某工程现浇楼梯钢筋工程量计算表

序号	规格	每米理论质量	单根长度	钢筋数量	总重/kg
①	Φ25	3.850	5.74－0.05＝5.69(m)	2×10＝20	438.13
②	Φ25	3.850	5.69＋2×0.414×(0.5－0.05－2×0.006 5)＋2×0.2＝6.45(m)	1×10＝10	248.33
③	Φ12	0.888	5.74－0.05＋12.5×0.012＝5.84(m)	2×10＝20	103.72
④	Φ6.5	0.260	5.5－0.24－0.05＋12.5×0.006 5＝5.29(m)	2×10＝20	27.51
⑤	Φ6.5	0.260	根数＝(5.74－0.05)÷0.2＋1＝30(根)单根长度＝(0.25－0.05＋0.5－0.05)×2＋2×4.9×0.006 5＝1.36(m)	30×10＝300	106.08
⑥	Φ6.5	0.260	根数＝(5.5－0.24－0.05)÷0.2＋1＝27(根)单根长度＝0.49－0.05＋0.05×2＝0.54(m)	27×10＝270	37.91

答：混凝土梁 C30 混凝土的工程量为 9.45 m^3，钢筋工程量见表 6-38。

六、金属结构工程

金属结构分部主要由金属构件制作安装、成品钢门窗安装、楼梯栏杆、金属构件运输等分项工程所组成。

(一)本分部主要分项工程项目的适用范围及定额相关说明

(1)本分部制作、拼装、安装、运输机械是按合理的施工方法，结合四川省现有施工机械的实际情况综合考虑的，除定额允许调整外，一律不得变动。

(2)构件制作、拼装，安装定额中已包括分段以及整体预拼装的工料及机械台班和预装配的螺栓及锚固构件用的螺栓；设计未注明的接头主材用量(如钢板、型钢、圆钢)按实际接头用量并入相应工程量内计算。

(3)金属结构构件系按铆、焊接综合考虑。

(4)定额中已包括刷一遍红丹酚醛防锈漆的工料。

(5)金属结构构件拼装和安装时所需的连接螺栓已包括在定额内。

(6)钢柱、制动梁和吊车梁，均按钢柱、梁套用定额。

(7)零星构件适用于垃圾道及垃圾门、方圆形垃圾箱、晒衣架。

(8)本分部定额中已包括金属构件吊装的垂直运输机械，不另计算。

(二)金属结构制作安装工程量计算

(1)金属结构的制作安装工程量按理论质量以 t 计算，安装的焊缝质量已包括在定额内。型钢按设计图纸的规格尺寸计算(不扣除孔眼、切肢、切边等质量)。钢板按几何图形的外接矩形计算(不扣除孔眼质量，如图 6-93 所示)，螺栓及焊缝已包括在定额内，不另计算。

(2)钢柱制作安装工程按理论质量以 t 计算，依附于柱上的牛腿及悬臂梁的质量，应并入柱身工程量内。

(3)在计算钢墙架的制作安装工程量时，应将墙架小柱、梁和连系拉杆的质量并入墙架工程量内计算。

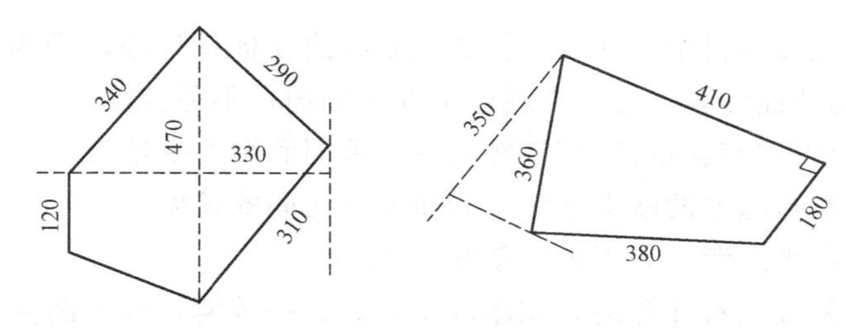

图 6-93　钢板计算示意图

(三)成品钢门窗工程量计算

(1)自加工钢门的制作安装工程量，按设计门扇外围面积以 m^2 计算。

(2)成品钢门窗工程量，按设计门窗洞口面积以 m^2 计算，平面为弧形或异形钢门窗者，按展开面积计算。

(四)楼梯栏杆工程量计算

(1)栏杆、扶手包括弯头长度按延长米计算，安装栏杆的预埋铁件不包括在定额内，另行计算。

(2)防盗栅、金属栅栏按展开面积计算。

(五)金属构件运输工程量计算

金属构件运输工程仅适用于自加工钢门和金属结构件，因此，凡属于自加工的钢门和金属结构件的运输费用，应以其制作安装工程量(按表 6-39 分类)套用运输定额项目。如吊车梁运输，应套用Ⅱ类构件运输的定额项目。

表 6-39　金属类构件运输计算表

构件类别	构件名称
Ⅰ类	各类屋架、柱、山墙防风架、钢网架
Ⅱ类	支架、吊车梁、制动梁
Ⅲ类	墙架、天窗架、天窗挡风架(包括柱侧挡风板、遮阳板、挡雨篷支架)拉杆、平台、自加工钢门窗、檩条、各种支撑、大门钢骨架、其他零星构件

七、木结构工程

木结构工程分部主要包括：木门窗制作安装、成品木质防火门安装、厂库房大门制作安装、特种门制作安装、木屋架及木屋面制作安装等分项工程项目。

(一)本分部主要分项工程项目的适用范围及定额相关说明

(1)本分部木材种类均以一、二类木种为准。

采用三、四类木种时，分别乘以下列系数：

木门窗制作人工、机械费乘以系数 1.3；木门窗安装人工、机械费乘以系数 1.16；其他项目人工、机械费乘以系数 1.35。

(2)本分部门窗定额项目中所注明的框断面是以边立梃设计净断面为准，框截面如为钉条者，应增加钉条的断面计算。刨光损耗包括在定额内，不另计算。

(3)“镶板、胶合板门带窗带窗纱”定额项目，系门和窗均带纱扇。

(4)屋架的跨度是指屋架两端上下弦中心线交点之间的长度。

(5)屋架、檩木需刨光者，人工乘以系数1.15。

(6)屋面板厚度是按毛料计算的，如厚度不同时，一等薄板按比例换算，其他不变。

(二)木门窗制安工程量计算

(1)门、窗及门框的制作安装工程量，按门窗洞口面积以 m^2 计算，无框者按扇外围面积计算；定额项目内已包括窗框披水条工料，不另计算。如设计规定窗扇设披水条时，另按披水条定额以延长米计算。

(2)普通窗上部带有半圆窗的工程量应分别按半圆窗和普通窗计算。其分界线以普通窗和半圆窗之间的横框上裁口线为分界线(图6-94)。

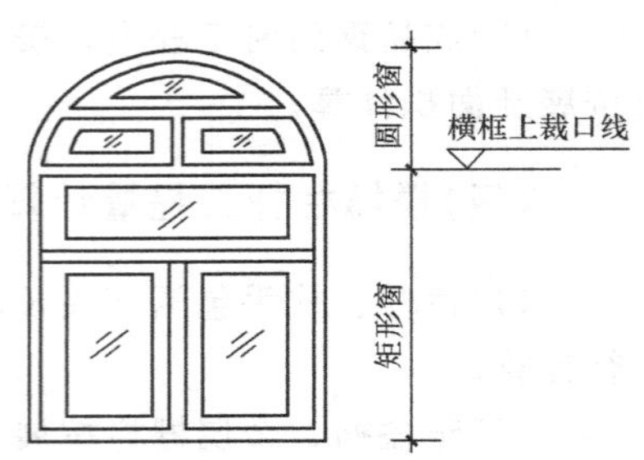

图 6-94　半圆窗计算示意图

(3)门、窗贴脸按图示尺寸以延长米计算。

(4)门、窗扇包镀锌薄钢板，按门窗洞口面积以 m^2 计算；若门窗框包镀锌薄钢板、钉橡皮条、钉毛毡者，按图示门窗洞口尺寸以延长米计算。

(三)成品木质防火门安装工程量计算

成品木质防火门按门窗洞口面积以 m^2 计算，其成品运输定额项目包括框和扇的运输，若单运框或单运扇时，执行相应定额项目乘以系数0.5。

(四)厂库房大门安装工程量计算

厂库房大门定额中标明有框的按洞口面积计算工程量，无框的按扇外围面积计算工程量。

(五)特种门安装工程量计算

特种门定额中除保温隔声门按洞口面积计算工程量外，其余特种门按扇外围面积计算，执行特种门相应定额项目。

(六)木屋架制作安装工程量计算

(1)木屋架制作安装均按设计断面竣工木料以 m^3 计算，其后备长度及配制损耗均已包括在定额内，不另计算。附属于屋架的木夹板、垫木、风撑及与屋架连接的挑檐木均按竣工木材计算后并入相应的屋架内。与圆木屋架相连接的挑檐木、风撑等如为方木时，应乘以系数1.563折合为圆木，并入圆木屋架竣工木材材积内。

(2)单独的方木挑檐，按方檩木计算。

(3)带气楼屋架的气楼部分及马尾、折角和正交部分的半屋架应并入相连接的正屋架竣工体积内计算，如图6-95所示。

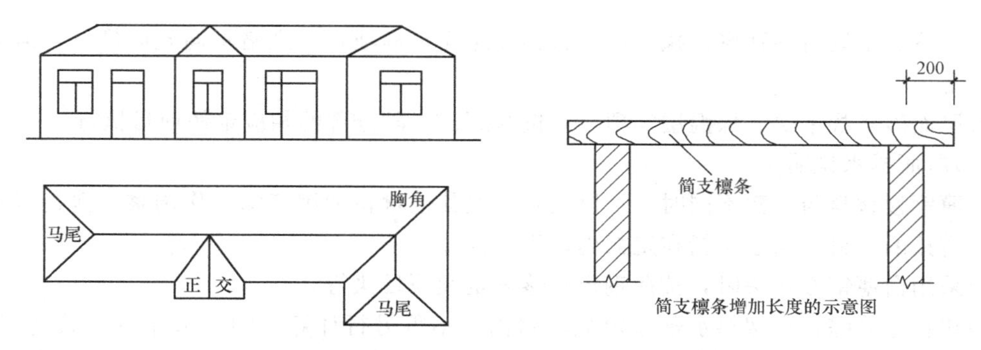

图 6-95　木屋架的马尾、折角、正交、简支檩

(4)檩木按竣工木料以 m^3 计算。简支檩长度按设计规定计算。如设计无规定者，按屋架或山墙中距增加 200 mm 计算(图 6-95)。如两端出山，檩木长度算至博风板。檩木搭接长度按设计或规范要求计算。檩木托木、垫木已包括在定额内，不另计算。

(七)木屋面制作安装工程量计算

(1)屋面木基层工程量按斜面积以 m^2 计算。不扣除附墙烟囱、通风孔、通风帽底座、屋顶小气窗和斜沟的面积。天窗挑檐与屋面重叠部分按设计规定计算。

(2)封檐板按图示檐口外围长度计算，博风板按斜长计算长度，每个大刀头增加长度 500 mm。

(3)木盖板、木搁板按图示尺寸以 m^2 计算。

八、防水防潮工程

防水防潮工程主要包括各类屋面、楼地面、墙基、墙身防水防潮以及屋面排水等分项工程项目。

(一)本分部主要分项工程项目的适用范围及定额说明

(1)防水防潮说明：

1)本分部适用于屋面、楼地面、墙基、墙身、地下室、构筑物、水池、水塔及室内厕所、浴室等平面、立面防水防潮。防水工程按防水材料、施工方法的不同，有卷材防水和涂膜防水之分。根据防水防潮的部位不同，定额又将其划分为平面和立面防水防潮项目。工程量也根据平面、立面防水防潮列项计算。

2)隔热镇水粉厚度为 8 mm，若实际施工厚度与定额不同时，镇水粉用量允许换算，其余不变。

3)屋面防水刚性层定额内已包括刷素水泥浆。

4)卷材防水层、防潮层定额内包括搭接用量，但未含附加层用量。发生时，按实计算。

5)防水层、防潮层、屋面防水刚性层的找平层嵌缝未包括在定额内，另行计算。

6)涂膜防水中的“二布三涂”或“一布二涂”，是指涂料构成防水层数，并非指涂刷遍数。每一层“涂层”刷二遍至数遍不等，每一层无论刷几遍，定额不作调整。

(2)瓦屋面说明：

1)瓦屋面屋脊和瓦出线均已包括在定额内，不另计算。

2)大波、中波石棉瓦屋面执行小波石棉瓦屋面定额项目，规格不同允许换算，但人工、机械不变。

3)屋面砂浆找平层、保温层等项目，按“抹灰工程”分部的相应定额项目执行。

(3)屋面排水说明：

1)薄钢板材料与定额不同时，可以换算，但其他材料和用工均不作调整；薄钢板咬口、卷边、搭接的工料，均已包括在定额内，不另计算。

1)采用白薄钢板弯头时，按薄钢板水落管定额项目执行。

3)塑料弯管综合在塑料水落管定额项目内，不得另行计算，塑料水斗按个数套相应定额项目。

(4)变形缝说明：

1)本分部变形缝适用于基础、墙面等部位，变形缝包括温度缝、沉降缝、防震缝。

2)建筑油膏、丙烯酸酯、非焦油聚氨酯变形缝断面按 30 mm×25 mm 计算，灌沥青变形缝断面按 30 mm×30 mm 计算，其余变形缝定额以断面 30 mm×150 mm 计算；如设计变形缝断面或油膏断面与定额不同时，允许换算，但人工不变。

(二)工程量计算规则

(1)屋面防水(卷材)、防潮层按主墙间的净空面积以 m^2 计算，不扣除房上烟囱、风帽底座、风道、斜沟、变形缝等所占面积；但屋面山墙、女儿墙、天窗、变形缝、天沟等弯起部分、天窗出檐与屋面重叠部分应按图示尺寸(若图纸无规定时，女儿墙和缝弯起高度可按 300 mm，天窗可按 500 mm)计算，并入屋面工程量内。

(2)建筑物地面防水、防潮层，按主墙间净空面积计算，应扣除凸出地面的构筑物、设备基础等所占的面积，不扣除间壁墙及≤0.3 m^2 的柱、垛、孔洞所占面积。与墙面连接处的高度按图示尺寸(如图纸无规定可按 300 mm)计算，并入地面防水、防潮工程量内。

(3)构筑物及建筑物地下室防水层，按实铺面积计算，但不扣除≤0.3 m^2 的孔洞面积。

(4)屋面防水刚性层按实铺水平投影面积以 m^2 计算。

(5)墙基防潮层：外墙按中心线长度，内墙按净长线长度乘以宽度以 m^2 计算；墙面防潮层按图示尺寸以 m^2 计算，不扣除≤0.3 m^2 的孔洞所占面积。

(6)瓦屋面工程量计算。瓦屋面：按图示尺寸的水平投影面积乘以坡屋面延尺系数(表 6-40)，以 m^2 计算。不扣除房上烟囱、风帽底座、风道、屋面小气窗和斜沟等所占面积，但屋面小气窗的出檐与屋面重叠部分的面积也不增加，天窗出檐与屋面重叠部分的面积应并入屋面工程量内计算。

1)对于坡屋面，无论是两坡还是四坡屋面均按式(6-56)计算。

$$\text{瓦屋面工程量}=\text{屋面水平投影面积}\times\text{延尺系数} \tag{6-56}$$

式中 屋面水平投影面积——按屋面(含出檐)图示尺寸的水平投影面积计算；

延尺系数——查表 6-40，按其对应的“延尺系数 C”确定。

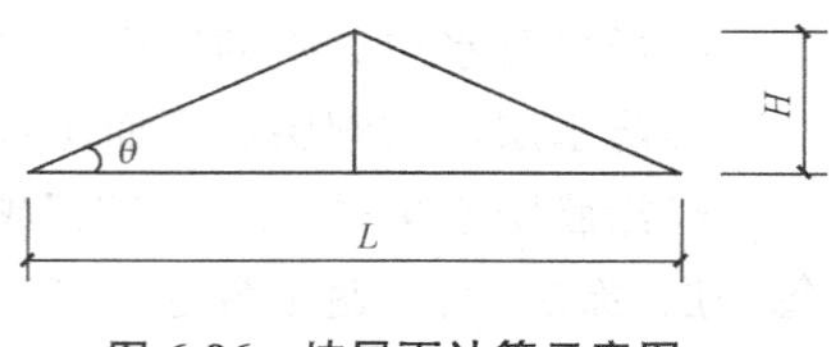

图 6-96 坡屋面计算示意图

①延尺系数：由于坡度，屋面的实际面积(斜面面积)与水平投影面积之间形成了夹角 θ，导致实际面积大于水平投影面积，为方便计算屋面工程量而引入了屋面坡度系数——延尺系数的概念(图 6-96)。

②延尺系数的确定：

a. 以坡屋面的高度与坡屋面的跨度之比表示，如图 6-96 所示，H/L。

b. 以坡屋面的高度与坡屋面的半跨之比表示，如图 6-97 所示，高跨比 B/A($A=1$，单坡屋面)；

c. 以坡屋面的高度与坡屋面的全跨之比表示，如图 6-97 所示，高跨比 $B/2A$($A=2$，双坡屋面)；

d. 以坡屋面的斜面与其水平面的夹角(θ)表示，如图 6-97 所示。

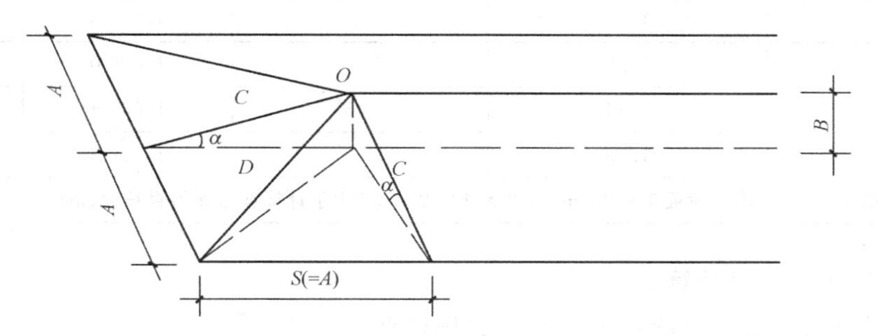

图 6-97　四坡屋面示意图

表 6-35 中列出了常用的屋面坡度延尺系数(C)及隅延尺系数(D)，可直接查表应用。

当屋面各坡的坡度(θ)相同时，可以用整个屋面的水平投影面积乘以其坡度延尺系数计算。

当屋面各坡的坡度不同，或设计坡度(θ)在表 6-40 中缺项时，可应用式(6-57)计算其延尺系数 C 及隅延尺系数 D。

$$C=\frac{1}{\cos\theta}=\frac{\sqrt{A^2+B^2}}{A};\ D=\sqrt{1+C^2} \tag{6-57}$$

表 6-40　屋面坡度系数表

坡度			延尺系数 C	隅延尺系数 D
坡度 B/A($A=1$)	高跨比 $B/2A$	角度 θ		
1	1/2	45°	1.414 2	1.732 0
0.75		36°52′	1.250 0	1.600 8
0.7		35°	1.220 7	1.578 0
0.666	1/3	33°40′	1.201 5	1.563 2
0.65		33°01′	1.192 7	1.556 4
0.6		30°58′	1.166 2	1.536 2
0.577		30°	1.154 5	1.527 4
0.55		28°49′	1.141 3	1.517 4
0.50	1/4	26°34′	1.118 0	1.500 0
0.45		24°14′	1.096 6	1.484 1
0.40	1/5	21°48′	1.077 0	1.469 7
0.35		19°47′	1.059 5	1.456 9

续表

坡度			延尺系数 C	隅延尺系数 D
坡度 $B/A(A=1)$	高跨比 $B/2A$	角度 θ		
0.30		16°42′	1.0440	1.4457
0.25	1/8	14°02′	1.0308	1.4362
0.20	1/10	11°19′	1.0198	1.4283
0.15		8°32′	1.0112	1.4222
0.125	1/16	7°8′	1.0078	1.4197
0.100	1/20	5°42′	1.0050	1.4178
0.083	1/24	4°45′	1.0034	1.4166
0.066	1/30	3°49′	1.0022	1.4158
注：“延尺系数 C”用于计算坡屋面工程量(m^2)；“隅延尺系数 D”用于计算坡屋面斜脊长度(m)。				

(7)屋面排水工程量计算。

1)薄钢板排水项目，以图示尺寸展开面积计算。

2)石棉水泥水落管、塑料水落管按水斗下口以延长米计算，石棉水泥水斗、塑料吐水管、铝板穿墙出水口、钢筋混凝土排水槽按个计算。

(8)变形缝：地面、墙面、屋面变形缝按不同材料分别以延长米计算。变形缝如内外双面填缝者，工程量按双面计算。

【例 6-13】 某小波石棉瓦屋面(两坡水)；其外墙纵、横中心线长度分别为：40 m、15 m；四面出檐距外墙外边线为 0.3 m；屋面坡度角：$\theta=36°52'$；外墙为 1 砖厚砖墙；试计算小波石棉瓦的工程量。

解：(1)屋面水平投影面积：

$S_{投影面积}$＝(纵墙外边线＋出檐宽)×(横墙外边线＋出檐宽)

＝(40＋0.24＋0.30×2)×(15＋0.24＋0.30×2)

＝646.91(m^2)

(2)查表 6-40 可知：延尺系数 $C=1.25$

(3)瓦屋面工程量：

$S_{瓦屋面}=646.91\times1.25=808.64(m^2)$。

答：该两坡水屋面小波石棉瓦工程量为 808.64 m^2。

九、耐酸、防腐、保温、隔热工程

本分部主要包括耐酸防腐和保温隔热两类分项工程项目。

(一)本分部主要分项工程项目的适用范围及定额说明

(1)耐酸、防腐工程说明：

1)定额项目的整体面层和块料面层适用于楼地面、平台、墙面、墙裙、地沟、地坑的防腐蚀面层。

2)各种胶泥砂浆配合比、混凝土强度等级、各种整体面层厚度和各种块料面层的结合层砂浆(胶泥)厚度，如设计规定与定额不同时，可以换算。

3)水玻璃类面层、块料的水玻璃类结合层，定额中均包括涂稀胶泥工料；树脂类、沥青类面层及块料树脂类、沥青类结合层定额中，均未包括树脂打底及刷冷底子油工料，发生时，按本分部“打底”及防水、防潮分部“刷冷底子油”定额计算。

4)各种面层除聚氯乙烯塑料地面外，均不包括踢脚线；整体面层踢脚线，按整体面层相应定额项目计算，其人工乘以系数 1.6；块料面层踢脚线，按块料面层相应定额项目计算，其人工乘以系数 1.56。

5)隔离层刷冷底子油是按两遍考虑的。

6)地沟、槽砌块料面层按平面砌块料面层定额计算，其人工乘以系数 1.33。

7)块料面层以平面砌块料面层为准，立面砌块料面层，执行平面砌块料面层定额相应项目，其人工乘以系数 1.38。

(2)保温、隔热工程说明：

1)保温层的保温材料配合比、强度等级若设计规定与定额不同时，允许换算。

2)干铺珍珠岩保温层也适用于墙及顶棚内填充保温。

3)本分部定额只包括保温隔热材料的铺贴，不包括隔气、防潮保护层或衬墙等。

(二)耐酸、防腐工程量计算

(1)耐酸、防腐工程量按图示尺寸以 m^2 或 m^3 计算，耐酸、防腐地坪不扣除≤0.3 m^2 的孔洞、柱、垛所占面积；耐酸、防腐墙面不扣除≤0.3 m^2 的孔洞所占面积。

(2)踢脚线按净长线乘高度以 m^2 计算，应扣除门洞所占的长度，并相应增加门洞侧壁的长度。

(三)保温、隔热工程量计算

(1)保温、隔热体的厚度，按保温隔热材料净厚(不包括打底及胶结材料的厚度)计算。

1)楼地面保温隔热层，按图示尺寸以 m^2 计算，不扣除≤0.3 m^2 的孔洞、柱、垛所占面积。

2)墙面保温隔热层，外墙按隔热层中心线，内墙按隔热层净长线乘图示高度及厚度以 m^3 计算。墙面保温隔热层不扣除≤0.3 m^2 的孔洞所占体积。

3)柱包隔热层工程量，按图示柱隔热层中心线的展开长度乘以图示高度及厚度以 m^3 计算。

4)门洞口侧壁周围的隔热层工程量，按图示隔热层的实体积以 m^3 计算，并入墙面的保温隔热工程量内。

(2)计算带木框或龙骨的保温隔热墙工程量，不扣除木框和龙骨所占体积。

(3)屋面保温隔热层工程量：按设计图示面积乘以平均厚度以 m^3 计算，如图 6-98 所示。其计算公式为

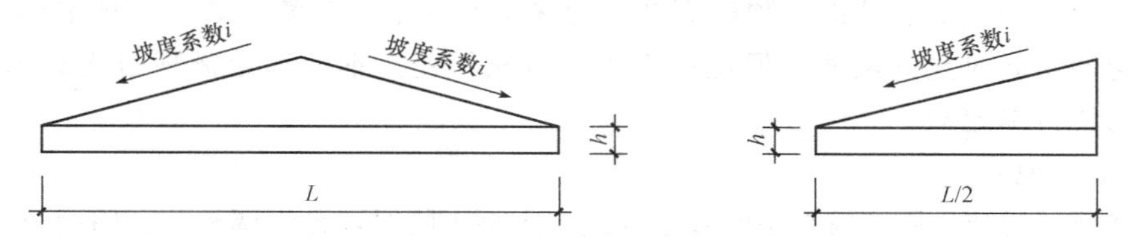

图 6-98　平屋面兼作找坡的保温隔热层

$$H_{平均厚度}=(L/2\times i+h+h)/2=(L/2\times i+2h)/2 \tag{6-58}$$

式中　$H_{平均厚度}$——保温隔热层平均厚度；

L——找坡宽度；

i——设计规定的坡度系数(%)；

h——设计规定的保温隔热层最薄处的厚度。

保温隔热层工程量：

$$V=S\times H_{平均厚度} \tag{6-59}$$

式中　S——设计图示保温隔热层面积。

【例 6-14】 某工程屋面如图 6-99 所示，女儿墙厚为 240 mm，采用 1∶6 水泥炉渣保温隔热层(兼找坡)；最薄处为 60 mm 厚；设计规定的坡度系数为 3%，试计算 1∶6 水泥炉渣保温隔热层的工程量。

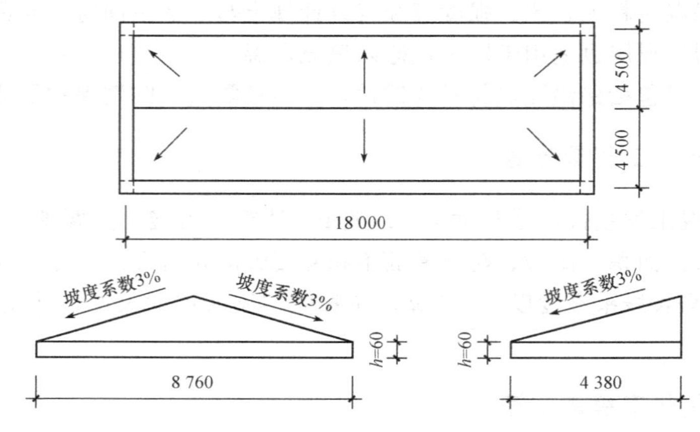

图 6-99　平屋面兼作找坡的保温隔热层

解：

$H_{平均厚度}=[(4.5-0.12)\times3\%+0.06\times2]/2=0.126(\text{m})$

$S_{女儿墙间净面积}=(18-0.24)\times(9.0-0.24)=155.58(\text{m}^2)$

$V_{水泥炉渣}=155.58\times0.126=19.60(\text{m}^3)$

答：该工程屋面 1∶6 水泥炉渣找坡工程量为 19.60 m^3。

十、抹灰工程

抹灰工程分部主要包括楼地面抹灰、墙柱面抹灰及顶棚抹灰等分项工程项目。

(一)主要分项工程项目的适用范围及定额说明

本分部定额中墙面、柱面、顶棚面规定的抹灰厚度不得调整。如设计规定的砂浆种类、配合比与定额不同时允许换算，但定额人工、机械不变。本分部定额项目无论采用何种施工方法，均执行本定额。

(1)楼地面说明。

1)整体面层的结合层、找平层的砂浆厚度与定额不同时，允许调整，套用相应定额项目。

2)整体面层除楼梯外，定额均未包括踢脚线工料，另按相应定额项目计算。

3)彩色水磨石楼(地)面嵌条分色以四边形分格为准，如采用多边形或美术图案者，人工乘以系数1.2；彩色水磨石的颜料是按矿物颜料考虑的，如设计规定颜料用量和品种与定额不同时，允许调整(颜料损耗按3%)。

(2)墙柱面说明。

1)墙面水泥砂浆抹灰分为普通和高级抹灰：

普通抹灰：一遍底层、一遍中层、一遍面层，三遍成活，总厚度20 mm以内；

高级抹灰：二遍底层、一遍中层、一遍面层，四遍成活，总厚度25 mm以内。

上述遍数，不包括刷素水泥浆。

2)墙面一般抹灰定额内未包括刷素水泥浆工料，发生时另外计算。

3)门窗洞口和空圈侧壁、顶面抹灰已包括在定额内，不另计算。

4)“零星项目”抹灰适用于挑檐、天沟、腰线、窗台线、门窗套、压顶、栏板、女儿墙内侧、扶手、遮阳板、雨篷围边、壁柜、碗柜、过人洞、暖气壁龛、池槽、花台等。

5)圆弧形、锯齿形、不规则形墙面、柱面抹灰，饰面按相应项目人工乘以系数1.15。

(3)顶棚说明。

1)顶棚抹灰定额内已包括基层刷108胶素水泥浆一遍的工料。

2)井字梁顶棚是指井内面积在5 m^2 以内的密肋小梁顶棚。

3)顶棚抹灰定额内已综合考虑了小圆角的工料，不另计算。

(二)工程量计算规则

抹灰工程量均按设计结构尺寸(有保温隔热、防潮层者按其外表面尺寸)以 m^2 计算。

(1)楼地面抹灰。

1)楼地面面层、找平层按墙与墙间的净面积计算，应扣除凸出地面的构筑物、设备基础、室内铁道、>0.3 m^2 的落地沟槽、放物柜、炉灶、柱和不作面层的地沟盖板等所占的面积。不扣除垛、间壁墙(厚120 mm以内的砌体)、烟囱及≤0.3 m^2 的孔洞、柱所占面积，但门洞空圈开口部分也不增加。

$$楼地面抹灰\ S=主墙间的净面积-\sum 大于0.3\ m^2的沟槽、柱等所占面积 \quad (6\text{-}60)$$

2)踢脚线以 m^2 计算，不扣除门洞及空圈所占的面积，但门洞、空圈、垛和侧壁也不增加。

3)水泥砂浆、水泥豆石浆及水磨石楼梯抹面以水平投影面积(包括踏步、休息平台、锁口梁)计算，楼梯井宽500 mm以内者不予扣除。楼梯与楼层相连接以最后一个踏步外边缘加300 mm为界。

(2)墙柱面抹灰。

1)内墙抹灰。内墙抹灰的长度，以墙与墙间图示净长尺寸计算，其高度按下列规定计算：

①无墙裙的，其高度以室内地坪面至板底面计算。

②有墙裙的，其高度按墙裙顶点至板底面计算。

③有吊顶顶棚者，其高度以室内地坪面(或墙裙顶点)至顶棚下表面，另加200 mm计算。

④内墙面和内墙裙抹灰面积，应扣除门窗洞口和空圈所占的面积，不扣除踢脚板、挂

镜线、≤0.3 m² 的孔洞和墙与梁头交接处的面积。墙垛和附墙烟囱的侧面抹灰合并在内墙抹灰工程量内计算。

2)外墙面抹灰。外墙面和外墙裙抹灰面积，按其垂直投影面积以 m² 计算，应扣除门窗洞口、空圈及>0.3 m² 的孔洞所占的面积。附墙垛的侧面抹灰面积并入外墙面抹灰工程量内计算；其中，单独的外窗台抹灰长度，如设计图纸无规定时，可按窗洞宽度两边共加 200 mm 计算，窗台展开宽度按 360 mm 计算。

(3)独立柱、单梁抹灰。独立柱和单梁等的抹灰，按设计结构尺寸(有保温隔热、防潮层者，按其外表面尺寸)以 m² 计算。

(4)零星抹灰：按设计图示尺寸以展开面积计算。

(5)顶棚抹灰。

1)顶棚抹灰按墙与墙间的净空面积计算，不扣除间壁墙(包括 120 mm 砖墙)、垛、附墙烟囱、检查洞、顶棚装饰线脚、管道以及≤0.3 m² 的通风孔、灯槽、柱等所占的面积。其中，槽形板底、混凝土折瓦板、密肋板底、井字梁板底抹灰工程量按表 6-41 的规定乘以系数计算；有梁板底抹灰按展开面积计算。

表 6-41 顶棚抹灰系数

项目	系数	工程量计算方法
槽形板底、混凝土折瓦板底	1.35	梁肋不展开，以长乘宽计算
密肋板底、井字梁板底	1.50	

2)阳台底面的抹灰按水平投影面积以 m² 计算，并入相应顶棚抹灰面积内。阳台如带悬臂梁者，其工程量乘以系数 1.3。

3)雨篷底面按水平投影面积以 m² 计算，并入相应顶棚抹灰面积内，底面带悬臂梁者，其工程量乘以系数 1.2。

4)檐口顶棚的抹灰，并入相应的顶棚抹灰工程量内计算。

5)楼梯底面抹灰工程量(包括楼梯休息平台)按水平投影面积计算，有斜平顶的乘以系数 1.3；无斜平顶的(锯齿形)乘以系数 1.5，按顶棚抹灰定额计算。

【例 6-15】 某工程一间办公室平面如图 6-100 所示，门洞宽为 1 000 mm，试计算楼面各构造层的工程量。楼面构造层的做法如下：

①钢筋混凝土楼板；

②20 厚 1∶3 水泥砂浆找平层；

③30 厚 1∶2 水泥豆石面层；

④1∶2 水泥豆石浆踢脚线 150 高。

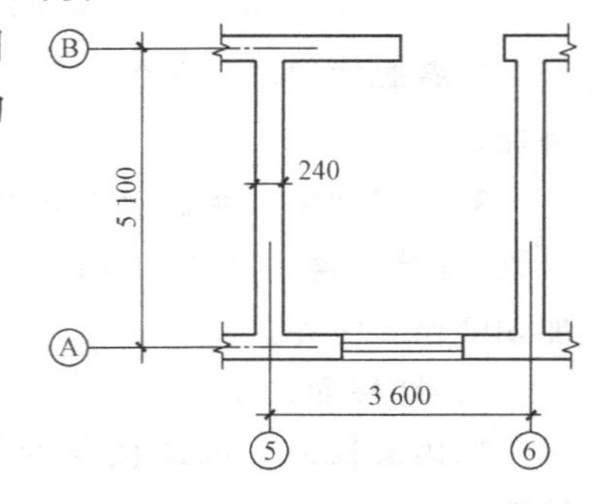

图 6-100 某工程卫生间平面图

解：

(1)20 厚 1∶3 水泥砂浆找平层：$S=(3.6-0.24)\times(5.1-0.24)=16.33(m^2)$；

(2)30 厚 1∶2 水泥豆石面层(计算同上)：$S=16.33\ m^2$；

(3)1∶2 水泥豆石浆踢脚线：$S=(3.36+4.86)\times2\times0.15=2.47(m^2)$。

答：该办公室各构造层的工程量：20 厚 1∶3 水泥砂浆找平层、30 厚 1∶2 水泥豆石面层均为 16.33 m²；1∶2 水泥豆石浆踢脚线为 2.47 m²。

十一、油漆、涂料工程

油漆、涂料工程主要包括木材面油漆、金属面油漆、抹灰面油漆(涂料)等分项工程项目。

(一)主要分项工程项目的适用范围及定额说明

本分部定额规定：刷油漆、涂料采用手工操作，喷油、喷塑、喷涂采用机械操作，如操作方法不同时，均执行本定额。

(1)油漆工料已综合浅、中、深等各种颜色在内，无论采用何种颜色均执行本定额；本定额已综合考虑在同一平面的分色及门窗内外分色，如需做美术图案者另行计算。

(2)定额所规定的喷、涂、刷遍数，如与设计图纸要求不同时，可按每增加一遍的定额项目进行调整。

(3)由于涂料品种繁多，如材料品种不同时可以换算，人工、机械不变。

(二)工程量计算规则

(1)木材面油漆工程量。各类木材面油漆工程量应分别按表6-42～表6-46中规定的方法计算，并乘以表中所列相应系数。

1)木门窗工程量应乘以表6-42和表6-43中相应系数。

表6-42　按木门工程量乘以表中相应系数

项目名称	系数	工程量计算方法
单层木门	1.00	按单面洞口面积计算
双层(一板一纱)木门	1.36	
双层(单裁口)木门	2.00	
单层全玻门	0.83	
木百叶门	1.25	
厂库大门	1.10	

表6-43　按木窗工程量乘以表中相应系数

项目名称	系数	工程量计算方法
单层玻璃窗	1.00	按单面洞口面积计算
双层(一玻一纱)窗	1.36	
双层(单裁口)木窗	2.00	
三层(二玻一纱)窗	2.60	
单层组合窗	0.83	
双层组合窗	1.13	
木百叶窗	1.50	

2)其他木材面工程量应乘以表 6-44 中相应系数。

表 6-44　按其他木材面工程量乘以表中相应系数

项目名称	系数	工程量计算方法
木板、纤维板、胶合板顶棚、檐口	1.00	长×宽
清水板条顶棚、檐口	1.07	
木方格吊顶顶棚	1.20	
吸音板、墙面、顶棚面	0.87	
鱼鳞板墙	2.48	
木护墙、墙裙	1.00	
窗台板、筒子板、盖板	0.82	
暖气罩	1.28	
屋面板(带檩条)	1.11	斜长×宽
木间壁、木隔断	1.90	单面外围面积计算
玻璃间壁露明墙筋	1.65	
木栅栏、木栏杆(带扶手)	1.82	
木屋架	1.79	跨度(长)×中高×1/2
衣柜、壁柜	1.00	按实刷面积
零星木装修	0.87	展开面积

3)木扶手工程量应乘以表 6-45 中相应系数。

表 6-45　木扶手(不带托板)及其他木作工程量乘以表中相应系数

项目名称	系数	工程量计算方法
木扶手(不带托板)	1.00	按延长米计算
木扶手(带托板)	2.60	
窗帘盒	2.04	
封檐板、博风板、顺水板	1.74	
挂衣板、黑板框、生活园地框	0.52	
挂镜线、窗帘棍、压条	0.40	

(2)抹灰面油漆(涂料)。

1)有梁板底油漆、涂料工程量按展开面积计算。

2)楼梯底面油漆、涂料工程量(包括楼梯休息平台)按水平投影面积计算，有斜平顶的乘以系数 1.3；无斜平顶(锯齿形)的乘以系数 1.5。

3)混凝土槽形板底、混凝土折瓦板底、密肋板底、井字梁板底油漆、涂料工程量按表 6-46 规定乘以系数计算。

表 6-46 槽形板底、混凝土折瓦板底、密肋板底、井字梁板底油漆工程量乘以表中相应系数

项目名称	系数	工程量计算方法
槽形板底、混凝土折瓦板底	1.35	梁肋不展开，以长×宽计算
密肋板底、井字梁板底	1.50	

(3)楼地面、顶棚面、墙、柱、梁面的喷(刷)涂料及抹灰面油漆同“抹灰工程”分部的工程量计算规则。

(4)金属面油漆：各类金属面油漆工程量应分别按表 6-47～表 6-49 中规定的方法计算，并乘以相应表列系数。

1)钢门窗工程量应乘以表 6-47 中相应系数。

表 6-47 按钢门窗(及其他)工程量乘以表中相应系数

项目名称	系数	工程量计算方法
单层钢门窗	1.00	洞口面积
双层(一玻一纱)钢门窗	1.48	
钢百叶门	2.74	
半截百叶钢门	2.22	
钢板门或包薄钢板门	1.63	
钢折叠门	2.30	
射线防护门	2.96	框(扇)外围面积
厂库房平开、推拉门	1.70	
钢丝网大门	0.81	
金属间壁	1.90	长×宽
平板屋面	0.74	斜长×宽
瓦垄板屋面	0.89	
排水、伸缩缝盖板	0.78	展开面积
吸气罩	1.63	水平投影面积

2)其他金属面工程量应乘以表 6-48 和表 6-49 中相应系数。

表 6-48 按其他金属面工程量乘以表中相应系数

项目名称	系数	工程量计算方法
钢屋架、天窗架、挡风架、屋架梁、支撑、檩条	1.00	质量(t)
墙架(空腹式)	0.50	
墙架(格板式)	0.82	
钢柱、吊车梁、花式梁、柱、空花构件	0.63	
操作台、走台、制动梁、钢梁车挡	0.71	
钢栅栏门、栏杆、窗栅	1.71	
钢爬梯	1.20	
轻型屋架	1.42	
踏步式钢扶梯	1.10	
零星铁件	1.32	

表 6-49　按平板屋面(涂刷磷化、醇酸黄底漆)及其他项目工程量乘以表中相应系数

项目名称	系数	工程量计算方法
平板屋面	1.00	斜长×宽
瓦垄板屋面	1.20	
排水、伸缩缝盖板	1.05	展开面积
吸气罩	2.20	水平投影面积
包镀锌薄钢板门	2.20	洞口面积

十二、构筑物工程

构筑物工程分为标准构筑物和非标准构筑物两类。

(一)标准构筑物说明

标准构筑物的定额项目中已综合了基础土方(包括挖、填、运)，不得另行计算。其中：

(1)水池、沼气池等项目未包括水、电、避雷等安装工程费用。

(2)钢筋混凝土屋顶水箱定额中未包括搁置水箱的梁，应另行计算。

(3)定额参照以下图集进行编制："①钢筋混凝土矩形、圆形清水池 96S811～838；②生活水净化沼气池 90SS－1；③砖砌化粪池 92S213(一)～(五)；④钢筋混凝土化粪池 92S214(一)～(五)；⑤钢筋混凝土屋顶水箱川 91S801；⑥砖砌隔油池 S217。"若与设计规定不同时，应另行计算。

(4)标准构筑物的混凝土均按现场搅拌计算，未包括地下基础降水费。

(5)标准构筑物的混凝土是按中砂编制，若采用特细砂时，其水泥用量增加 10％、砂的用量减少 20％，石的用量增加 15％，其他不变。

(6)标准构筑物的脚手架按"脚手架分部"中的单项脚手架计算。

(二)非标准构筑物说明

非标准构筑物定额中未包括的项目(如挖土、垫层、抹灰、基础等)，应按定额有关分部的相应定额项目计算；钢筋混凝土烟囱筒身及圆形贮仓筒壁，按滑模施工工艺考虑，如实际采用模板与定额规定不同时，不得换算；钢滑模定额内已包括提升支撑杆的用量，编制预算时，不得调整或换算。

(1)预制构件制、安、运损耗，按混凝土分部损耗率计算；钢筋、铁件的损耗率和钢筋搭接量的计算，均按混凝土及钢筋混凝土分部有关规定计算。

(2)毛石混凝土的毛石用量不得换算。

(3)井壁、池壁水泥砂浆抹面按抹灰分部相应定额项目计算，其他构筑物的抹灰，按抹灰分部相应定额项目计算，但人工应乘以系数 1.21。

(4)构筑物脚手架按脚手架分部的规定计算。

(5)砖烟囱不分圆形和方形，均按砖烟囱定额项目计算。

(6)砖烟道的钢筋混凝土构件，应按"混凝土及钢筋混凝土"分部相应定额项目计算。

(7)水箱底不分平底、拱底，水箱顶不分锥形、球形均按定额计算。

(8)"水箱顶板、底板"等定额也适用于砖塔身的水箱。

(9)预制钢筋混凝土盖板，小梁安装项目定额中不包括盖板、小梁的制作费，其制作费应按混凝土及钢筋混凝土分部预制零星构件计算。

(10)石板铺地沟底板执行石盖板定额项目，人工乘以系数1.2。地沟石板盖板按150 mm考虑，实际与定额不同时，可以换算。

(三)标准构筑物计算规则

凡设计选用标准图集与定额所选标准图集相同者，均按座计算工程量。

(四)非标准构筑物计算规则

混凝土及钢筋混凝土构件的工程量，按施工图示尺寸计算，不扣除钢筋、铁件及$\leqslant 0.05\ m^2$的螺栓盒等所占的体积。

(1)烟囱。

1)烟囱基础。砖烟囱基础与砖筒身以砖基础大放脚的扩大面顶面为界；砖基础以下的混凝土及钢筋混凝土底板，按相应定额项目计算；钢筋混凝土烟囱基础，其基础板(包括筒座)按基础计算，筒座以上按筒身计算。

2)烟囱筒身。烟囱筒身，无论圆形、方形均按图示不同厚度，不同材料分段计算。每段烟囱的体积，等于每段中心线周长乘以每段筒壁厚度，再乘以每段筒身的高度，加牛腿体积，并扣除筒身$>0.3\ m^2$的各种孔洞(砖烟囱扣除钢筋混凝土圈梁、过梁)的体积。其工程量可按式(6-61)计算。

$$V=\sum h\times c\times \pi D-\sum(\text{筒身}>0.3\ m^2\text{的孔洞}+\text{嵌入筒身的混凝土体积})\quad(6\text{-}61)$$

式中 V——筒身体积；

H——每段筒身的垂直高度；

C——每段筒身的壁厚；

D——每段筒身中心线的直径。

3)砖烟囱内的钢筋混凝土构件。

①砖烟囱内的钢筋混凝土圈梁按本分部“钢筋混凝土圈梁、压顶”定额计算，过梁按混凝土及钢筋混凝土分部相应定额项目计算。

②砖烟囱砌体内采用钢筋加固者，根据设计规定的钢筋用量，按砖石分部“砌体钢筋加固”定额计算。

4)烟囱内衬。按不同种类烟囱内衬，以实体积计算，并扣除$>0.3\ m^2$的孔洞所占的体积。

5)烟囱内表隔绝层。

①烟囱内表隔绝层，按筒身内壁的面积计算，并扣除$>0.3\ m^2$的各种孔洞所占面积。

②填料体积按烟囱内衬与筒身之间的体积计算，并扣除$>0.3\ m^2$的各种孔洞所占体积，但不扣除连接横砖及防沉带的体积，填料人工已包括在内衬定额内，填充材料另行计算。

6)烟道砌砖。烟道与炉体的划分，以第一道闸门为准，在炉体内的烟道应列入炉体工程量计算。

(2)水塔。

1)水塔基础。基础与塔身的划分：砖水塔以砖基础大放脚的扩大顶面为界；钢筋混凝土筒式塔身以筒座上表面或基础底板或梁顶为界。与基础板相连接的梁并入基础内计算。

2)水塔塔身。

①塔身与水箱底的分界线：以水箱底相连接的圈梁下口为界。圈梁底以上为箱底，圈梁底以下为塔身。

②钢筋混凝土筒式塔身，应扣除门窗洞口所占体积，依附于塔身的过梁、雨篷、挑檐等工程量，并入筒壁体积内计算；柱式塔身，不分柱(直柱和斜柱)、梁合并计算。

③砖塔身不分厚度、直径以 m^3 计算，应扣除门窗洞口面积和混凝土构件所占的体积。砖碹及砖出檐等并入塔身体积内，砖碹胎板的工料，不另计算。

3)塔顶及水箱底。

①钢筋混凝土水箱顶、水箱底及挑出的斜壁工程量合并计算。

②塔顶上如铺填保温材料，应另列项目计算。

4)水箱壁。

①依附于水箱壁的柱、梁等均并入水箱壁体积计算。

②砖水箱不分壁厚以 m^3 计算。

(3)贮水(油)池。

1)池底。平底的池底体积，应包括池壁下部的八字靴脚，池底如带有斜坡时，斜坡部分应按坡底定额计算；锥形底的池底体积，应算至壁基梁底面；无壁基梁时，算至锥形坡底的上口。

2)池壁。池壁应分别按不同厚度(上薄下厚的池壁按平均厚度)计算，其高度从池底上表面算至池盖下表面。

3)池盖。

①无梁盖是指不带梁，直接用柱支撑的盖，其体积的计算应包括与池壁相连的扩大部分(三角形八字)的体积；肋形盖应包括主、次梁的体积；球形盖从池壁顶面开始计算。带边侧梁的球形盖，边侧梁应并入球形盖体积内计算。

②柱高应从池底表面算至池盖的下表面，柱帽、柱座应并入柱的体积内。

(4)检查井及化粪池、沼气池：砖(石)砌及钢筋混凝土井(池)壁不分厚度以 m^3 计算，不扣除≤0.3 m^2 的孔洞，所有管道或洞上的砖碹，已包括在定额内，不另计算。

(5)地沟。

1)砖、混凝土地沟按图示尺寸以 m^3 计算。

2)地沟盖板按图示尺寸以 m^2 计算。

十三、零星工程

零星工程主要包括预制钢筋混凝土壁龛、各类预制池槽、操作台、厕所便槽、台阶、防滑坡道、室外明沟、散水(图 6-101)等分项工程项目。

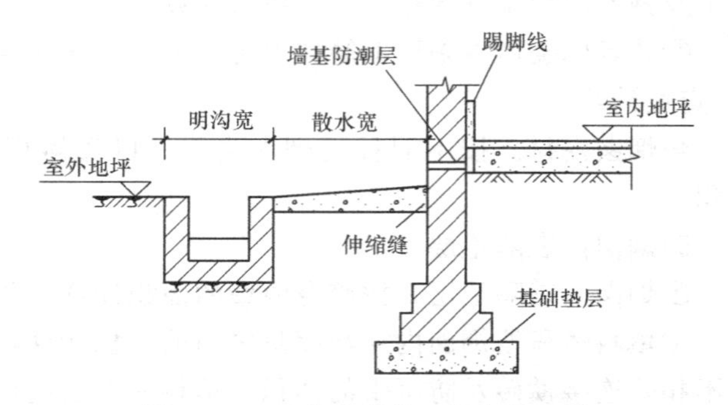

图 6-101　建筑物明沟、散水示意图

(一)主要分项工程项目的适用范围及定额说明

(1)凡未注明规格的池、槽(盆)，其规格已综合考虑在定额内，不再调整。

(2)预制钢筋混凝土壁龛搁板、池、槽(盆)定额项目已包括制、运、安、坐浆、抹灰、钢筋制安、零星砌体等内容，不得另行计算。

(3)台阶、防滑坡道定额项目包括垫层和面层；墙角排水坡定额项目未包括垫层，垫层按其他分部相应项目计算；明(暗)沟定额项目已包括挖地槽、垫层、沟底及沟壁等内容。

(4)小便槽定额项目均未包括小便槽挡墙及与小便槽同标高以上墙裙抹灰及贴瓷砖的工料。

(5)隔板蹲式厕所、水冲沟槽式大便槽项目均已包括墩台以上墙裙及隔板的抹灰以及贴瓷砖等的工料，不得另行计算；蹲位小门未包括在隔板中，另按“木结构工程”分部相应定额项目以 m^2 计算。

(6)如混凝土和砂浆采用特细砂时，其水泥用量增加 10%、砂的用量减少 20%、石的用量增加 15%，其他不变，已列出特细砂的项目不得再作调整。

(二)工程量计算规则

(1)台阶、防滑坡道及墙角排水坡：均按水平投影面积计算(不包括梯带、花池等)，如混凝土台阶与平台连接时，其分界线以最上层踏步外边沿加 300 mm 计算，如图 6-102 所示。

(2)预制钢筋混凝土壁龛、清水池、拖布池等按个计算。

(3)预制钢筋混凝土清水池带污水池、洗涤盆带污水斗按套计算。

(4)预制钢筋混凝土洗碗槽、盥洗台、灶台、操作台、预制磨石窗台板、小便槽、明(暗)沟按图示尺寸以 m 计算。

(5)胶合板布告栏、布告箱、信报箱、木碗柜按正立面投影面积以 m^2 计算。

(6)通风篦、钢管柱钢丝(板)网围墙、铁栅栏围墙等以 m^2 计算。

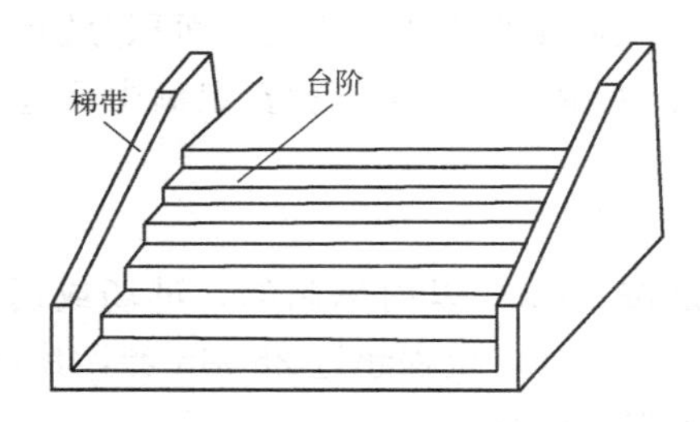

图 6-102　室外台阶梯带示意

十四、其他工程

其他分部主要包括建筑物垂直运输、构筑物垂直运输、建筑物施工超高增加费、大型机械一次安拆费、大型机械进场费等分项工程项目。

(一)主要分项工程项目的适用范围及定额说明

(1)建筑物垂直运输。

1)定额包括：在合理工期内完成单位工程全部工程项目所需垂直运输机械费；除定额有特殊规定外，其他垂直运输机械的场外往返运费，一次安拆费用已包括在台班单价中。

2)同一建筑物带有裙房者或檐高不同者，应分别计算建筑面积，并分别套用不同檐高的定额项目。

3)同一建筑物多种结构类型，按不同结构类型分别计算，分别计算后的建筑物檐高，均以该建筑物总檐高为准。

4)檐高在3.6 m以内的单层建筑物，不计算垂直运输机械费。

5)建筑物垂直运输项目，檐高20 m和6层(包括地面以上层高2.2 m及以上的技术层)以内的建筑，不分檐高和层数；超过6层的建筑物均以檐高为准。

6)砖混结构檐高25 m以内垂直运输机械费项目是按卷扬机施工考虑的，若采用塔式起重机施工时，乘以系数2.1。

7)建筑物的檐口高度是指设计室外地坪至檐口滴水的高度，突出主体建筑物屋顶的电梯机房、楼梯出口间、水箱间、瞭望塔、排烟机房等不计檐高和层数，但要计算面积；平顶屋面有天沟的算至天沟板底，无天沟的算至屋面板底，多跨厂房和仓库按主跨划分。屋顶上的特殊构筑物(如葡萄架等)、女儿墙不计算面积和高度。

(2)构筑物垂直运输：构筑物的高度以设计室外地坪至构筑物的顶面高度为准。

(3)建筑物超高施工增加费。

1)超高施工增加费是指单层建筑物檐高20 m以上，多层建筑物6层以上的人工、机械降效、施工电梯使用费、安全施工增加费、通信联络、建筑垃圾清理及排污费、高层加压水泵的台班费。

凡多层建筑物层数超过6层，均应按超过部分的建筑面积计算超高施工增加费。

2)垂直运输机械等的机型已综合考虑，无论实际采用何种机械均不得换算。

3)同一建筑物的不同檐高，应按不同高度的建筑面积分别计算超高施工增加费。

(4)大型机械一次安拆费：大型机械一次安拆费定额中已包括机械安装完毕后的试运转费用。

(5)大型机械进场费。

1)大型机械进场费定额是按25 km以内编制的，进场或返回的全程在25 km以内者，按“大型机械进场费”的相应定额执行，全程超过25 km者，其进出场的台班数量按实计算，台班单价按施工机械台班费用定额计算。

2)大型机械在施工完毕后，无后续工程使用，必须返回施工单位机械停放场(库)者，经建设单位签字认可，可计算大型机械回程费；但在施工中途，施工机械需回库(场、站)修理者，不得计算大型机械进、出场费。

3)进场费定额内未包括回程费用，实际发生时按相应进场费项目执行。

4)进场费未包括架线费、过路费、过桥费、过渡费等，发生时按实计算。

5)拖式铲运机的进场费按相应规格的履带式推土机乘以系数1.1。

(二)工程量计算规则

(1)建筑物垂直运输、超高施工增加费的面积按“建筑面积计算规则”以 m^2 计算。

(2)构筑物垂直运输机械台班以“座”计算，超过规定高度时，再按每增加 1 m 项目计算，其增加高度不足 1 m 时，也按 1 m 计算。

(3)塔式起重机轨道式基础铺设以两轨中心线的实际铺设长度计算，固定式基础以“座”计算。

(4)大型机械一次安拆费，大型机械进场费均以“台次”为单位计算。

第五节　装饰工程工程量计算规则

《四川省装饰工程计价定额》包括：楼地面工程；墙柱面工程；顶棚工程；门窗工程；油漆、涂料工程；零星装饰工程；脚手架工程，共计 7 个分部，以下将对装饰工程各分部分项工程量计算规则、有关定额说明予以阐述。

一、楼地面工程

楼地面工程主要包括各类块料面层，如大理石、花岗石、彩釉砖、木地板及木踢脚板、防静电地板、地毯等楼地面；各类栏杆、栏板、扶手，如铝合金管栏杆栏板、不锈钢钢管栏杆栏板、铁花栏杆栏板、木栏杆及木扶手等分项工程项目。

(一)主要分项工程项目的适用范围及定额说明

(1)块料面层的材料规格不同时，定额用量不得调整；块料面层的“零星项目”适用于楼梯、台阶的牵边及侧面、楼地面周边装饰线等。

(2)不锈钢钢管栏杆、栏板项目是按直线竖条、直线其他、螺旋竖条综合考虑的，如设计规定与定额不同时，未计价材料用量可以调整(定额中以 m 为单位，其损耗率为 6%)。

(3)栏杆、栏板、扶手项目适用于楼梯、走廊、回廊及其他装饰性栏杆、栏板和扶手。

(4)定额已包括石材侧边磨平，其他磨边按实另行计算。

(5)砂浆粘贴块料面层，不包括找平层，只包括结合层砂浆。

(6)螺旋形楼梯装饰面执行相应楼梯项目，乘以系数 1.15。

(二)工程量计算规则

(1)楼地面装饰面积按实铺面积计算，不扣除≤0.1 m^2 的孔洞所占面积。

(2)楼梯、台阶以实铺的水平投影面积计算；楼梯面积包括踏步和休息平台；楼梯、台阶与楼地面分界以最后一个踏步外沿加 300 mm 计算。

(3)踢脚线(板)以延长米乘以高度按实贴面积计算。

(4)楼地面金属板条、封口条按延长米计算。

(5)点缀拼花按点缀实铺面积计算，在计算主体铺贴地面面积时，不扣除点缀拼花所占的面积。

台阶与平台相连计算如图 6-103 所示。

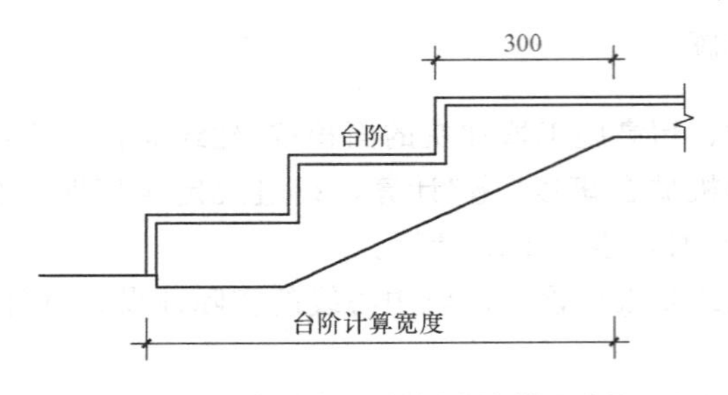

图 6-103　台阶与平台相连计算示意图

【例 6-16】 某收发室底层平面如图 6-104 所示，M1：1 000 mm×2 000 mm、M2：800 mm×2 000 mm；C1：1 800 mm×1 500 mm、C2：1 500 mm×1 500 mm；地面及台阶为花岗石贴面；150 mm 高釉面砖踢脚板(室内地面)，试计算地面、台阶及踢脚板的工程量。

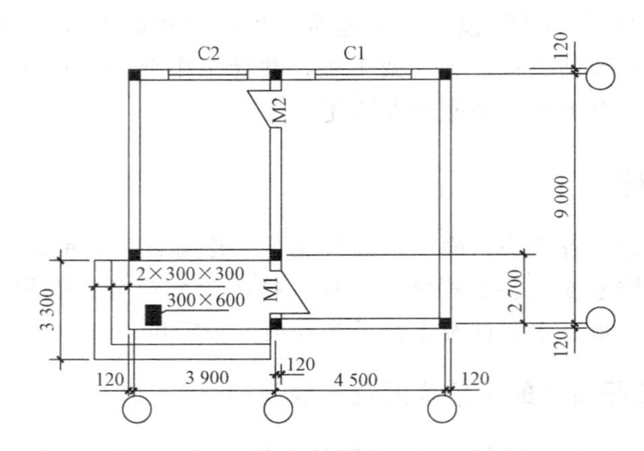

图 6-104　某收发室底层平面示意

解：

(1)$S_{室内地板}$＝(3.9－0.24)×(9－2.7－0.24)＋(4.5－0.24)×(9－0.24)＋(1.0＋0.8)×0.24＝59.93(m^2)；

(2)$S_{台阶平台}$＝(3.9－0.3)×(3.3－0.3×3)－0.3×0.6＝8.46(m^2)；

(3)$S_{地板汇总}$＝59.93＋8.46＝68.39(m^2)；

(4)$S_{台阶踏步}$＝(3.9＋0.6)×0.9＋(3.3－0.9)×0.9＝6.21(m^2)；

(5)$S_{踢脚}$＝[(3.9－0.24＋9.0－2.7－0.24)×2＋(4.5－0.24＋9.0－0.24)×2－(1.0＋0.8)＋4×0.24]×0.15＝6.70(m^2)。

答：该收发室花岗石地面、台阶的工程量分别为 68.39 m^2、6.21 m^2；釉面砖踢脚板为 6.70 m^2。

二、墙柱面工程

墙柱面工程主要包括各类镶贴块料面层，如大理石、花岗石、面砖、瓷砖等墙柱面；各类墙柱(梁)龙骨层、基层及饰面面层，如墙柱(梁)木龙骨、钢龙骨、墙柱(梁)面基层、墙柱(梁)面面层；幕墙；隔墙等分项工程项目。

(一)主要分项工程项目的适用范围及定额说明

(1)木作墙柱面是按龙骨、基层、面层分别列项编制的。

(2)圆弧形、锯齿形和其他不规则的墙柱面镶贴块料面层时，人工乘以系数1.15。

(3)带有弧边的石材数量按实调整。

(4)镶贴块料面层零星项目适用于挑檐、檐口侧边、窗台、门窗套、扶手、栏板、遮阳板、雨篷反边、各种壁柜、过人洞、池槽、花台等。

(5)饰面面层定额中均未包括墙裙压顶线，压条，踢脚线，阴、阳角线，装饰线等，设计要求时，按其他分部相应定额计算。

(6)墙柱梁面的凸凹造型，龙骨、基层、面层每1 m^2 凹凸造型增加细木工0.1工日。

(7)幕墙上带窗者，增加的工料按相应定额计算。

(8)仿石砖按面砖定额执行，人工乘以系数1.20。

(9)瓷砖、面砖面层如带腰线者，在计算面层面积时不扣除腰线所占面积，但腰线材料费按实计算，其损耗率为2%。

(10)砂浆粘贴块料面层不包括找平层，只包括结合层砂浆。

(11)钢骨架上干挂花岗石(大理石)的钢骨架用量与设计不同时允许调整。

(12)干挂大理石(花岗石)项目中的不锈钢连接件与设计不同时，允许调整。

(13)设计面砖用量与定额不同时，允许调整。

(二)工程量计算规则

(1)镶贴块料面层按实贴面积以 m^2 计算，不扣除≤0.1 m^2 的孔洞所占面积。

(2)柱墩、柱帽以个数计算。

(3)墙、柱、梁面木装饰龙骨、基层、面层工程量按实铺面积以 m^2 计算，附墙垛、门窗侧壁按展开面积并入相应的墙面面积内。

(4)玻璃幕墙与铝合金隔断，均以框外围面积计算，扣除门窗洞口所占面积。幕墙与建筑顶端、两侧的封边按图示尺寸以 m^2 计算，自然层的水平隔离与建筑物的连接按延长米计算。

(5)墙、柱梁面的凹凸造型展开计算，合并在相应的墙柱梁面面积内。

【例6-17】 某酒店标准间共计72个，混水砖墙面，其平面如图6-105所示，M1：900 mm×2 000 mm、M2：800 mm×2 000 mm，卫生间内墙面做法如下：

①13厚1∶3水泥砂浆打底；

②墙面贴瓷片至2.40 m高吊顶顶棚底(M2门洞侧壁及顶面不贴瓷片另行装修，砂浆打底、粘结层及瓷片层总厚25 mm)。

试计算该酒店卫生间内墙面贴瓷片及抹灰工作量。

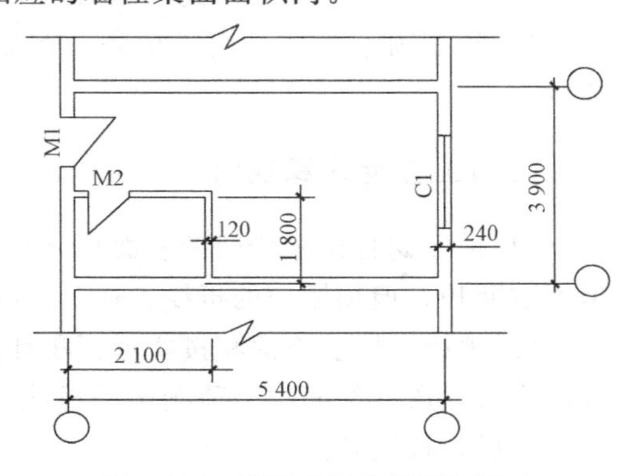

图6-105 某酒店标准间平面图

解： 一个标准间各构造层的工程量：

(1)13厚1∶2水泥砂浆打底：

$L=(2.1-0.18+1.8-0.18)\times 2=7.08(\mathrm{m})$

$H=2.4(\mathrm{m})$

$S_1=7.08\times2.4-0.8\times2.0=15.39(\mathrm{m}^2)$

$S_{总}=15.39\times72=1\ 108.08(\mathrm{m}^2)$

(2)瓷砖墙面：

$L=(2.1-0.23+1.8-0.23)\times2=6.88(\mathrm{m})$

$H=2.4(\mathrm{m})$

$S_1=6.88\times2.4-0.8\times2.0=14.91(\mathrm{m}^2)$

$S_{总}=14.91\times72=1\ 073.52(\mathrm{m}^2)$

答：该酒店72个标准间中卫生间的工程量为：13厚1∶2水泥砂浆打底1 108.08 m²；瓷砖墙面1 073.52 m²。

三、顶棚工程

顶棚工程主要包括各类顶棚龙骨，如木龙骨、各种轻钢龙骨及铝合金龙骨，如方(圆)木龙骨、装配式U形轻钢龙骨、装配式T形铝合金龙骨、铝合金方板龙骨等；各类顶棚吊顶封板，如胶合板、纸面石膏板等；顶棚面层及饰面，如贴各种木质面板、石棉吸声板、镜面玻璃等；木方格吊顶装饰等分项工程项目。

(一)主要分项工程项目的适用范围及定额说明

(1)顶棚工程分部是按龙骨、封板、面层、龙骨及饰面组合列项，龙骨是按常用材料及规格组合编制的，如与设计规定不同时，可以换算，人工及其他材料不变。木质龙骨损耗率为6%，轻钢龙骨损耗率为6%，铝合金龙骨损耗率为7%。定额中的木龙骨规格，大龙骨为50 mm×70 mm，中小龙骨为50 mm×50 mm，吊木筋为50 mm×50 mm。

(2)顶棚面层定额中已包括检查孔的工料，不另计算，但未包括各种装饰线条，设计要求时，另按零星装饰工程分部相应定额计算。

(3)定额未包括木龙骨及封板的防火处理，如设计要求做防火处理，应按油漆、涂料工程分部相应定额项目计算。

(4)对于跌级造型的顶棚，面层人工乘以系数1.3。

(5)顶棚圆木骨架，用于板条、钢板网、木丝板顶棚面层时，扣除定额中1.13 m³的原木。

(二)工程量计算规则

(1)顶棚龙骨按主墙间净空面积计算，不扣除间壁墙、检查口、附墙烟囱、柱、垛和管道所占面积，但顶棚中的折线、迭落等圆弧形、高低吊灯槽等面积也不展开计算。

(2)顶棚面层装饰面积按实铺面积计算，不扣除≤0.1 m²的占位面积，应扣除与顶棚相连的窗帘盒所占的面积。顶棚中的折线、迭落等圆弧形、拱形、高低灯槽及其他艺术形式顶棚面层，按展开面积计算。

(3)楼梯底面的装饰工程量按实铺面积计算。

(4)凹凸顶棚按展开面积计算。

(5)镶贴镜面按实铺面积计算。

【例6-18】 某办公室平面如图6-106所示，外墙厚为240 mm；内墙厚为120 mm；柱断面：400 mm×400 mm；M1为门带窗(门：900 mm×2 000 mm；窗：1 500 mm×1 500 mm)、M2：800 mm×2 000 mm；C1：1 800 mm×1 800 mm；顶棚做法为：

①钢筋混凝土板下50 mm×50 mm方木龙骨；

②胶合板贴面(平面顶棚，无跌级造型)；

③乳胶漆做法：满刮腻子两遍，乳胶漆底漆一遍，面漆两遍。

试计算该吊顶顶棚的方木龙骨、封胶合板的工程量。

解：

50 mm×50 mm方木龙骨：

$S_{方木龙骨}=(3.6+4.2-0.24)\times(6.9-0.24)=50.35(m^2)$

$S_{胶合板贴面}=(3.6-0.18+4.2-0.18)\times(6.9-0.24)=49.55(m^2)$

答：该办公室的顶棚工程量为：50 mm×50 mm方木龙骨50.35 m²；胶合板贴面49.55 m²。

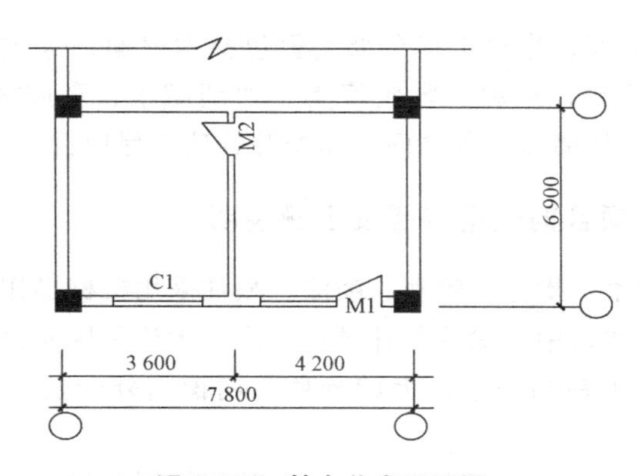

图6-106　某办公室平面图

四、门窗工程

门窗工程分部主要包括：铝合金门窗制作安装；成品铝合金门窗安装；不锈钢地弹门安装；电磁感应自动门制作安装；卷闸门安装；彩板组角钢门窗安装；成品塑钢门窗安装；装饰木门安装；包门窗套；门窗五金等分项工程项目。

(一)主要分项工程项目的适用范围及定额说明

(1)铝合金地弹门制作型材框料，按101.6 mm×44.5 mm、厚1.4 mm方管编制；平开门窗按50系列厚1.2 mm编制；推拉门窗按90系列厚1.2 mm编制；若型材规格与定额规定不符时，按实调整铝合金型材用量，损耗率按7%计算。

(2)成品铝合金门窗安装项目中，门窗成品价包括门窗框、玻璃、附件、毛条(胶条)、玻璃胶等。

(3)卷闸门(包括卷筒、导轨)、彩板组角钢门窗、塑钢门窗、实木门安装是按成品编制。

(4)不锈钢钢片包门框中，木骨架枋材断面按40 mm×45 mm计算，若设计与定额不同时，允许换算。

(5)塑钢窗含拼樘料者执行组合窗定额。

(二)工程量计算规则

(1)铝合金门窗制作安装、成品铝合金门窗、塑钢门窗、彩板组角钢门窗按设计洞口面积计算；地弹门、不锈钢钢门扇、门窗纱扇按扇外围面积计算。

(2)卷闸门按(门洞口高度＋600 mm)×(卷闸门实际宽度)计算。电动装置以套计算，小门以个计算。

(3)彩板组角钢门窗附框安装按延长米计算。

(4)包门框按展开装饰面积计算，如遇造型，其面层按外接矩形计算。实木门和窗边的装饰条按零星装饰分部相应项目执行，不另计面积。

(5)成品实木门安装按门扇宽度分类，以扇计算。

五、油漆、涂料工程

装饰工程定额中的油漆、涂料工程分部主要包括木材面油漆类，如基层处理、聚氨酯清漆、硝基磁漆、防火漆等；涂料、乳胶漆类，如刮腻子、乳胶漆、水泥漆、外墙涂料、喷塑、喷涂等；裱糊类，如墙面、梁柱面、顶棚等分项工程项目。

(一)主要分项工程项目的适用范围及定额说明

(1)刷涂、刷油采用手工操作，喷塑、喷涂、喷油采用机械操作。

(2)油漆工料已综合浅、中、深等各种颜色在内，无论采用何种颜色均执行本定额。

(3)定额已综合考虑了在同一平面上的分色及门窗内外分色。若需做美术图案者另行计算。

(4)喷塑(一塑三油)：底油、装饰漆、面油，其规格划分如下：

1)大压花：喷点压平，喷点面积在 1.2 cm^2 以上；

2)中压花：喷点压平，喷点面积在 1～1.2 cm^2；

3)喷中点、幼点：喷点面积在 1 cm^2 以下。

(二)工程量计算规则

(1)楼地面、顶棚面、墙面、柱面、梁面的喷(刷)涂料、阻燃剂及抹灰面油漆，其工程量计算与楼地面、顶棚面、墙面、柱面、梁面装饰工程相应的工程量计算规则相同。

(2)木材面的油漆工程量分别按表 6-50～表 6-52 规定的计算方法计算。

(3)线条与顶棚同色者，并入顶棚面积内计算；不同色者单独计算。

表 6-50　木门窗：按木门窗工程量乘以表中相应系数

项目名称	系数	工程量计算方法
单层木门	1.00	按单面洞口面积计算
双层木门	1.36	
半截百叶门窗	1.15	
单层全玻门	0.83	

表 6-51　其他木材面：按其他木材面工程量乘以表中相应系数

项目名称	系数	工程量计算方法
木地板、木踢脚线	1.00	长×宽
木墙裙	1.00	
吸音板(墙面或顶棚)	0.87	
木方格吊顶顶棚	1.20	
木板、纤维板、胶合板顶棚、檐口	1.00	
衣柜、壁柜	1.00	按各面投影面积计算
木窗套、门套	1.00	按展开面积计算
零星木装修	0.87	
木间壁、木隔断	1.90	按单面外围面积计算
木栅栏、木栏杆(带扶手)	1.82	
木楼梯(不包括底面)	1.90	按水平投影面积计算

表 6-52　木扶手、线条、窗帘盒：按其工程量乘以表中相应系数

项目名称	系数	工程量计算方法
木扶手	1.00	按延长米计算
木线条 60 mm 以内	0.40	
木线条 60 mm 以上	0.80	
窗帘盒	2.04	

六、零星装饰工程

零星装饰工程分部主要包括招牌基层，如平面招牌、箱式招牌、竖式招牌基层等；各种材质的美术字安装，如泡沫塑料有机玻璃字、木质字、金属字等；各类装饰条，如金属装饰条、木装饰条、石材装饰线等；零星装饰，如窗帘盒、洗漱台等；柜类木作；楼地面、墙面及顶棚的铲除、拆除等分项工程项目。

(一)主要分项工程项目的适用范围及定额说明

(1)本分部材质相同而规格品种不同时可以换算，其人工、材料消耗不予调整。

(2)招牌基层。

1)平面招牌是指安装在门前的墙面上；箱式招牌、竖式标箱是指六面体固定在墙体上。沿雨篷、檐口、阳台走向立式招牌，套用平面招牌的复杂项目。

2)一般招牌和矩形招牌是指正立面平整无凸出面，复杂招牌和异形招牌是指正立面有凸起或造型。招牌的灯饰均不包括在定额内。

3)招牌的面层套用顶棚相应面层项目，其人工费乘以系数 0.8。

(3)美术字。

1)美术字不分字体均执行定额。

2)其他面是指铝合金扣板面、钙塑板面。

(4)压条、装饰条。

1)压条、装饰条以成品安装为准，如现场制作木压条者，每10 m增加一般装饰技工0.25工日。

2)如在木基层顶棚面上钉压条、装饰条者，其人工乘以系数1.34；在轻钢龙骨顶棚板面钉压条、装饰条者，其人工乘以系数1.68，木装饰条做图案者，人工乘以系数1.8；如采用软塑料线条装饰者，其人工乘以系数0.5。

(5)柜类项目不包括柜门拼花；定额中未计价材料与设计含量不同时，允许调整；计价材料中已包括门锁、合页、拉手、插销、磁碰等五金件。

(二)工程量计算规则

(1)平面招牌基层，按正立面面积计算，复杂形凹凸造型部分不增减。

(2)沿雨篷、檐口或阳台走向的立式招牌基层，按平面招牌复杂形执行时，应按展开面积计算。

(3)箱式招牌和竖式标箱基层，按外围体积计算。凸出箱外的灯饰、店徽及其他艺术装潢等，另行计算。

(4)压条、装饰条均按延长米计算。

(5)美术字安装按字的最大外接矩形面积计算。

(6)窗帘盒、窗帘轨按延长米计算。

(7)附墙矮柜，嵌入墙内壁柜，附墙书柜按正立面面积计算，包括脚的高度在内。

(8)其他装饰项目，按所示计量单位计算。

(9)楼梯表面铲除，其工程量按水平投影面积乘以系数1.4，套本分部楼地面铲除定额。

七、脚手架工程

装饰工程脚手架分部包括外脚手架、里脚手架、高层整体提升架、挑脚手架、满堂脚手架、各类防护架、建筑物垂直封闭等分项工程项目。

(一)主要分项工程项目的适用范围及定额说明

(1)本分部脚手架是按钢管扣件式脚手架综合编制的，无论实际采用何种方式搭设，均执行定额。

(2)操作高度离地面超过3.6 m时，均按相应定额计算脚手架费。

(3)凡计算了顶棚满堂脚手架者，其四周的墙面装饰脚手架不再计算。

(4)本定额中的脚手架费，装饰单位搭设时方可计取，不搭设不计取。

(二)工程量计算规则

(1)幕墙和外墙镶贴块料面层脚手架，按外墙水平外边线长度乘以室外地坪至幕墙或块料面层顶端高度计算。

(2)里脚手架以内墙净长乘以净高计算。

(3)室内外柱按柱装饰外围周长加3.6 m乘以柱高计算，执行相应定额项目。

(4)满堂脚手架高度超过3.6 m，按室内主墙间水平投影面积以m^2计算，不扣除柱、垛所占面积，满堂脚手架高度从设计楼(地)面至施工顶面计算，高度＞3.6 m，≤5.2 m时，按基本层计算，高度＞5.2 m时，每增加0.6～1.2 m按增加一层计算，增加层高度≤0.6 m时，舍去不计。

(5)水平防护架按脚手板实铺的水平投影面积计算，垂直防护架按高度(从自然地坪至上层横杆)乘以两立杆之间的距离计算。

(6)脚手架垂直封闭按封闭的垂直投影面积计算。

本章小结

本章主要介绍了建筑、装饰工程的费用组成；建筑面积计算规范；工程量计算应遵循的基本原则、常见计算顺序；各分部主要分项工程的工程量计算规则、相关的定额说明。

建筑、装饰工程的费用组成、工程量计算规则均按四川省计价定额规定的标准逐项加以阐述；在介绍各分部分项工程量计算规则的同时，引入了各分部主要分项工程的定额说明，在一些工程量计算的重点、难点如“土石方”“桩基础”“砖石”“混凝土及钢筋混凝土”等分部中，将定额说明与工程量计算规则进行有机结合，揭示了分项工程项目的计算规则与定额说明、适用范围、项目名称及定额单价之间的内在联系；以期读者养成“算量必先读定额、看说明”的良好习惯，逐步达到熟悉定额、掌握定额、正确应用定额计算工程造价的目的。

复习思考题

1. 建筑工程费用由哪些部分组成？

2. 某正在建设中的28层电梯公寓(框架-剪力墙结构)建筑面积为13 500 m²，位于某省城的城市规划区内，施工该工程的建筑企业具有一级取费标准(无施工场地)，试确定：

①该电梯公寓的工程类别。

②该电梯公寓的其他直接费、现场管理费、临时设施费的费率；安全文明施工增加费、赶工补偿费的费率。

③该电梯公寓的企业管理费、财务费、劳动保险费、工程定额测定费的费率。

④其建筑施工企业的利润率。

⑤该电梯公寓的税率。

3. 什么是工程量？其物理计量单位和自然计量单位有哪些？应怎样保留工程量的小数点有效位数？

4. 阐述工程量计算的大致顺序。

5. 某六层建筑物的面积分布为：首层(无阳台)层高2.15 m，其净面积和结构面积之和为620 m²；二层及以上楼层的层高3.0 m，其净面积和结构面积之和为3 100 m²；阳台面积为390 m²；无柱雨篷挑出外墙面的宽度为2.1 m，其面积为10 m²，试计算该建筑物的建筑面积。

6. 某建筑物场地内有±0.3 m以内的土方挖、填及找平，其底层建筑面积为320 m²，外墙外边线的长度为88.96 m。试确定该项目的名称，并计算其工程量。

7. 某工程有砖砌带形基础230 m，三层大放脚62.5 mm×126 mm；原槽作基础垫层，垫层宽度为 0.815 m，基础底部宽度为 0.615 m，槽深为 2.1 m；室外地坪为－0.450 m；土壤类别为三类土。

①画出该带形砖基础的断面及土方开挖断面示意图。

②计算该带形砖基础的挖土方工程量。

③若该挖方量需运至另一施工场地作回填土，并要求按夯实后的体积收方，其回填土的工程量是多少？

8. 定额对砖基础与砖墙身的分界作出了怎样的规定？标准砖墙的厚度计算有什么规定？实砌墙体工程量中哪些应扣除？哪些不扣除？

9. 内外墙的计算高度是如何规定的？

10. 某带形砖基础平面、剖面如图 6-107 所示（基础底部标高 1.500 m），试计算该砖基础的工程量。

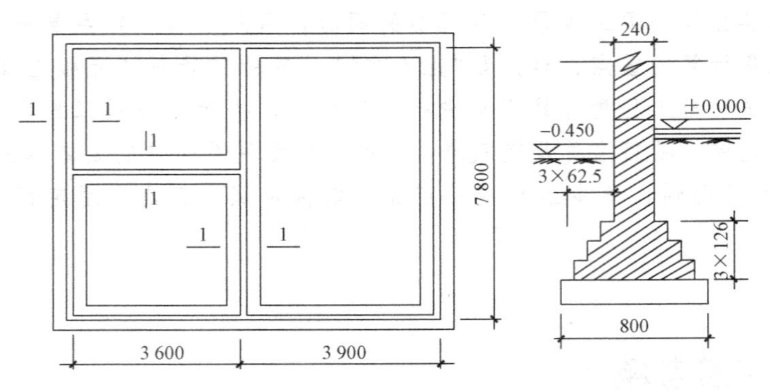

图 6-107　某带形砖基础平面、剖面

11. 某单位工程为一单层建筑物，其平面如图 6-108 所示，试确定其脚手架项目的名称，并计算其工程量。

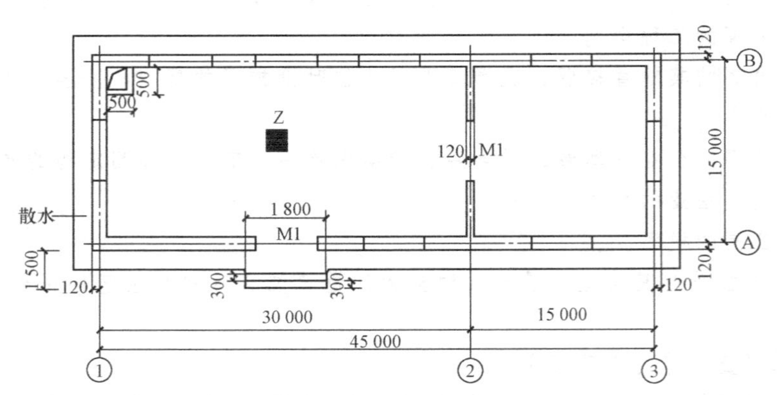

图 6-108　某单位工程单层建筑物平面图

12. 某工地有 100 根现浇钢筋混凝土冲孔灌注桩，桩的直径为 300 mm，桩身长为 9.0 m，桩尖长为 0.3 m，其桩身与桩尖浇为一体，试计算其工程量。

13. 简述现浇钢筋混凝土基础、柱、梁、板、墙的工程量计算规则。

14. 如图 6-109 所示为现浇钢筋混凝土带形基础，基础混凝土 C20、垫层混凝土 C10，试计算基础及垫层的工程量。

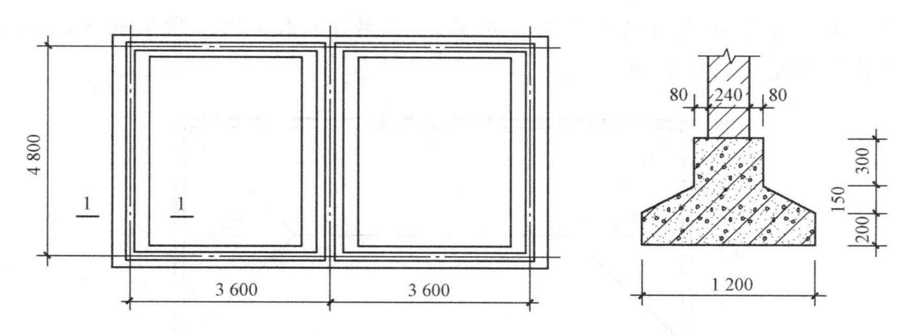

图 6-109　现浇钢筋混凝土带形基础

15. 简述现浇钢筋混凝土楼梯、阳台、雨篷、挑檐的工程量计算规则。

16. 如图 6-110 所示的现浇钢筋混凝土梁(简支梁)共计 30 根，试计算其混凝土和钢筋的工程量(②号钢筋弯起 30°)。

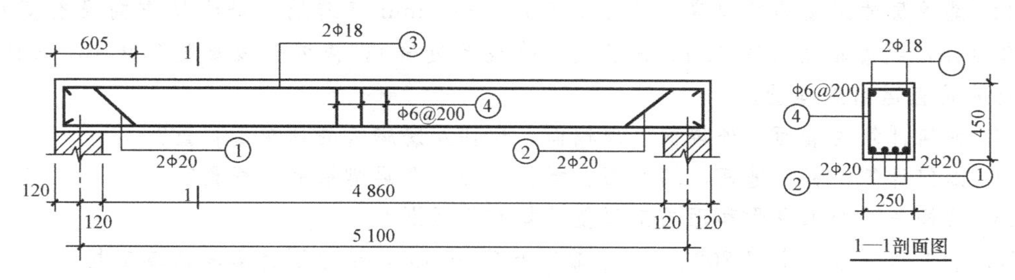

图 6-110　现浇钢筋混凝土梁

17. 某工程使用表 6-53 所示的预应力空心板，试计算其制作、安装灌浆、运输工程量以及预应力钢筋的工程量。

表 6-53　某工程使用的预应力空心板

构件代号	块数	混凝土体积/(m^3·块$^{-1}$)	预应力钢筋质量/(kg·块$^{-1}$)
YKB3 306—3	50	0.142	4.95
YKB3 606—3	30	0.155	6.49
YKB3 906—5	20	0.168	8.21

18. 简述木门窗及木屋架的制作安装工程量计算规则。

19. 金属结构构件的工程量以什么为计量单位计算？如图 6-111 所示，钢板厚为 5 mm，共计 200 块，用于金属结构构件制安工程中，若该钢板的理论质量为 7.8 kg/cm^2，试计算其工程量(图示单位为 mm)。

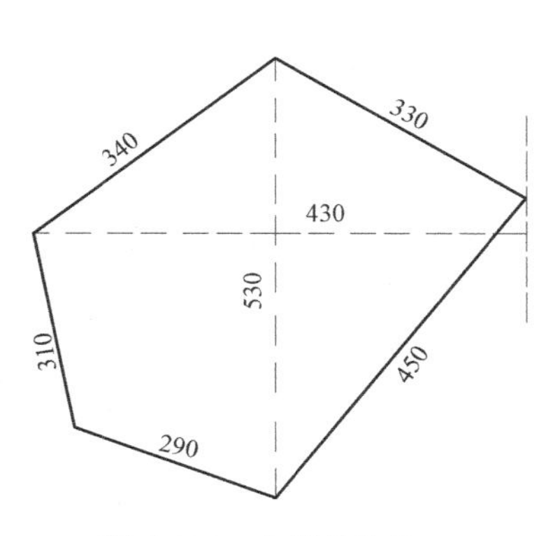

图 6-111　金属结构构件

20. 坡屋面的延尺系数和隅延尺系数分别代表什么？怎样确定屋面保温隔热兼找坡层的平均厚度？

21. 如图 6-112 所示，屋面的女儿墙为 240 mm 厚，屋面做法为：屋面结构板上 20 厚1∶3 水泥砂浆找平；1∶6 水泥炉渣找坡，其最薄处 60 厚；20 厚 1∶2.5 水泥砂浆找平；

刷冷底子油一道；铺 SBS 改性沥青卷材防水层；20 厚 1∶2.5 水泥砂浆找平；40 厚刚性防水层，试计算各构造层的工程量。

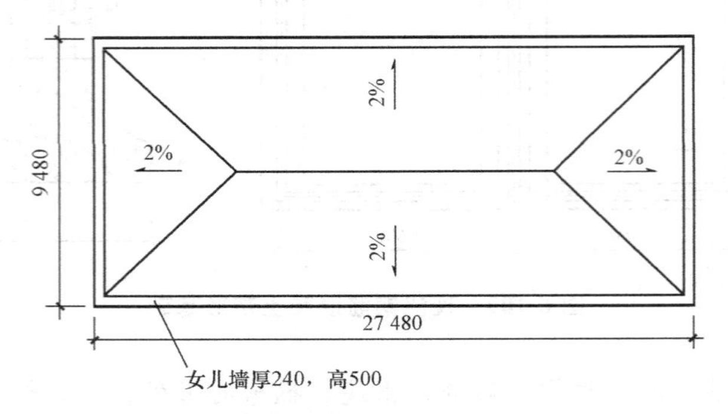

图 6-112　屋面女儿墙

22. 某单层建筑物的檐口高度为 15.00 m，240 mm 厚砖墙，沿纵墙方向设有变形缝，缝宽 0.3 m，纵墙轴线长度 36 m(该长度不含变形缝宽)；横墙轴线长度 9.9 m，试计算该建筑物的垂直运输工程量。

23. 如何计算内墙面、外墙面、顶棚面、楼梯及踢脚板的抹灰工程量?

24. 如何计算块料楼地面、墙柱面、楼梯、台阶及踢脚板的工程量?

25. 顶棚吊顶的木龙骨和面层工程量计算有何区别?

26. 某工程有单层木门 200 m^2，半截百叶门 30 m^2，试分别计算其油漆工程量。

第七章　施工图预算编制实例

一、住宅楼施工图

1. 建筑施工图

建施说明

(1)工程概况：本工程为某单位住宅楼，六层砖混结构，建筑面积为 1 416.48 m^2。室内地坪标高±0.000，室外地坪标高－1.000 m，图中除标高以 m 计外，其余均以 mm 计。

(2)墙身防潮：墙身防潮层为 20 mm 厚 1∶2 水泥砂浆加 5%防水剂，设于室内地坪(±0.000)以下－0.060 m 处。

(3)地面：所有地面做法均为素土夯实；80 mm 厚 C10 混凝土垫层；20 mm 厚 1∶2 水泥砂浆找平层；25 mm 厚 1∶2 水泥砂浆面层。

(4)楼面：所有楼面做法均为 20 mm 厚 1∶2 水泥砂浆找平；25 mm 厚 1∶2 水泥砂浆面层。

(5)楼梯面层做法：20 mm 厚 1∶2 水泥砂浆面。

(6)内墙面做法：

1)楼梯间内墙面做法为：7 mm 厚 1∶3 水泥砂浆打底扫毛，6 mm 厚 1∶3 水泥砂浆基层，5 mm 厚 1∶2.5 水泥砂浆罩面压光，刮腻子两遍，乳胶漆底漆一遍面漆两遍；

2)其余内墙面做法为：10 mm 厚 1∶3 混合砂浆打底扫毛，8 mm 厚 1∶0.15∶2 混合砂浆面层。

(7)外墙面：釉面砖、水泥漆外墙面，其做法如下：

1)14 mm 厚 1∶3 水泥砂浆打底两边成活，8 mm 厚 1∶2 水泥砂浆贴外墙面砖，1∶1 水泥砂浆勾缝(其部位、做法详各立面图)。

2)12 mm 厚 1∶3 水泥砂浆打底两边成活，6 mm 厚 1∶2.5 水泥砂浆找平，刷水泥漆两遍。

(8)顶棚面：楼梯间：刷素水泥浆一道，10 mm 厚 1∶1∶4 混合砂浆，4 mm 厚 1∶0.3∶3 混合砂浆，刮腻子两遍，乳胶漆底漆一遍面漆两遍；其余顶棚面：刷素水泥浆一道，10 mm 厚 1∶1∶4 混合砂浆，4 mm 厚 1∶0.3∶3 混合砂浆。

(9)楼梯间踢脚线：13 mm 厚 1∶3 水泥砂浆打底，7 mm 厚 1∶3 水泥砂浆踢脚基层，6 mm 厚1∶2 水泥砂浆踢脚面层。

(10)防水工程：厨房、厕所及阳台楼地面做法：80 mm 厚 C10 混凝土垫层(底层采用)，20 mm 厚 1∶2.5 水泥砂浆找平层，2 mm 厚丙烯酸弹性防水胶涂膜防水层(厨房、阳台沿墙上翻 0.3 m 高，厕所沿墙上翻 2.4 m 高)，20 mm 厚 1∶2.5 水泥砂浆保护层。

(11)室外散水：素土夯实，100 mm 厚 C15 混凝土提浆抹面，900 mm 宽。

(12)屋面做法详见屋面平面图。

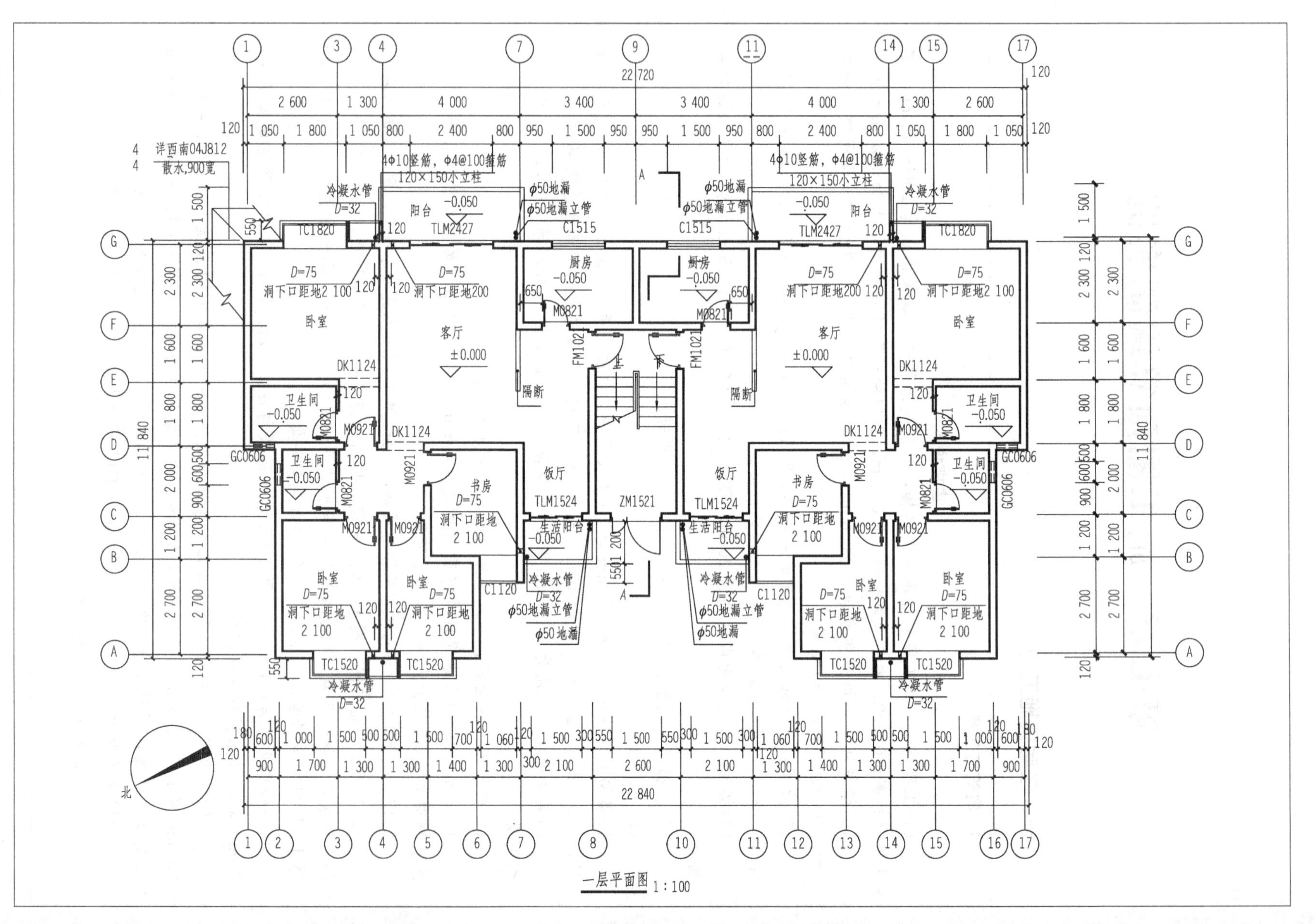
详西南04J812
散水,900宽
4φ10竖筋，φ4@100箍筋
120×150小立柱
冷凝水管
D=32
阳台
TLM2427
TC1820
C1515
φ50地漏
φ50地漏立管
卧室
客厅
±0.000
厨房
-0.050
M0821
FM1021
隔断
DK1124
卫生间
M0921
GC0606
书房
D=75
洞下口距地
2 100
饭厅
TLM1524
ZM1521
生活阳台
C1120
TC1520
22 720
22 840
11 840
北

一层平面图 1:100

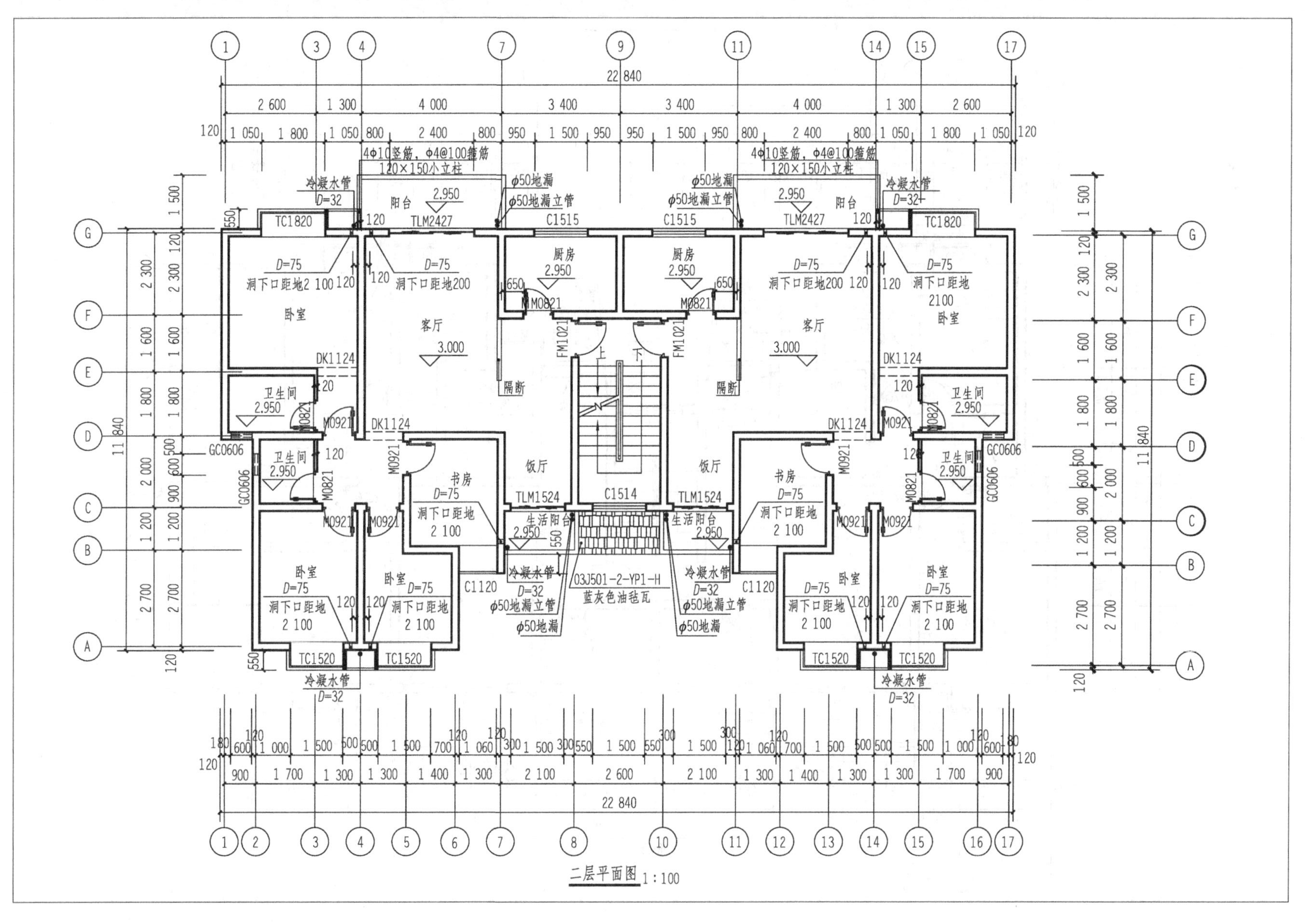
卧室
客厅
书房
饭厅
厨房
卫生间
阳台
生活阳台
隔断
冷凝水管
D=32
D=75
洞下口距地2 100
洞下口距地200
φ50地漏
φ50地漏立管
4Φ10竖筋，Φ4@100箍筋
120×150小立柱
03J501-2-YP1-H
蓝灰色油毡瓦
TC1820
TC1520
TLM2427
TLM1524
C1515
C1514
C1120
DK1124
M0921
M0821
FM1021
GC0606
2.950
3.000
22 840
11 840

二层平面图 1:100

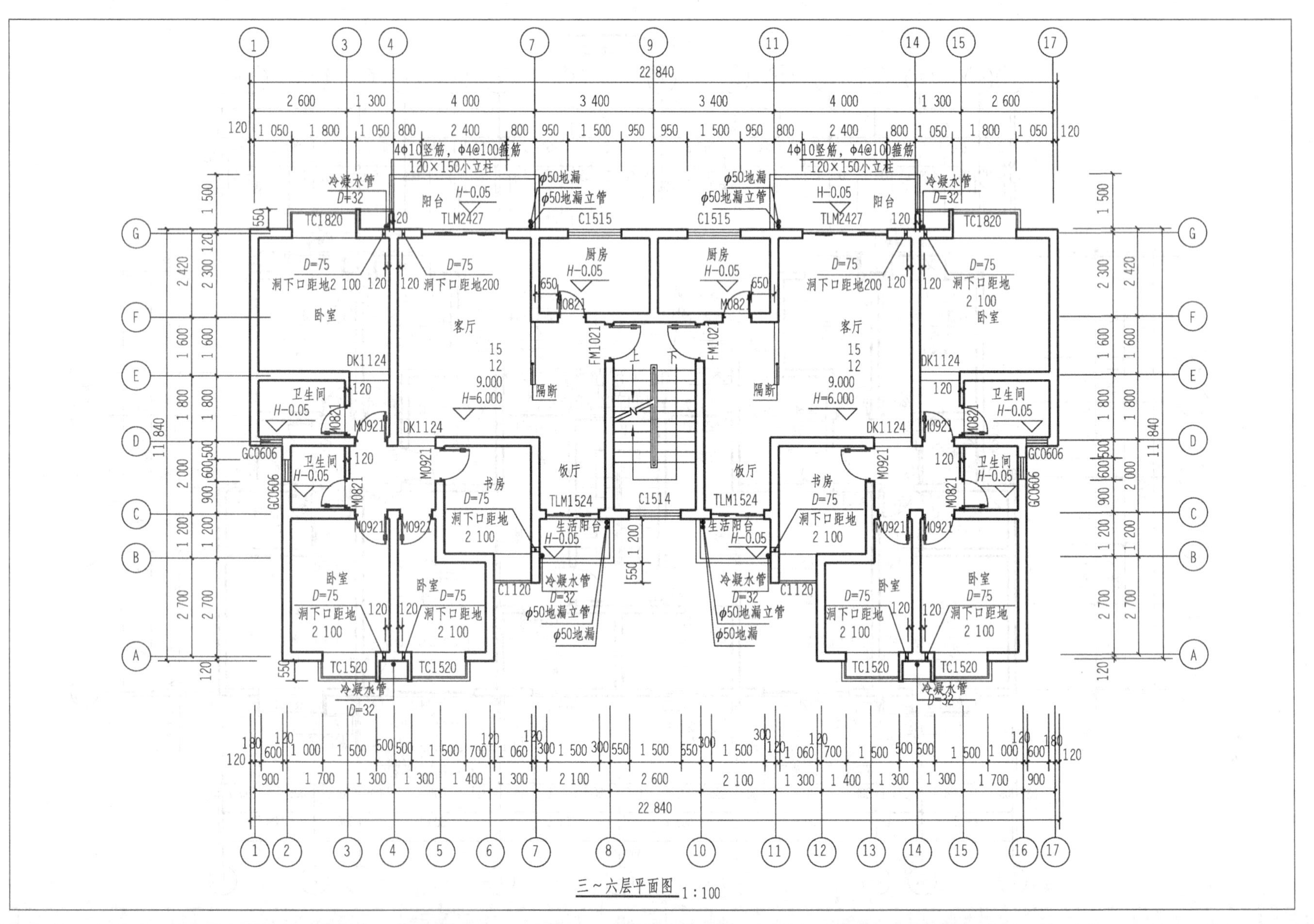
卧室
卫生间
客厅
阳台
厨房
饭厅
书房
生活阳台
隔断
冷凝水管
φ50地漏
φ50地漏立管
4Φ10竖筋，Φ4@100箍筋
120×150小立柱
TC1820
TC1520
TLM2427
TLM1524
C1515
C1514
C1120
FM1021
M0921
M0821
DK1124
GC0606
洞下口距地2 100
洞下口距地200
H-0.05
9.000
H=6.000
22 840
11 840

三～六层平面图 1:100

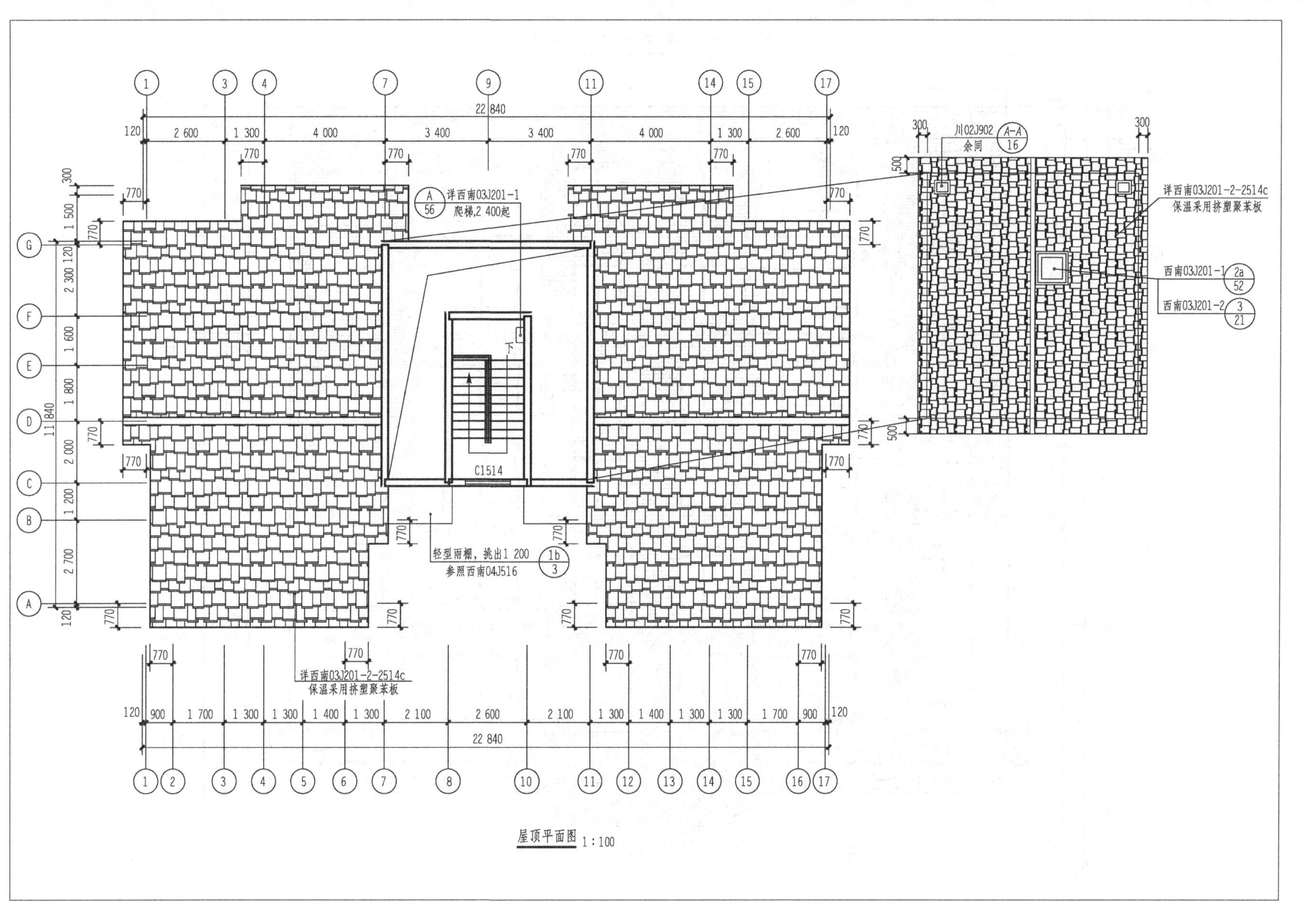

详西南03J201-1 爬梯,2 400起 A 56
川02J902 余同 A-A 16
详西南03J201-2-2514c
保温采用挤塑聚苯板
西南03J201-1 2a 52
西南03J201-2 3 21
C1514
下
轻型雨棚，挑出1 200
参照西南04J516 1b 3
详西南03J201-2-2514c
保温采用挤塑聚苯板
22 840
11 840

屋顶平面图 1:100

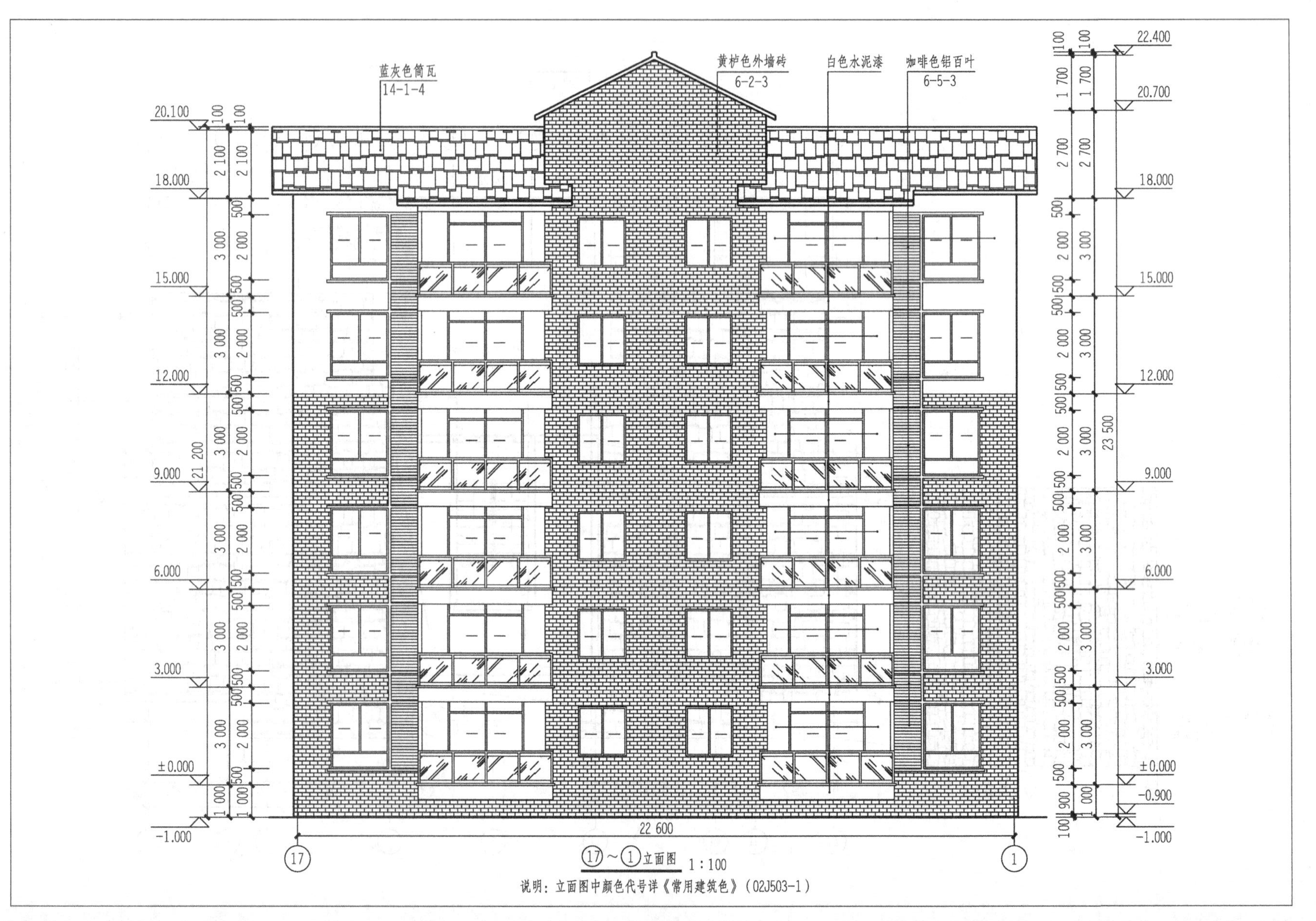

⑰~① 立面图 1:100

说明：立面图中颜色代号详《常用建筑色》（02J503-1）

22.500
白色外墙漆
蓝灰色筒瓦
14-1-4
阳光棚
黄栌色外墙砖
6-2-3
咖啡色铝百叶
6-5-3
20.100
22.400
20.700
18.000
16.500
15.000
13.500
12.000
10.500
9.000
7.500
6.000
4.500
3.000
1.500
±0.000
-0.900
-1.000
21 200
23 500
22 600
蓝灰色筒瓦
14-1-4
白色外墙漆

①~⑰立面图 1:100

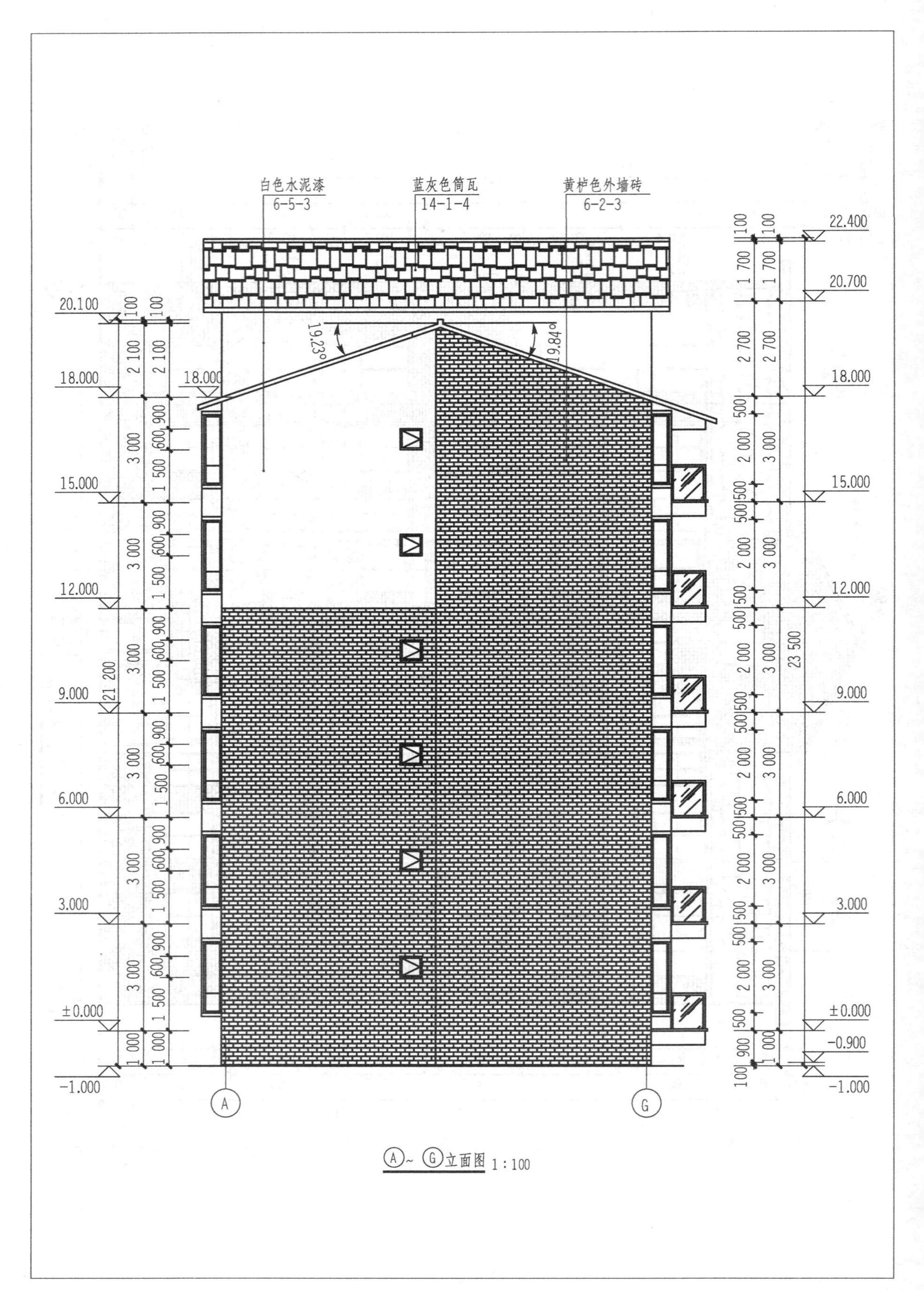
白色水泥漆
6-5-3
蓝灰色筒瓦
14-1-4
黄栌色外墙砖
6-2-3
19.23°
19.84°
22.400
20.700
20.100
18.000
15.000
12.000
9.000
6.000
3.000
±0.000
-0.900
-1.000
21 200
23 500
A
G

Ⓐ~Ⓖ立面图 1∶100

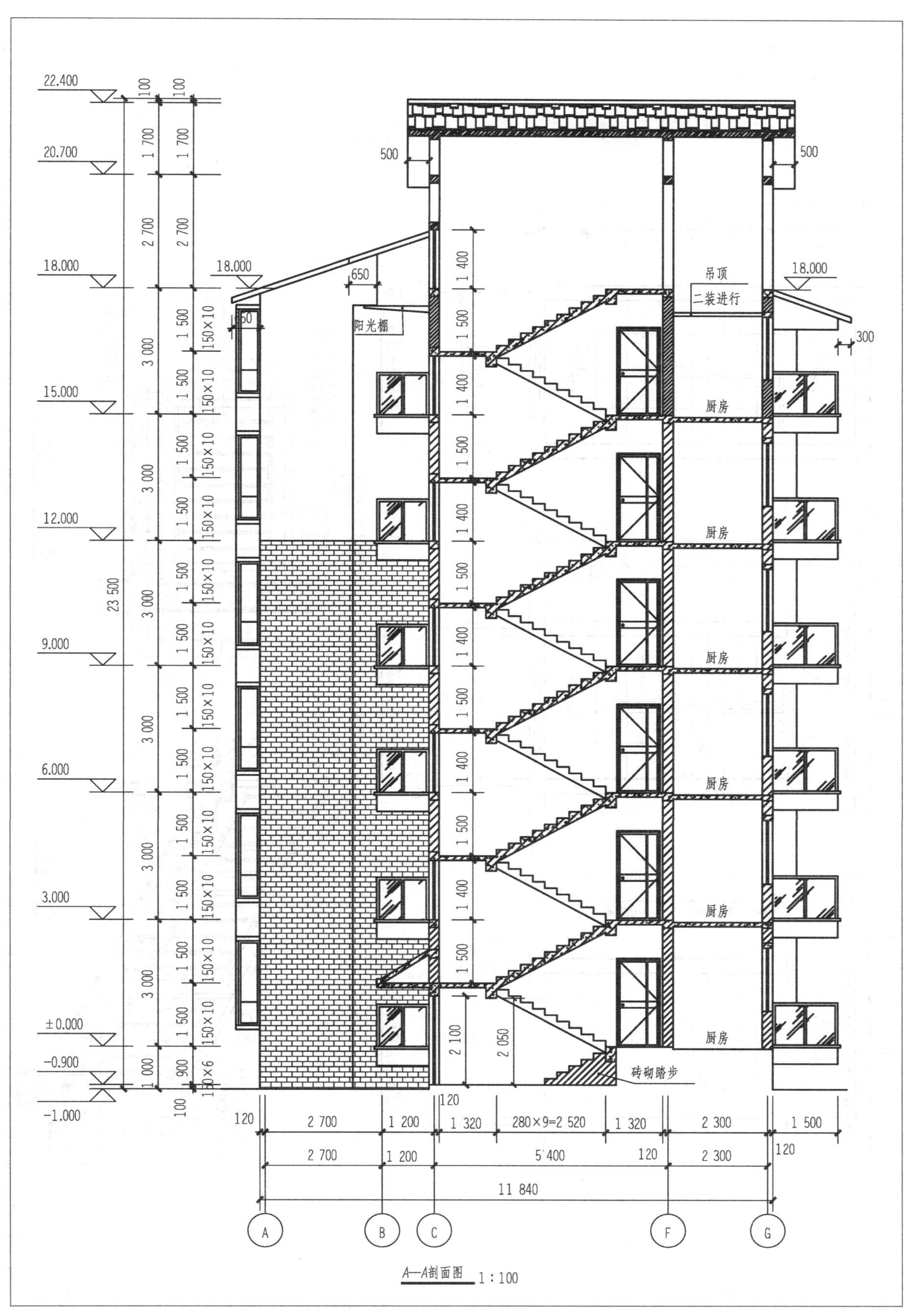
22.400
20.700
18.000
15.000
12.000
9.000
6.000
3.000
±0.000
-0.900
-1.000
23 500
18.000
650
阳光棚
吊顶
二装进行
厨房
砖砌踏步
500
300
280×9=2 520
5 400
11 840
A
B
C
F
G

A—A剖面图 1 : 100

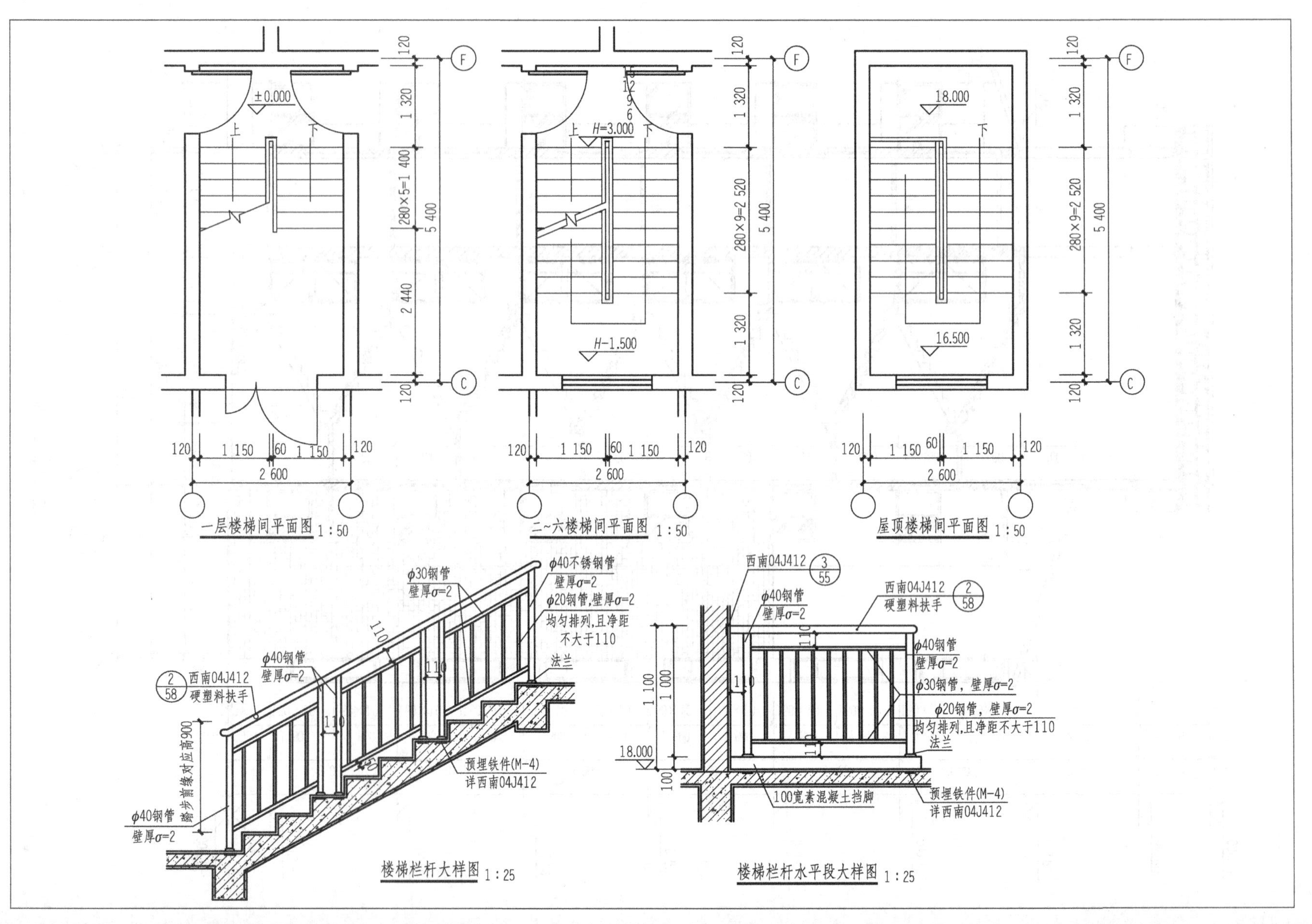
一层楼梯间平面图 1:50
二~六楼梯间平面图 1:50
屋顶楼梯间平面图 1:50
±0.000
H=3.000
H-1.500
18.000
16.500
上
下
120
1 320
280×5=1 400
2 440
280×9=2 520
5 400
1 150
60
2 600
φ40不锈钢管
壁厚σ=2
φ30钢管
壁厚σ=2
φ20钢管,壁厚σ=2
均匀排列,且净距
不大于110
法兰
φ40钢管
壁厚σ=2
西南04J412
硬塑料扶手
踏步前缘对应高900
预埋铁件(M-4)
详西南04J412
楼梯栏杆大样图 1:25
西南04J412
φ40钢管
壁厚σ=2
φ30钢管,壁厚σ=2
φ20钢管,壁厚σ=2
均匀排列,且净距不大于110
100宽素混凝土挡脚
1 100
1 000
100
110
楼梯栏杆水平段大样图 1:25

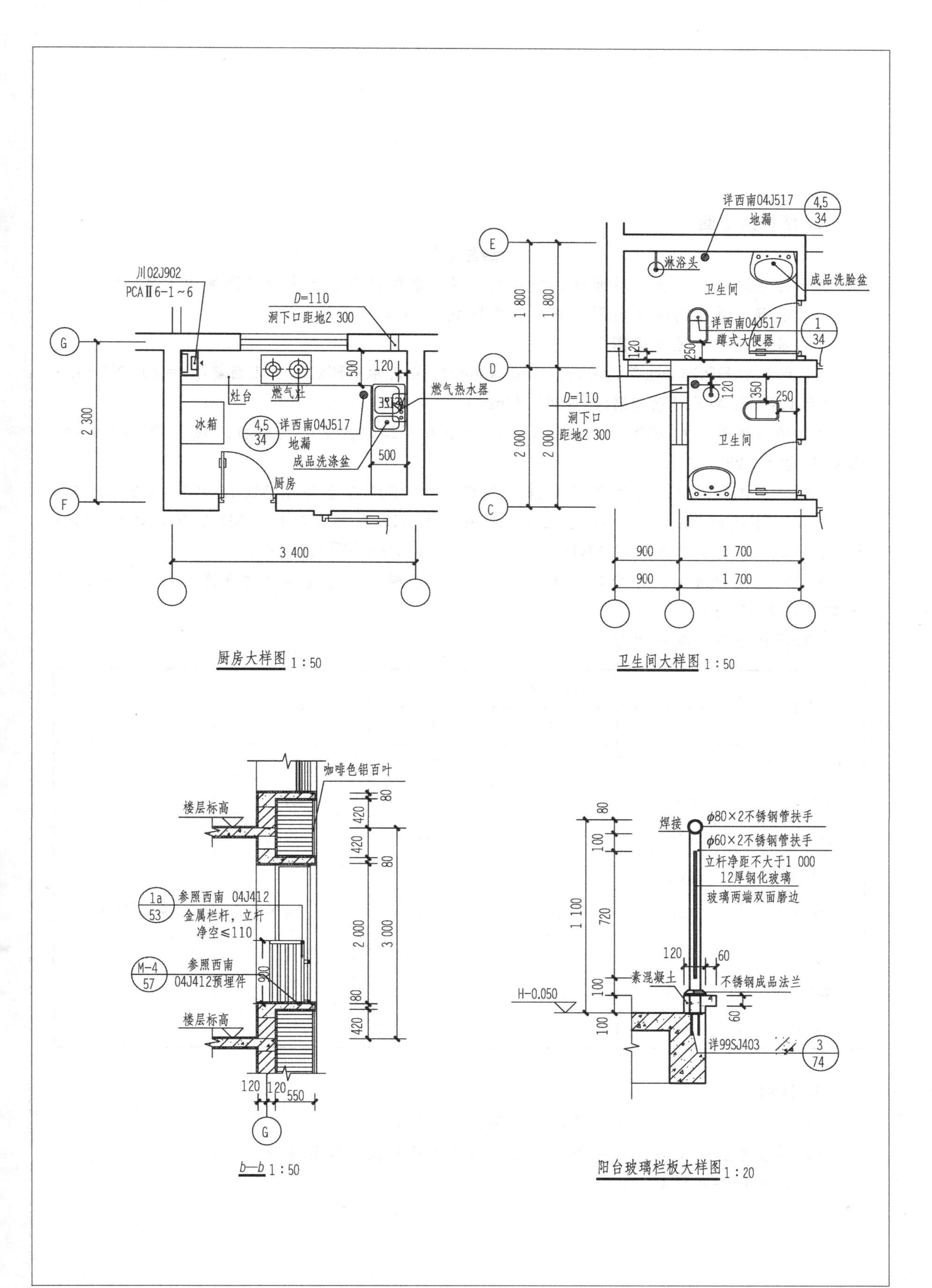

厨房大样图 1 : 50

卫生间大样图 1 : 50

b—b 1 : 50

阳台玻璃栏板大样图 1 : 20

2. 结构施工图

结施说明

(1)砖混结构，楼板、屋面板、楼梯板均采用整体现浇。抗震设防烈度为 7 度。

(2)混凝土结构的环境类别：室内正常环境(一类)。

(3)基础说明详见基础图。

(4)Φ 表示 HPB300 热轧钢筋(f_y=210 N/mm)；Φ 表示 HRB335 热轧钢筋(f_y=300 N/mm)；$Φ^R$ 表示 CRB550 冷轧带肋钢筋(f_y=360 N/mm)。

(5)现浇混凝土强度等级：基础 C15，构造柱 C20，圈梁、现浇板、现浇梁、楼梯板、非标准构件 C25。

(6)砖砌体所用砖、砂浆类别及强度等级：±0.000 以下采用 MU15 页岩实心标准砖，M7.5 水泥砂浆砌筑；±0.000 至 12.00 m 采用 MU15 页岩多孔砖，M7.5 混合砂浆砌筑；12.00 m 以上及零星砌体采用 MU15 页岩多孔砖，M5.0 混合砂浆砌筑。

(7)凡过梁与过梁、过梁与构造柱、过梁与现浇板交接时过梁必须现浇。用水房间混凝土向上翻边 300 mm。

(8)现浇钢筋混凝土过梁：

代号	几何尺寸			数量	钢筋
	L	B	H		
GLP—4243	2 400	240	290	12	主筋：4Φ12 箍筋：Φ6@200
GLP—4153	1 500	240	190	24	
GLP—4123a	1 560	240	190	24	
GLP—4103	1 000	240	190	12	
GLP—4103a	1 400	240	190	48	
GLP—4082	800	240	90	12	
GLP—4062	600	240	90	24	
GLP—2081	800	120	90	24	

3. 其他

(1)该工程地处中等城市市区内，现场无施工场地。

(2)建设单位已做好三通一平、交付施工场地标高及为设计室外地坪。

(3)预埋铁件共计 0.5 t。

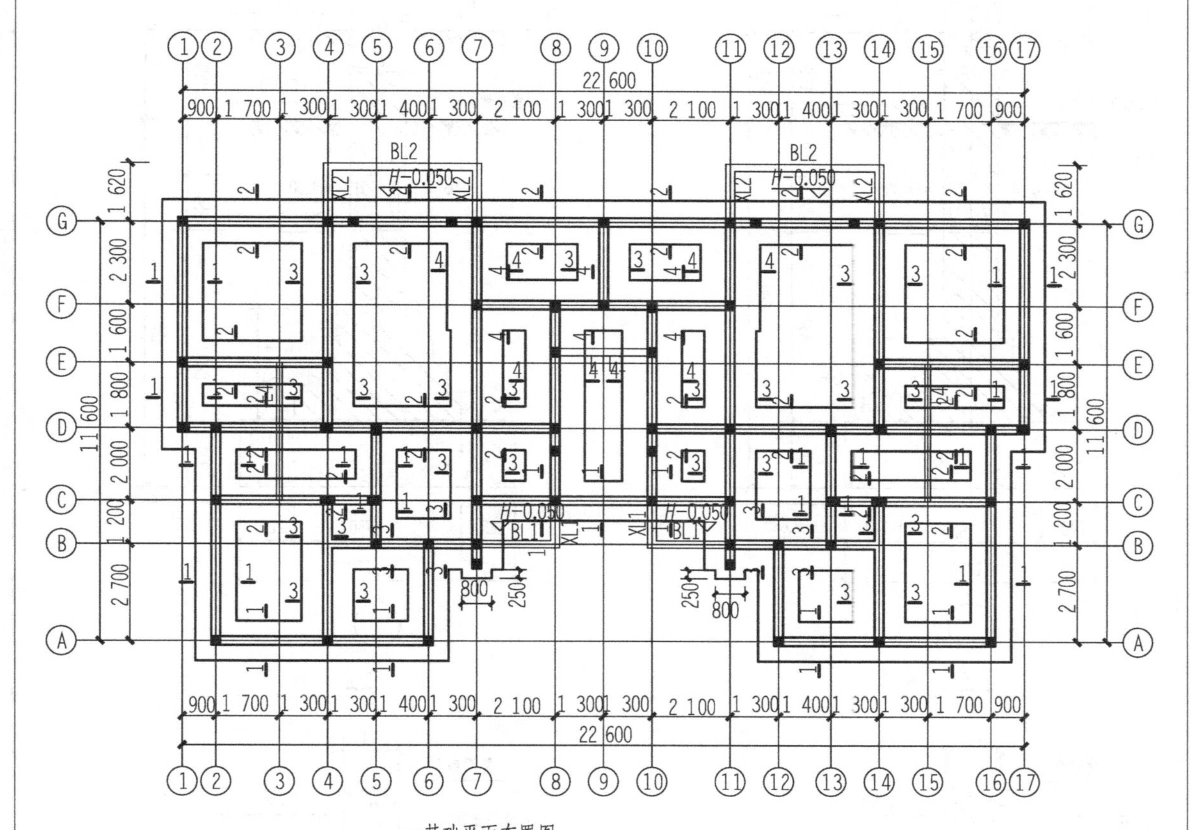

基础平面布置图 1∶100

注：

1：阳台现浇板按相同位置二层阳台现浇板施工。

2：构造柱做法按二层结构平面图中构造柱设置。

基础设计说明

1.本工程地基场地类别Ⅱ类，地基基础设计等级为丙级，结构设计使用50年。

2.本工程基础以《竹溪河畔上岛土地综合整治农民集中居住区岩土工程勘察报告》为依据进行设计。本工程基础为墙下条形基础。基础以强风化基岩为持力层，地基承载力特征值f_{ak}=240KPa，基础最小埋深为自然地坪下1.7 m。若基槽挖至设计标高未到持力层,须继续挖至持力层。局部较深处，基础可由低向高采用放阶处理,具体做法详西南03G601第17页。

3.基坑开挖接近基底设计标高时，应在其上部留100～200 mm层，待地勘、设计、质检、监理等部门验槽合格后下一工序开始前继续挖出验槽。当发现与勘察报告和设计文件不一致、或遇到异常情况时，应结合地质条件提出处理意见。基坑土方开挖应严格按设计要求进行，基坑周边超载，不得超过设计荷载限制条件。

4.验槽后应快速浇筑基础混凝土，施工过程中不得使基槽暴晒或泡水，符合要求后及时回填。雨季施工时应有防水措施。

5.±0.000以下砌体采用MU15实心页岩标砖，M7.5水泥砂浆砌筑。防潮层用1：2水泥砂浆，另加水泥质量5%的防水剂，厚度为20 mm。DQL沿基础平面图中所有条基用C20混凝土浇通。

6.构造柱从地圈梁起。

7.本栋建筑以绝对高程457.000为室内地坪标高±0.000。

8.未尽事宜按现行有关规范执行。

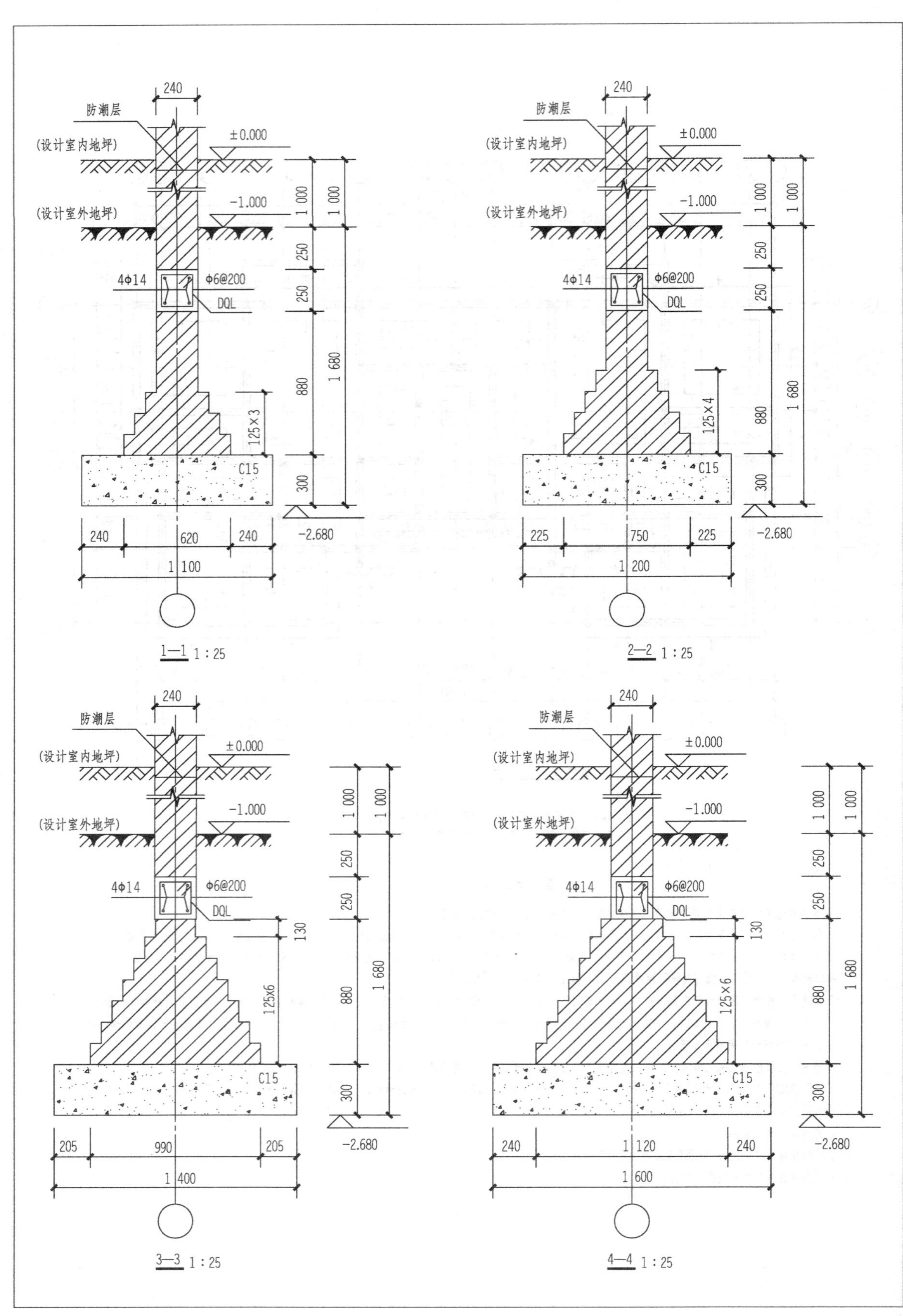
240
防潮层
(设计室内地坪)
±0.000
-1.000
(设计室外地坪)
4Φ14
Φ6@200
DQL
1 000
250
880
1 680
125×3
C15
300
-2.680
240
620
1 100
1—1 1 : 25
750
225
1 200
125×4
2—2 1 : 25
130
125x6
205
990
1 400
3—3 1 : 25
1 120
1 600
4—4 1 : 25

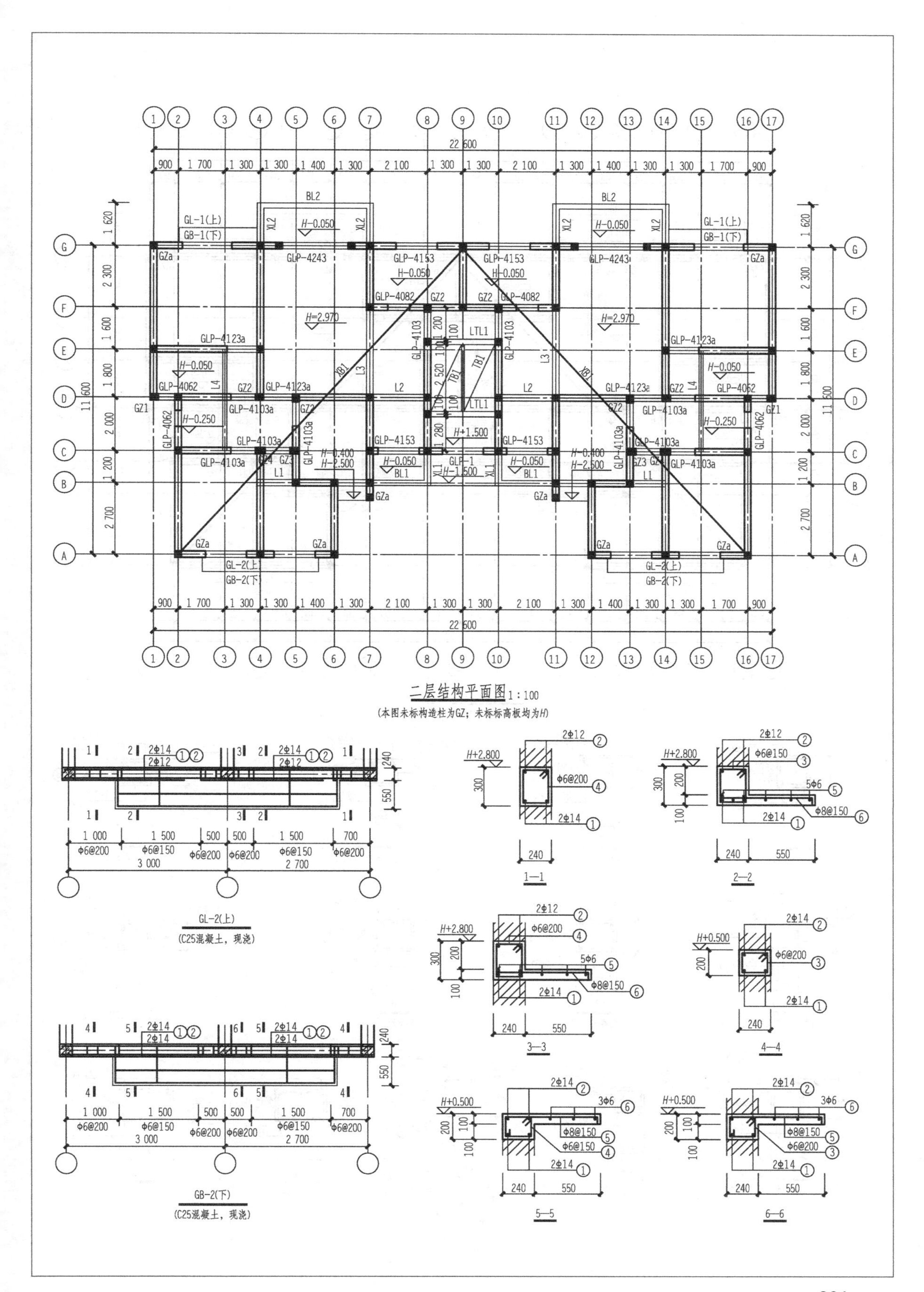
二层结构平面图 1:100
(本图未标构造柱为GZ；未标标高板均为H)
GL-2(上)
(C25混凝土，现浇)
GB-2(下)
(C25混凝土，现浇)
1—1
2—2
3—3
4—4
5—5
6—6

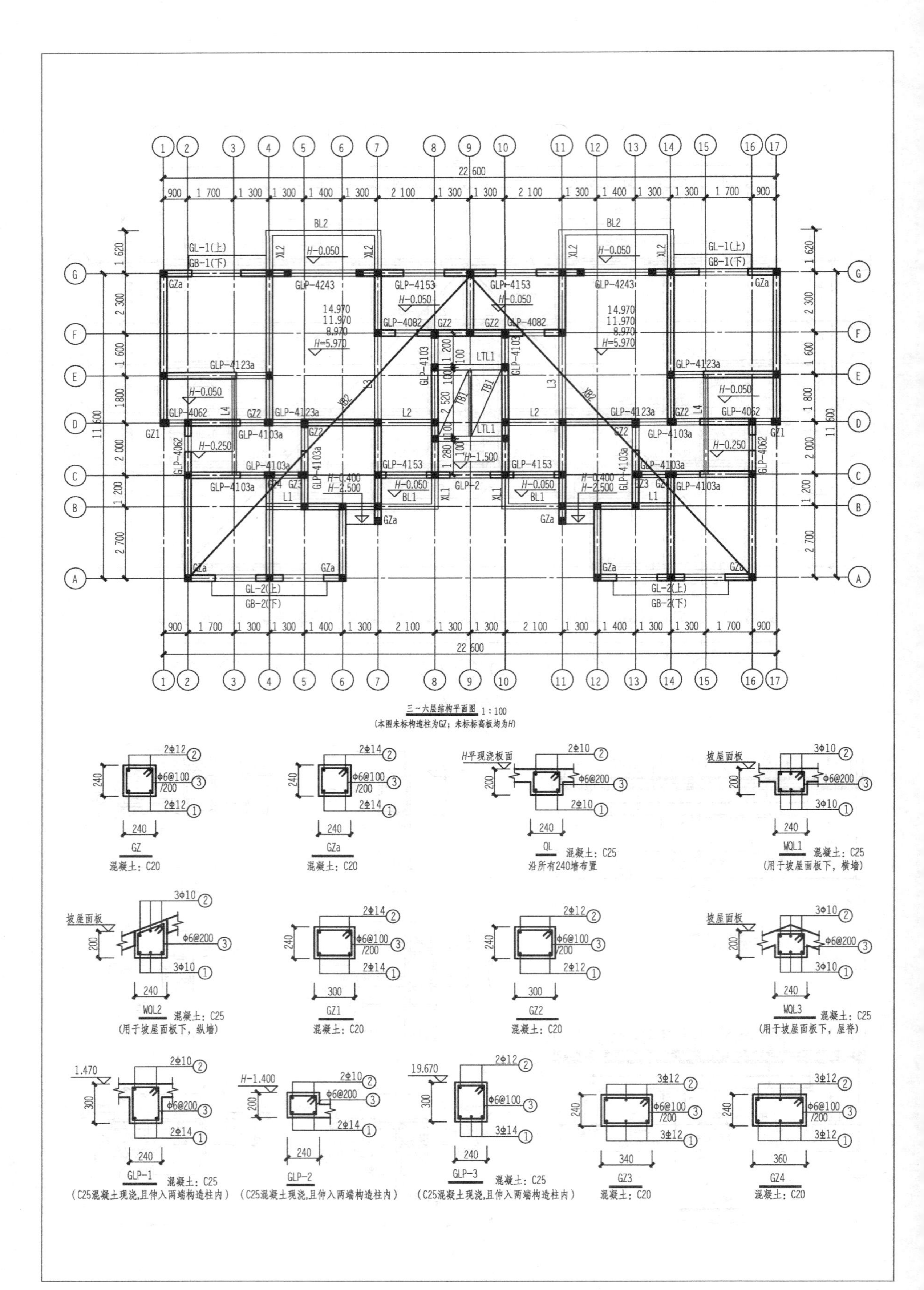
三～六层结构平面图 1：100
(本图未标构造柱为GZ；未标标高板均为H)
GZ 混凝土：C20
GZa 混凝土：C20
QL 混凝土：C25 沿所有240墙布置
WQL1 混凝土：C25 (用于坡屋面板下，横墙)
WQL2 混凝土：C25 (用于坡屋面板下，纵墙)
GZ1 混凝土：C20
GZ2 混凝土：C20
WQL3 混凝土：C25 (用于坡屋面板下，屋脊)
GLP-1 混凝土：C25 (C25混凝土现浇,且伸入两端构造柱内)
GLP-2 (C25混凝土现浇,且伸入两端构造柱内)
GLP-3 混凝土：C25 (C25混凝土现浇,且伸入两端构造柱内)
GZ3 混凝土：C20
GZ4 混凝土：C20

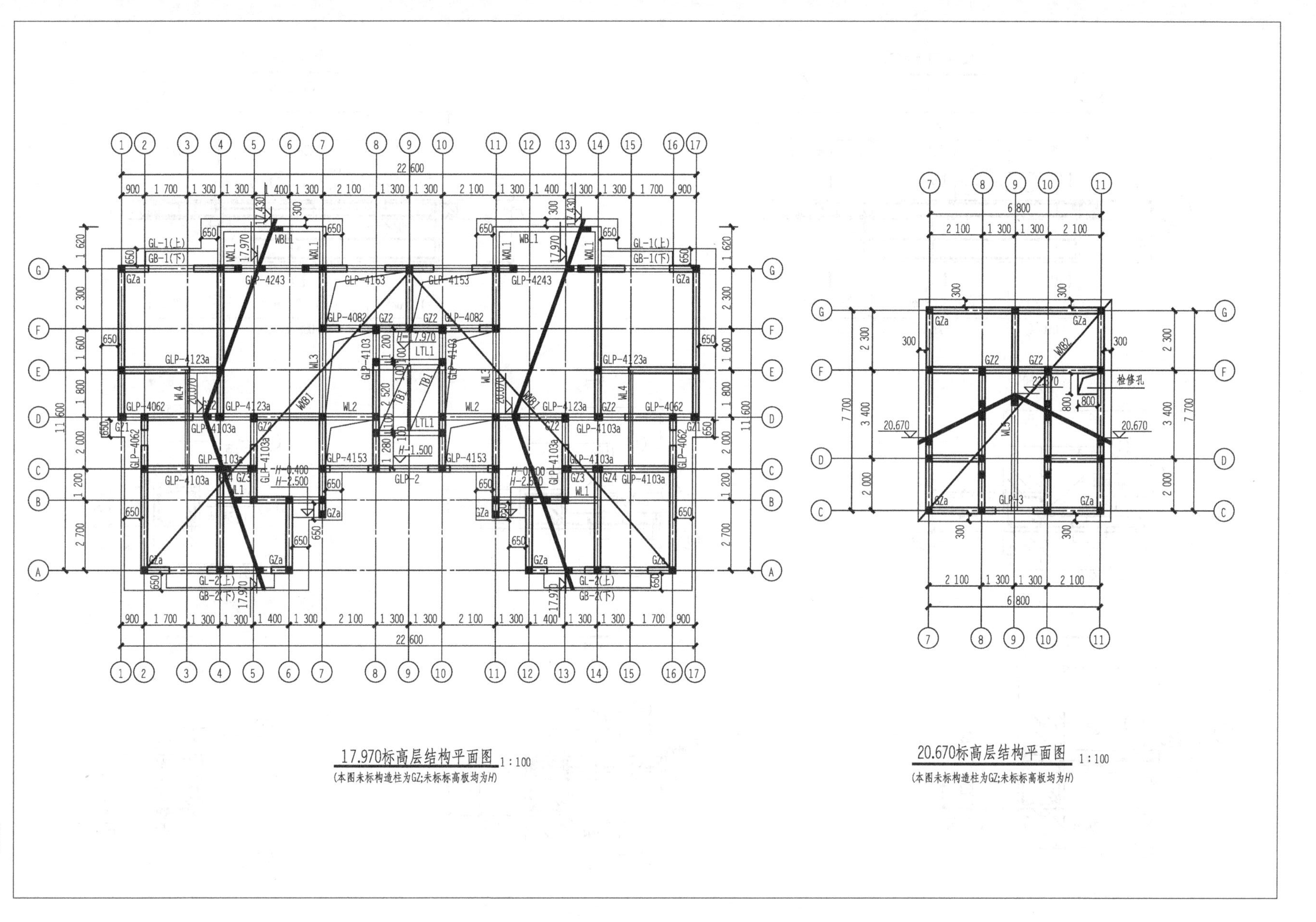

17.970标高层结构平面图 1:100

(本图未标构造柱为GZ;未标标高板均为H)

20.670标高层结构平面图 1:100

(本图未标构造柱为GZ;未标标高板均为H)

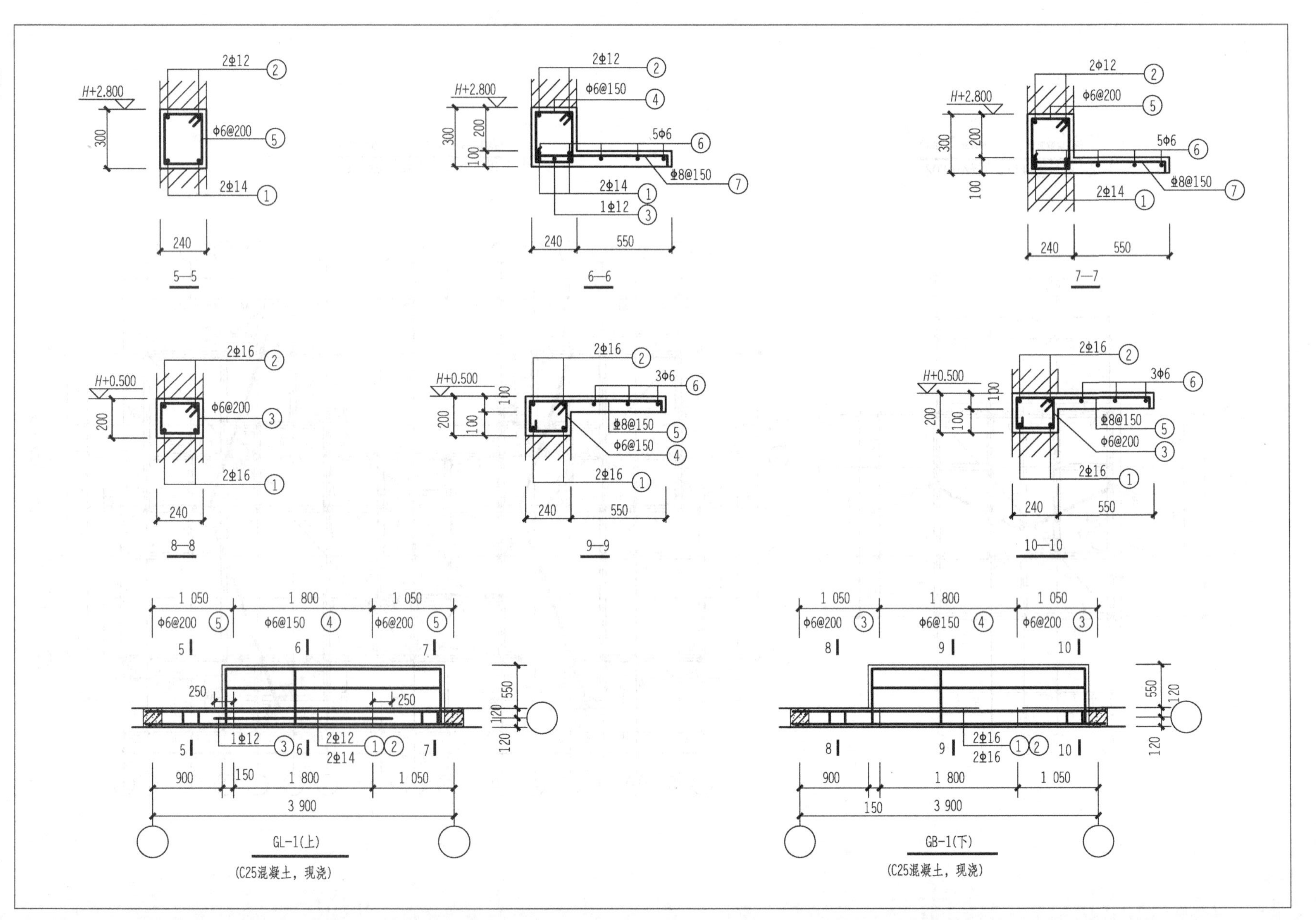
H+2.800
2Φ12
Φ6@200
2Φ14
300
240
5—5
H+2.800
2Φ12
Φ6@150
5Φ6
Φ8@150
2Φ14
1Φ12
300
200
100
240
550
6—6
H+2.800
2Φ12
Φ6@200
5Φ6
Φ8@150
2Φ14
300
200
100
240
550
7—7
H+0.500
2Φ16
Φ6@200
2Φ16
200
240
8—8
H+0.500
2Φ16
3Φ6
Φ8@150
Φ6@150
2Φ16
200
100
100
240
550
9—9
H+0.500
2Φ16
3Φ6
Φ8@150
Φ6@200
2Φ16
200
100
100
240
550
10—10
1 050
1 800
1 050
Φ6@200
Φ6@150
Φ6@200
250
250
1Φ12
2Φ12
2Φ14
550
120
120
900
150
1 800
1 050
3 900
GL-1(上)
(C25混凝土，现浇)
1 050
1 800
1 050
Φ6@200
Φ6@150
Φ6@200
2Φ16
2Φ16
550
120
120
900
150
1 800
1 050
3 900
GB-1(下)
(C25混凝土，现浇)

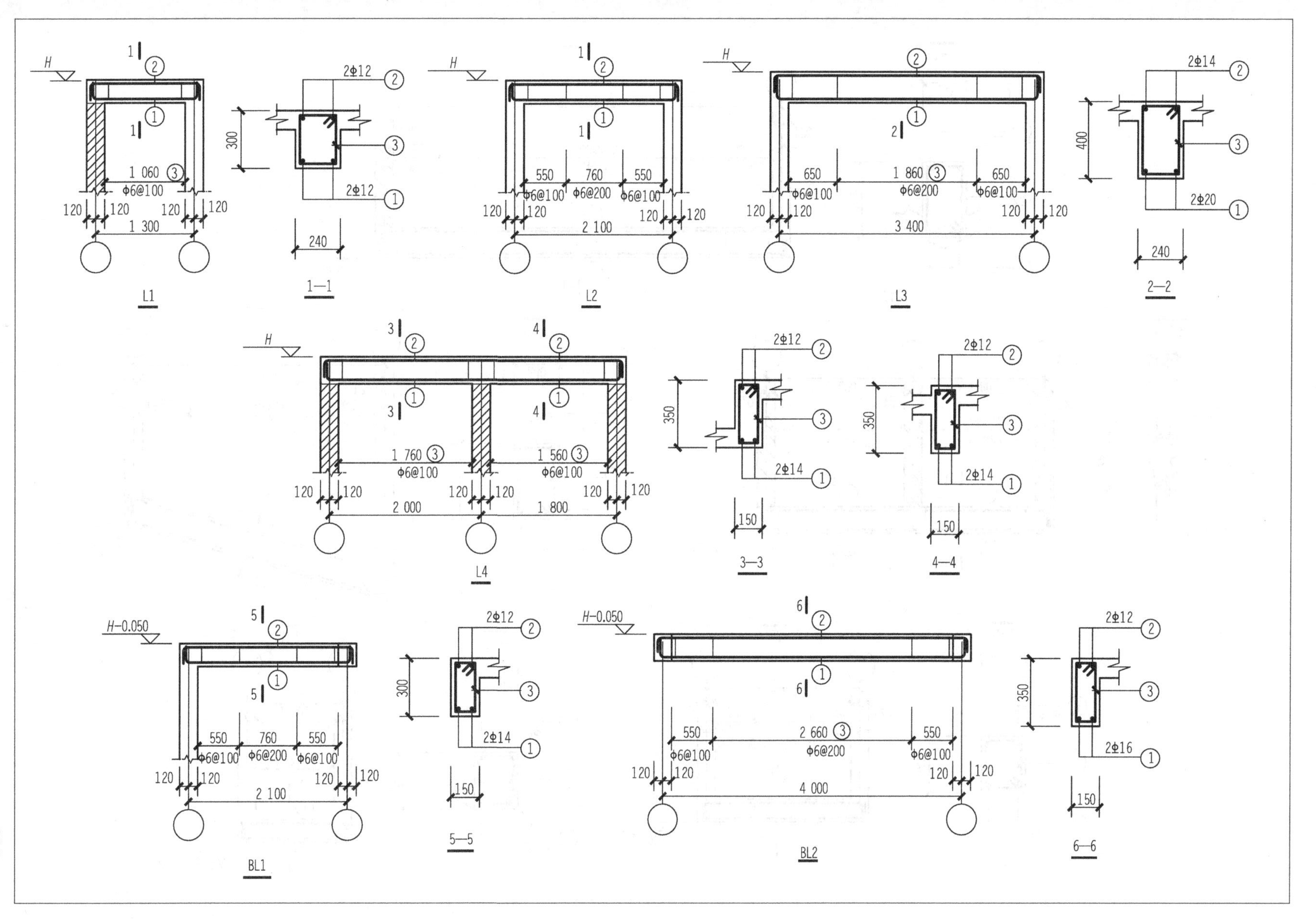

L1
1—1
L2
L3
2—2
L4
3—3
4—4
BL1
5—5
BL2
6—6
H
H−0.050
2Φ12
2Φ14
2Φ20
2Φ16
Φ6@100
Φ6@200
1 300
2 100
3 400
2 000
1 800
4 000

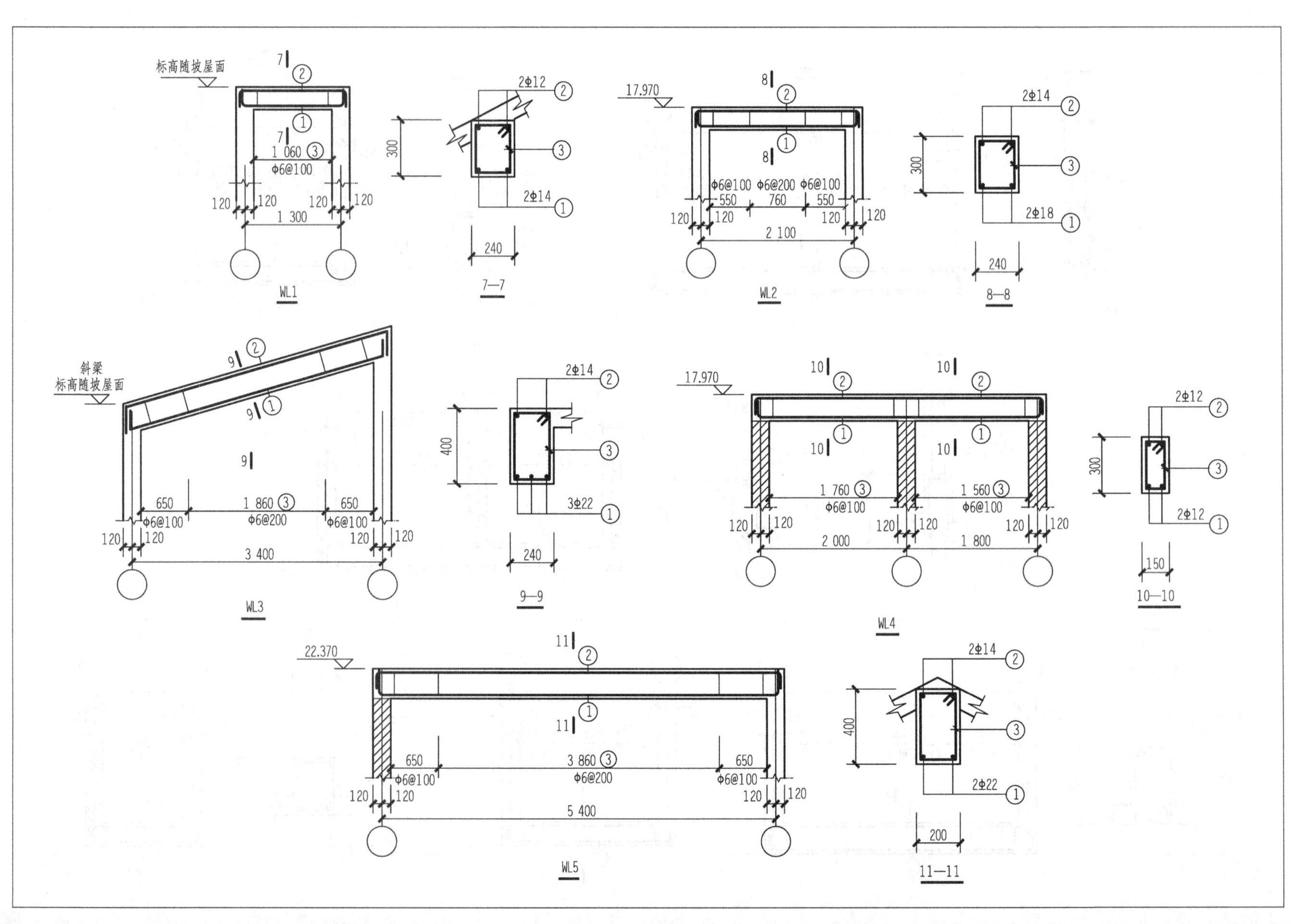

标高随坡屋面
1 060
Φ6@100
1 300
WL1
2Φ12
2Φ14
300
240
7—7
17.970
Φ6@100 Φ6@200 Φ6@100
550
760
2 100
WL2
2Φ14
2Φ18
300
240
8—8
斜梁
标高随坡屋面
650
1 860
Φ6@100
Φ6@200
3 400
WL3
2Φ14
3Φ22
400
240
9—9
17.970
1 760
1 560
2 000
1 800
WL4
2Φ12
2Φ12
300
150
10—10
22.370
3 860
5 400
WL5
2Φ14
2Φ22
400
200
11—11

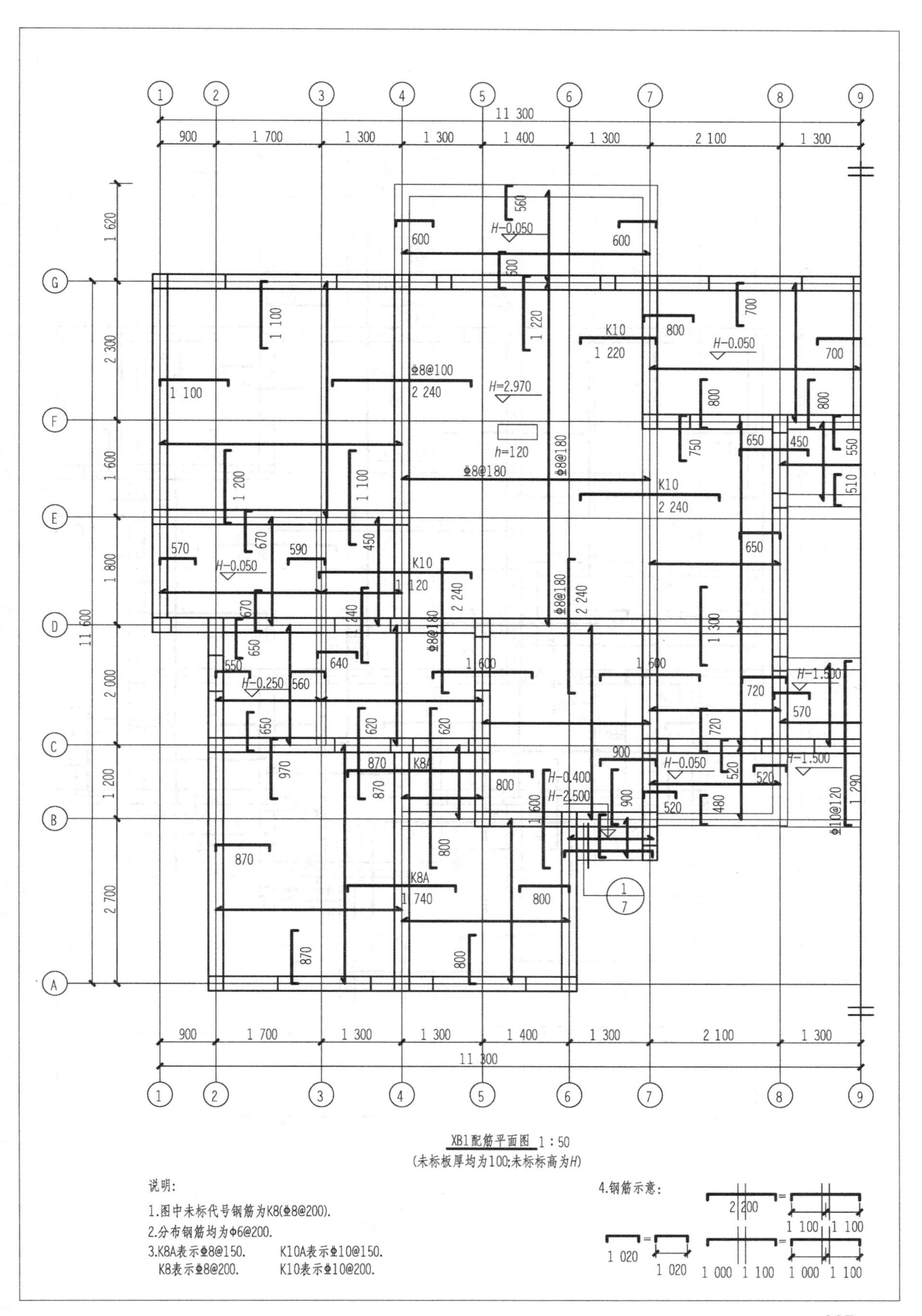

XB1配筋平面图 1∶50
(未标板厚均为100;未标标高为*H*)

说明:

1.图中未标代号钢筋为K8(Φ8@200).

2.分布钢筋均为Φ6@200.

3.K8A表示Φ8@150.　　K10A表示Φ10@150.
　K8表示Φ8@200.　　K10表示Φ10@200.

4.钢筋示意:

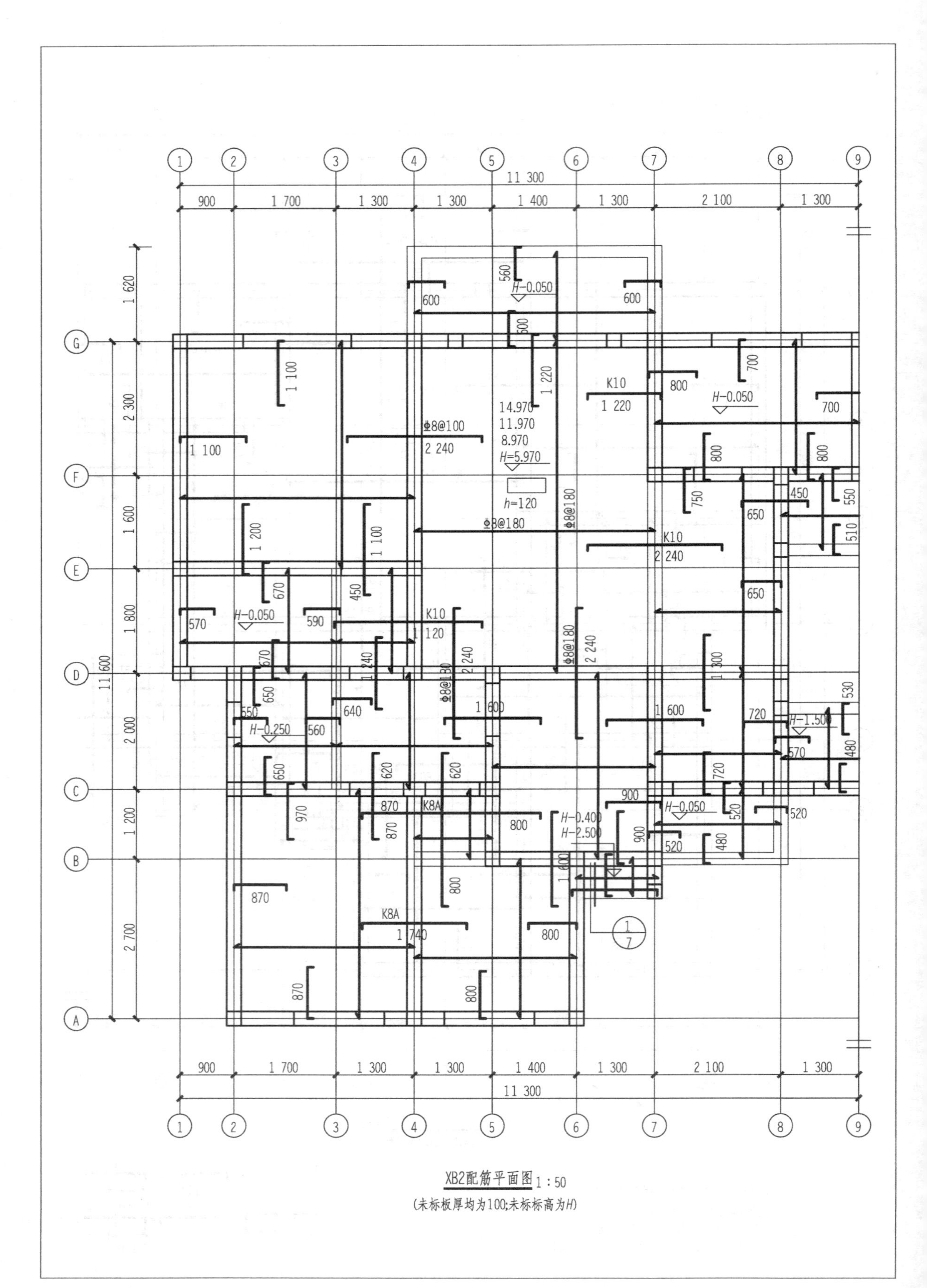

XB2配筋平面图 1:50

(未标板厚均为100;未标标高为H)

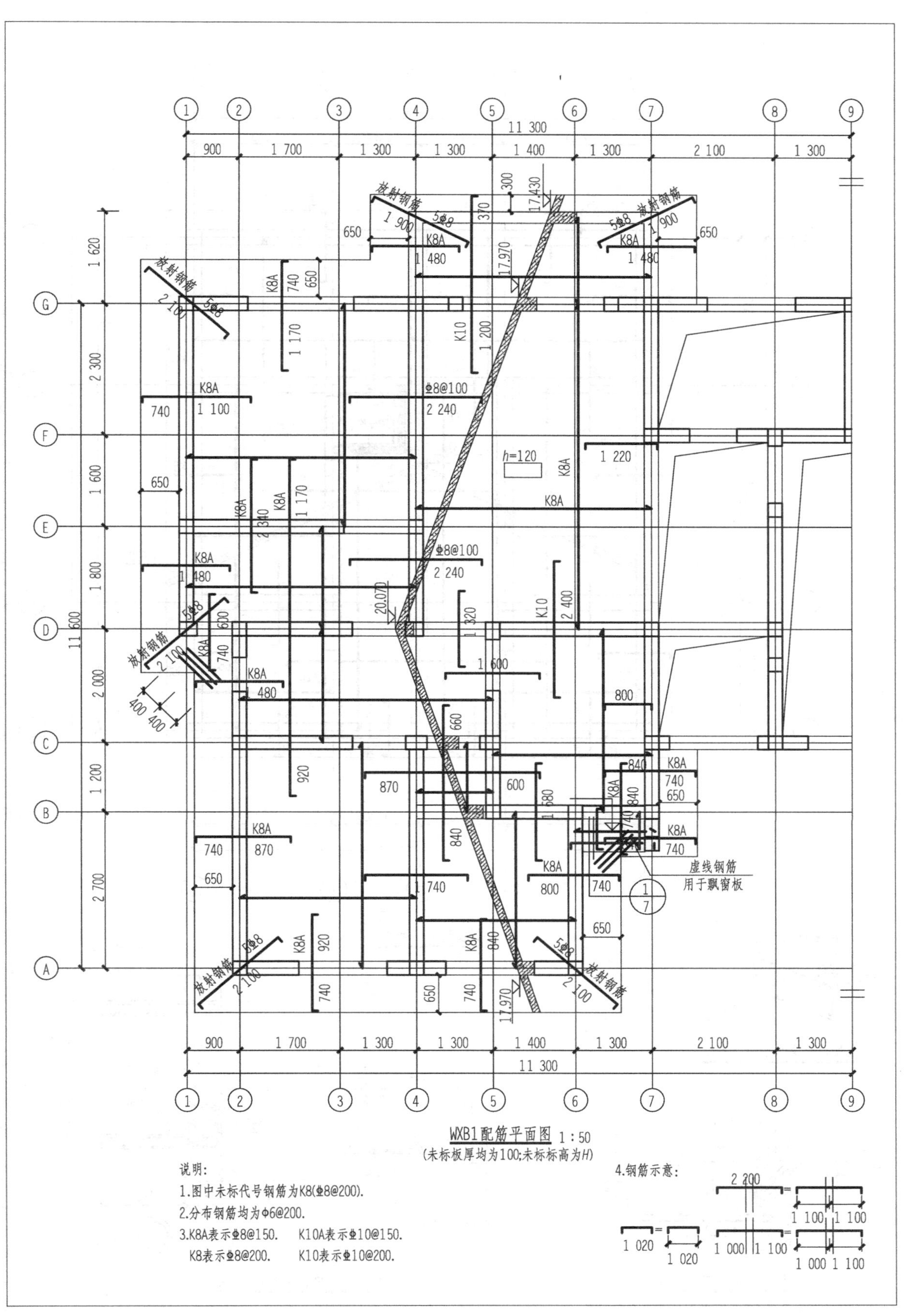

WXB1配筋平面图 1 : 50

(未标板厚均为100;未标标高为H)

说明:

1.图中未标代号钢筋为K8(Φ8@200).

2.分布钢筋均为Φ6@200.

3.K8A表示Φ8@150.　K10A表示Φ10@150.

　K8表示Φ8@200.　K10表示Φ10@200.

4.钢筋示意:

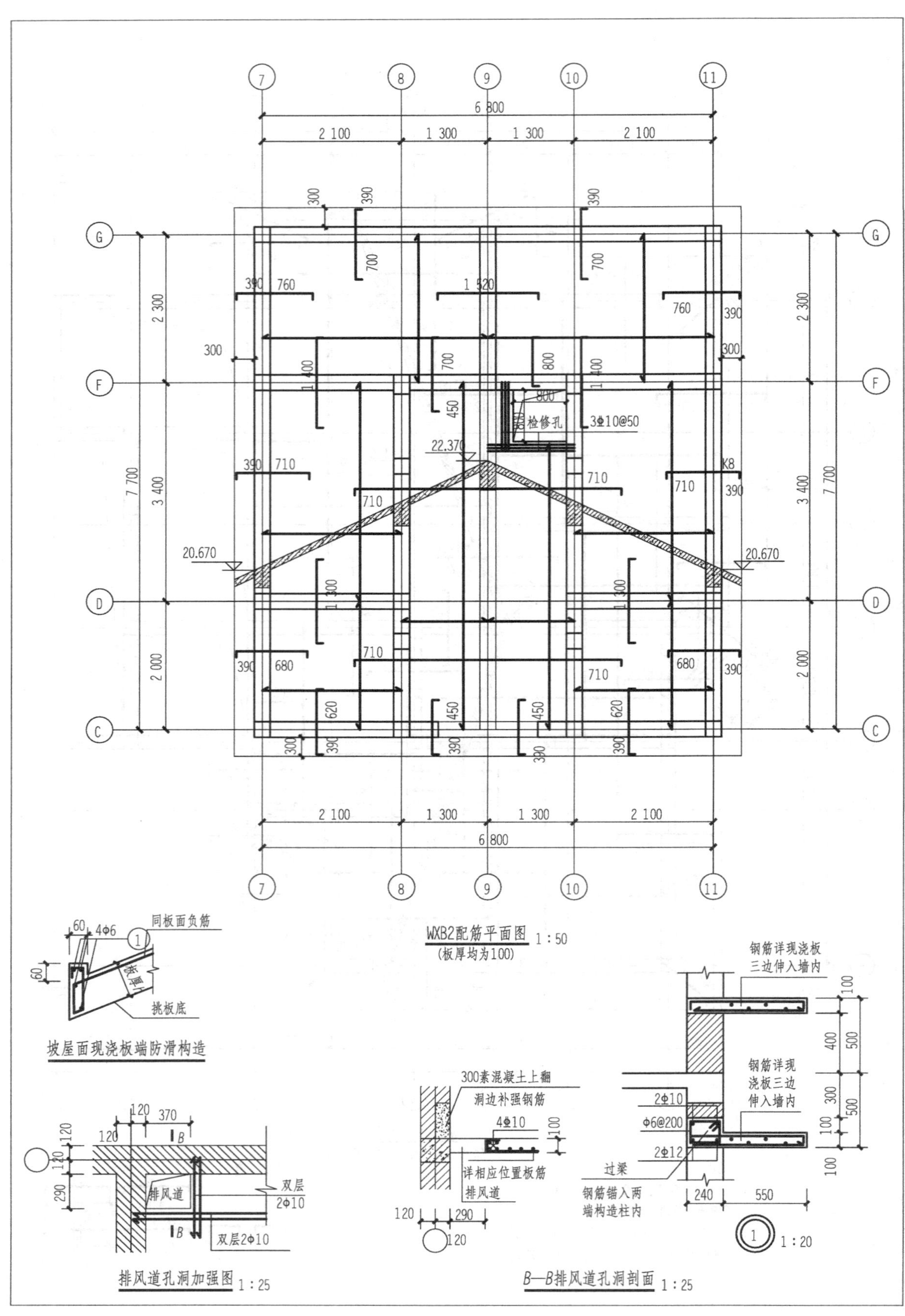

WXB2配筋平面图 1：50
(板厚均为100)
检修孔
3Φ10@50
坡屋面现浇板端防滑构造
同板面负筋
挑板底
4Φ6
排风道孔洞加强图 1：25
排风道
双层2Φ10
B—B排风道孔洞剖面 1：25
300素混凝土上翻
洞边补强钢筋
4Φ10
详相应位置板筋
钢筋详现浇板三边伸入墙内
2Φ10
Φ6@200
2Φ12
过梁
钢筋锚入两端构造柱内
1：20

二、工程量计算

工程量计算详见表 7-1～表 7-6。

表 7-1　基数计算表

序号	基数名称	单位	数量	计算式
一	外墙中心线 $L_{中}$	m	76.2	22.6×2+(2.7+1.2)×2+11.6×2
二	内墙净长线 $L_{内}$	m	89.56	[2.6+1.3−0.24+(1.7+1.3−0.24)×2+4−0.24+1.3−0.24+1.4−0.24+3.4−0.24+2−0.24]×2+[2.3+1.6+1.8+1.8−0.24+2−0.24+1.2+2.7+2+1.2−0.24+2.3−0.24+1.6+1.8+2−0.24]×2+2.3−0.24
三	外墙外边线 $L_{外}'$	m	77.16	76.2+0.24×4
四	建筑面积 S	m^2	1 416.48	236.08×6
1	底层建筑面积 $S_{底}$	m^2	236.08	22.84×11.84−0.9×5.9×2−(1.3+2.1+2.6+2.1+1.3−0.24)×2.7−(2.1+2.6+2.1−0.24)×1.2+(4.24×1.5×2+2.1×1.2×2)÷2
2	二～六层建筑面积 $S_{标}$	m^2	236.08	22.84×11.84−0.9×5.9×2−(1.3+2.1+2.6+2.1+1.3−0.24)×2.7−(2.1+2.6+2.1−0.24)×1.2+(4.24×1.5×2+2.1×1.2×2)÷2

表 7-2　门窗工程量统计表

类型	型号	洞口尺寸		每樘面积/m^2	总樘数	总面积/m^2	楼层统计(樘数)			备注
		宽/mm	高/mm				1层	2层	3～6层	
门	M0821	800	2 100	1.68	36	60.48	6	6	24	塑钢门
	M0921	900	2 100	1.89	48	90.72	8	8	32	成品木门
	FM1021	1 000	2 100	2.1	12	25.2	2	2	8	双层金属夹 15～18 厚矿棉板防盗门
	TLM2427	2 400	2 700	6.48	12	77.76	2	2	8	塑钢推拉门,玻璃采用 6 中等透光热反射+12 空气+6 透明
	TLM1524	1 500	2 400	3.6	12	43.2	2	2	8	塑钢推拉门,玻璃采用 6 透明+9 空气+6 透明
	ZM1521	1 500	2 100	3.15	1	3.15	1	0	0	可视对讲防盗门
窗	GC0606	600	600	0.36	24	8.64	4	4	16	塑钢窗,玻璃采用单层 6 低透光热反射
	C1515	1 500	1 500	2.25	12	27	2	2	8	塑钢窗,玻璃采用单层 6 低透光热反射
	C1514	1 500	1 400	2.1	6	12.6	1	1	4	塑钢窗,玻璃采用单层 6 低透光热反射
	C1120	1 100	2 000	2.2	12	26.4	2	2	8	塑钢窗,玻璃采用 6 透明+9 空气+6 透明
	TC1820	1 800	2 000	3.6	12	43.2	2	2	8	塑钢窗,玻璃采用 6 中等透光热反射+12 空气+6 透明
	TC1520	1 500	2 000	3.0	24	72.0	4	4	16	塑钢窗,玻璃采用 6 中等透光热反射+12 空气+6 透明

表 7-3　土建工程量计算表

序号	项目名称	计算公式	单位	工程量	备注
1	人工平整场地	$S=236.08+2\times77.16+16$ $=406.4$	m²	406.4	
2	人工挖地槽土方	1－1 断面 $L_{中(1-1)}=(11.6+0.9+1.7+1.3\times2+2.7+2.1+1.3+1.4)\times2=48.6$ $L_{内(1-1)}=(2+1.2-1.3)\times2=3.8$ $V_{1-1}=[1.1+2\times0.3+0.3\times(2.68-1)]\times(2.68-1)\times(48.6+3.8)=194.02$ 2－2 断面 $L_{中(2-2)}=22.6$ $L_{内(2-2)}=[0.9+1.7+1.3-1.25+(1.7+1.3+1.3-1.2)\times2+1.4+1.3-1.25]\times2=20.6$ $V_{2-2}=[1.2+2\times0.3+0.3\times(2.68-1)]\times(2.68-1)\times(22.6+20.6)=167.22$ 3－3 断面 $L_{中(3-3)}=1.4+1.3-1.25=1.45$ $L_{内(3-3)}=[2.3+1.6-1.15+(1.8-1.2)+(1.2+2.7-1.15)+(1.6+1.8-1.4)+(2+1.2-1.15)]\times2+(2.3-1.4)$ $=21.2$ $V_{3-3}=[1.4+2\times0.3+0.3\times(2.68-1)]\times(2.68-1)\times(1.45+21.2)=95.28$ 4－4 断面 $L_{中(4-4)}=[(2.3-1.4)+2.1+1.3-1.5+1.6+1.8-1.4]\times2=9.6$ $V_{4-4}=[1.6+2\times0.3+0.3\times(2.68-1)]\times(2.68-1)\times9.6=43.6$	m³	500.12	
3	M7.5 水泥砂浆砖基础(室外地坪以下基础)	$V_{(1-1)}=0.24\times(0.88+0.25+0.25+0.394)\times(48.6+2.96)=21.95$ $V_{(2-2)}=0.24\times(0.88+0.25\times2+0.656)\times(22.6+28.48)=24.96$ $V_{(3-3)}=0.24\times(0.88+0.25\times2+1.378)\times(2.6+32.06)=22.94$ $V_{(4-4)}=0.24\times(0.88+0.25\times2+1.378)\times16.76=11.09$	m³	80.94	
4	回填土	$V=500.12-80.94-46.96=372.22$ $S_{房}=236.08-(76.2+89.38-1.56\times2-1.76\times2)\times0.24=197.94$ $V_{房}=197.94\times(1-0.1-0.125)=153.40$ $V_{回}=372.22+153.40=525.62$	m³	525.62	
5	买土回填	$V=525.62-500.12=25.50$	m³	25.50	

续表

序号	项目名称	计算公式	单位	工程量	备注
6	M7.5水泥砂浆砖基础	$V_{1-1}=0.24\times(0.88+0.25\times2+1+0.394)\times(48.6+2.96)=34.33$ $V_{2-2}=0.24\times(0.88+0.25\times2+1+0.656)\times(22.6+28.48)=37.22$ $V_{3-3}=0.24\times(0.88+0.25\times2+1+1.378)\times(2.6+32.06)=31.26$ $V_{4-4}=0.24\times(0.88+0.25\times2+1+1.378)\times16.76=15.12$ $V_{基}=34.33+37.22+31.26+15.12=117.93$ $V=V_{总}-V_{DQL}-V_{G}$　$V_{总}=117.93-9.24-5.94=102.75$	m^3	102.75	
7	M7.5混合砂浆(多孔砖)(12以上)	240墙 $L_{中}=76.2$ $L_{内}=89.38-(1.56+1.76)\times2=82.74$ $V=(76.2+82.74)\times0.24\times12=457.75$ $V=V_{总}-V_{QL}-V_{GZ}-V_{门窗}$ $V_{总}=457.75-70.32-57.02-29.52-5=300.89$	m^3	300.89	
8	M5混合砂浆砖墙(12以下)	$V_1=(3-0.24)\times0.24\times(18.82-12)+(2.6+1.3-0.24)\times0.24\times(19.73-12)+(0.9+1.7+1.3\times2+1.4+1.3)\times0.24\times(20.07-12)+(1.7+1.3\times2+2.1-0.24\times2)\times(19.35-12)+(1.4+0.24)\times(18.93-12)=81.49$ $V_2=(1.8+1.6+2.3)\times2\times0.24\times[(20.07+17.97)\div2-12]+(2.3-0.24)\times2\times0.24\times[(18.82+17.97)\div2-12]+(2.7+1.2+2)\times0.24\times[(20.07+17.97)\div2-12]+(2.7-0.24)\times0.24\times[(18.93+17.97)\div2-12]+(1.2+2+1.2+2+0.55)\times0.24\times[(18.93+20.07)\div2-12]=51.77$ $V=(81.49+51.77)\times2=266.52$ $V=V_{总}-V_{QL}-V_{GZ}-V_{门窗}$ $V_{总}=266.52-35.16-39.64-2.53=189.2$	m^3	189.2	
9	120墙(空心砖)	$V_0=(1.56+1.76)\times2\times0.12\times12=9.56$ $V_1=(1.8-0.24)\times2\times0.12\times[(20.07+19.73)\div2-12]=3$ $V_2=(2-0.24)\times2\times0.12\times[(19.35+20.07)\div2-12]=3.24$ $V_2'=3+3.24+9.56-0.8\times2.1\times4\times6\times0.12=10.96$	m^3	10.96	
10	砌体加固筋	$300.89+189.2+10.96=501.05$	10 m^3 砌体	501.05	
11	脚手架工程	$236.08+236.08\times5=1\ 416.48$	m^2	1 416.48	

续表

序号	项目名称	计算公式	单位	工程量	备注
12	C20 地圈梁	$V=154.06\times0.24\times0.25=9.24$	m^3	9.24	
13	C25 圈梁	$V=158.94\times0.24\times0.2=7.63$ $V_{总}=7.63\times5=38.15$	m^3	38.15	
14	C25 屋面圈梁	a. WQL_1 $V=[(1.8+1.6+2.3)\times2-0.24+2.7+1.2+2-0.24]\times0.24\times0.2\times1.064\times2+(2.3-0.24)\times0.24\times0.2\times1.064+(2.7+1.2+2.7-0.24+1.2+2+0.24)\times0.24\times0.2\times1.064\times2=2.83$ b. WQL_2 $V=(2.6+1.3+4+2.6-0.24-1.7+1.3+1.3-0.24+1.7+1.3+1.3+1.4+1.4)\times(0.2+0.328)\times0.24\times0.5\times2=2.28$ c. WQL_3 $V=(2.6+1.3+4-0.24)\times0.24\times0.2\times2=0.74$	m^3	5.85	
15	C25 圈梁(屋面板 2)	WQL_1 $V=[(3.4+0.12)+3.4-0.24+2-1-0.24]\times0.2\times0.24\times1.12\times2=0.80$ WQL_2 $V=(2+3.4+2.3-0.24+2+3.4-0.24)\times(0.2+0.328)\times0.24\times0.5\times2=1.6$ WQL_3 $V=(2.3-0.24)\times(0.2+0.328)\times0.2\times0.24=0.1$	m^3	2.50	
16	C25 梁	L_1 $V=1.3\times0.24\times0.3\times2\times5=0.936$ L_2 $V=(2.1-0.24)\times0.3\times0.24\times2\times5=1.339$ L_3 $V=0.24\times0.4\times(1.8+1.6-0.24)\times2\times5=3.034$ L_4 $V=0.15\times0.35\times(1.8+2+0.24)\times2\times6=2.545$ $V_{总}=0.936+1.339+3.034+2.545=7.854$	m^3	7.854	
17	C25 悬挑梁、屋面梁	XL_1 $V=3\times0.24\times0.3\times2\times6=2.592$ VL_2 $V=3.8\times0.24\times0.35\times4\times6=7.661$ WXL_1 $V=4.5\times0.24\times0.35\times4=1.512$ BL_1 $V=(2.1-0.24)\times0.15\times0.3\times2\times6=1.004$ BL_2 $V=(1.2+1.4+1.3-0.24)\times0.15\times0.35\times2\times6=2.306$ WL_1 $V=1.3\times0.24\times0.3\times2=0.187$ WL_2 $V=(2.1-0.24)\times0.24\times0.3\times2=0.268$ WL_3 $V=(1.6+1.8-0.24)\times0.24\times0.4\times2=0.607$			

续表

序号	项目名称	计算公式	单位	工程量	备注
17	C25 悬挑梁、屋面梁	WL_4　$V=(1.8+2+0.24)\times0.15\times0.3\times2=0.364$ WL_5　$V=5.4\times0.2\times0.4=0.432$ WBL　$V=(4-0.24)\times0.2\times0.35\times2=0.526$ LTL_1　$V=(1.3\times2-0.24)\times(1+2+8)\times0.2\times0.35=1.817$ GL−1　$V=(3.9-0.24)\times0.24\times0.3\times2\times6=3.162$ GB−1　$V=(3.9-0.24)\times0.24\times0.2\times2\times6=2.108$ GL−2　$V=(3+2.7-0.24)\times0.24\times0.3\times2\times6=4.717$ GB−2　$V=(3+2.7-0.24)\times0.24\times0.2\times2\times6=3.145$	m^3	32.41	
18	C25 现浇混凝土板	XB_1 $V_1=(1.3+1.4+1.3-0.24)\times(1.8+1.6+2.3-0.24)\times0.12\times2=4.93$ $V_2=(0.9+1.7-0.24)\times(1.6+2.3-0.24)\times0.1\times2+(0.9+1.7-0.24)\times(1.8-0.24)\times0.1\times2+(2.7+1.2-0.24)\times(1.7+1.3-0.24)\times0.1\times2+(2.7-0.24)\times(1.3+1.4-0.24)\times0.1\times2+(1.3-0.24)\times1.2\times0.1\times2+(3.4-0.24)\times(2.3-0.24)\times0.1\times2+(2.1-0.24)\times(1.6+1.8+2-0.24)\times0.1\times2+(2.6-0.24)\times(1.6+1.8+2-0.24)\times0.1\times2=11.61$ $V_3=1.5\times4\times0.1\times2+1.2\times2.1\times0.1\times2+0.55\times(4+0.24)\times0.1\times4=2.64$ $V_{总}=(V_1+V_2+V_3)=(4.93+13.99+0.26)\times5=95.90$	m^3	95.90	
19	C25 屋面板	WXB_1　$V=(V_1+V_2)\times1.064=13.13$ $V_1=(4-0.24)\times(1.6+1.8+2.3-0.24)\times0.12\times2=4.93$ $V_2=(3.9-0.24)\times(1.6+2.3-0.24)\times0.1\times2+(3.9-0.24)\times(1.8-0.24)\times0.1\times2+(2-0.24)\times(1.7+1.3\times2-0.24)\times0.1\times2+(1.4+1.3-0.24)\times(2+1.2-0.24)\times(2.7-0.24)\times0.1\times2+1.2\times(1.3-0.24)1\times0.1\times2+1.2\times(2.1-0.24)\times0.1\times2=9.53$ WXB_2　$V_0=1.12\times V=4.74$ $V=(2.1+1.3-0.24)\times(2.3-0.24)\times0.1\times2+(2.1-0.24)\times(3.4-0.24)\times0.1\times2+(2.1-0.24)\times(2-0.24)\times0.1\times2+(1.3-0.24)\times(2+3.4-0.24)\times0.1\times2=4.23$	m^3	20.13	

续表

序号	项目名称	计算公式	单位	工程量	备注
20	C20 构造柱	GZa V=0.24×(0.24+2×0.03)×(17.97+1.25)×6+0.24×(0.24+2×0.03)×(18.93+1.25)×2=11.21 GZ V=0.24×(0.24+2×0.03)×[(17.97+1.24)×4+(18.82+1.25)×2+(19.73+1.25)×2+(19.63+1.25)×2+(20.07+1.25)×6]+0.24×(0.24+3×0.03)×[(17.97+1.25)×7+(18.82+1.25)+(19.73+1.25)×2+(20.07+1.25)×2+(19.35+1.25)×4+(18.93+1.25)×6]=58.72 GZ_1 V=(0.24×0.3+0.24×0.03×2)×(20.07+1.25)×2=3.684 GZ_2 V=(0.24×0.3+0.24×0.03×2)×[(18.82+1.25)×2+(20.07+1.25)×6]+(0.24×0.3+0.24×0.03×3)×(20.07+1.25)×4=22.502 GZ_3 V=(0.24×0.34+0.24×0.03×3)×(19.35+1.25)×2=4.252 GZ_4 V=(0.24×0.36+0.24×0.03×3)×(19.35+1.25)×2=4.450	m^3	104.82	
21	C25 过梁	aLP—4243　V=0.29×0.24×(0.24+0.5)×12=0.618 aLP—4153　V=0.19×0.24×(1.5+0.5)×24=2.189 aLP—4123a　V=0.19×0.24×1.56×24=1.7 aLP—4103　V=0.19×0.24×(1+0.5)×12=0.821 LP—4103a　V=0.19×0.24×1.4×48=3.06 aLP—4062　V=0.09×0.24×(0.6+0.5)×24=0.57 aLP—4082　V=0.09×0.24×(0.8+0.5)×12=0.337 aLP—2081　V=0.09×0.12×(0.8+0.5)×24=0.337	m^3	9.63	
22	C15 砖基础垫层	V_{1-1}=1.1×0.3×(48.6+3.8)=17.29 V_{2-2}=1.2×0.3×(22.6+20.6)=15.55 V_{3-3}=1.4×0.3×(1.45+21.2)=9.51 V_{4-4}=1.4×0.3×9.6=4.03	m^3	46.38	

续表

序号	项目名称	计算公式	单位	工程量	备注
23	80 厚 C15 混凝土垫层	$V=S_{底}\times h=236.08\times0.08=18.89$	m^3	18.89	
24	预埋铁件制安	0.5	t	0.5	
25	C25 楼梯	$S=1.4\times2+2.52\times2.36\times5+2.52\times2.36=38.48$	m^2	38.48	
26	防潮(墙身防潮)1∶2 水泥砂浆	$S=(76.2+89.93)\times(1-0.06+0.5)=239.23$	m^2	239.23	
27	地面防水	$S_1=3.16\times2.06+2\times(3.16+2.06)\times0.3=9.64$ $S_2=1.5\times4+2\times(1.5+4)\times0.3=9.3$ $S_3=2.42\times1.56+2\times(2.42+1.56)\times2.4+1.52\times1.76+2\times(1.52+1.76)\times2.4=41.29$ $S_{防水}=(S_1+S_2+S_3)\times2\times6=722.76$	m^2	722.76	
28	屋面防水	$S_1=2\times S\times1.064=959.20\ m^2$ $S=(1.8+1.6+2.3+0.65)\times(0.9+1.7+1.3+1.3+1.4+1.4+0.24+0.65)\times1.27\times(4+0.24+0.65\times2)+(2.7+1.2+2+0.65)\times(1.7+1.3+1.3+1.4+1.3+0.24+0.65\times2)-1.3\times(2.7-0.55)+0.65\times0.65=450.75$ $S_2=(6.8+0.24+0.3\times2)\times(2+2.3+3.4+0.3\times2)\times1.12=71.02$ $S_{总}=959.20+71.02=1\ 030.22$	m^2	1 030.22	
29	瓦屋面(蓝灰色筒瓦)	$S_1=2\times S\times1.064=959.20\ m^2$ $S=(1.8+1.6+2.3+0.65)\times(0.9+1.7+1.3+1.3+1.4+1.4+0.24+0.65)\times1.27\times(4+0.24+0.65\times2)+(2.7+1.2+2+0.65)\times(1.7+1.3+1.3+1.4+1.3+0.24+0.65\times2)-1.3\times(2.7-0.55)+0.65\times0.65=450.75$ $S_2=(6.8+0.24+0.3\times2)\times(2+2.3+3.4+0.3\times2)\times1.12=71.02$	m^2	1 030.22	
30	耐酸、防腐、保温、隔热	屋面保温 $V=S_1\times0.035+S_2\times0.035=(238.65+71.02)\times0.035=10.84$	m^3	45.6	

续表

序号	项目名称	计算公式	单位	工程量	备注
31	抹灰工程	①水泥砂浆地面 20 厚 1∶2 面层 一层:房心净面积为 S_1 $S_{半}$=(3.9−0.24)×(1.6+2.3+1.8−0.24−0.24)+0.24×(1.3−0.12)+(1.3+1.4+3−0.24)×(1.8+1.6+2.3−0.24)+(2.1+1.3−0.24)×(2.3−0.24)+(1.8+1.6−0.24)×(2.1−0.24)+(1.7+1.3+1.3−0.24)×(2−0.24)+(1.4+1.3−0.24)×(2+1.2−0.24)+(2.1−0.24)×(2−0.24)+(2.7+1.2−0.24)×(1.7+1.3−0.24)+(1.3−0.24)×(1.2−0.24)+(2.1−0.12)×(1.2−0.12)+(1.3+1.4−0.24)×(2.7−0.24)+(1.8+1.6−0.24+2.1−0.24)×0.24=99.802 阳台 TLM2427 $S_{TLM2427}$=(4−0.12)×(1.5−0.12−0.06)×2=10.243 2 厨房、厕所、阳台做 300 mm 水泥砂浆反边 L_1=(3.4−0.24+2.3−0.24)×2+[(1.8−0.24+2.6−0.12−0.06)×2+(2−0.24+1.7−0.12−0.06)×2]+(2.1−0.12+1.2−0.12)×2+(4−0.12+1.5−0.12−0.06)×2=41.48 $S_{反边}$=2 L_1×h=2×41.48×0.3=24.888 S_1=2 $S_{半}$+$S_{TLM2427}$+$S_{反边}$=2×99.802+10.243 2+24.888=234.735 2 2～6 层:房心净面积同 S_1 小计:水泥砂浆地面 S=5×S_1=5×234.735 2=1 173.676 ③踢脚线　h=100 mm 一层:为 S_1 $S_{半}$=(3.9−0.24+1.6+2.3−0.24)×2+(1.8−0.24+1.3−0.12)×2−2×(1.3−0.24)×(1.3+1.4+1.3−0.24)×2+(1.8+1.6+2.3−0.24)+2.3+(2.1+1.3−0.24+2.3−0.24)×2+(1.8+1.6+2−0.24+2+2.1+2.1−0.24)+(1.3+1.3−0.12−0.06+2−0.24)×2+(1.4+1.3−0.24+2+1.2−0.24)×2+(2.7+1.2−0.24+1.7+1.3−0.24)×2+(1.3+1.4−0.24+2.7+1.2−0.24)×2=77.777 6 S_1=2×$S_{半}$=2×77.777 6=155.555 2　2～6 层均同 S_1 小计:S=0.1×155.555 2×6=93.333 ④墙面面抹灰 S=2 289+243.6=2 532.6 ⑤乳胶漆顶棚 S=5×234.7352+238.65+71.02=1 483.35			

续表

序号	项目名称	计算公式	单位	工程量	备注
32	零星工程(散水)	墙脚排水坡 $S=77.16\times0.9+4\times0.9\times0.9=72.68$	m^2	72.68	
33	一般建筑垂直运输(卷扬机)	$236.08+236.08\times5=1\,416.48$	m^2	1 416.48	
34	油漆涂料工程内墙面乳胶漆	$S=(2.6-0.24)\times(2+3.4-0.24)\times21.195=258.1$	m^2	258.1	
35	天棚面乳胶漆	$S=5\times(2.6-0.24)\times(2+3.4-0.24)+2.9\times(2+3.4-0.24)=75.86$	m^2	75.86	
36	门、窗	$S_1=0.8\times2.1\times36=60.48$(塑钢门)	m^2	60.48	
		$S_2=0.9\times2.1\times48=90.72$(成品木门)	m^2	90.72	
		$S_3=2.4\times2.7\times12+1.5\times2.4\times12=120.96$(塑钢推拉门)	m^2	120.96	
		$S_4=1.5\times2.1+1\times2.1\times12=28.35$(防盗门)	m^2	28.35	
		$S_{窗}=0.6\times0.6\times24+1.5\times1.5\times12+1.5\times1.4\times6+1.1\times2\times12+1.8\times2\times1.2+1.5\times2\times24=150.96$	m^2	150.96	
37	内墙油漆面积	$S=(1.8\times2+2.4\times2.7+1.1\times2.4\times2+0.9\times2.1\times2+1.1\times2.4\times2+0.9\times2.1\times6+1.5\times2\times2+0.8\times2.1\times4+1.5\times1.5\times1+0.8\times2.1\times2+1\times2.1\times2+1.5\times2.4\times2)\times2\times6+1.5\times2.1+1.5\times1.4\times6=801.63$	m^2	801.6	
38	楼梯栏杆(金属工程)	①硬塑料扶手 $L=2.9\times2\times7=40.6$ ②阳台栏杆 $S=0.9\times2.9\times4\times7=73.08$ ③预埋铁件 0.5 t ④楼梯栏杆水平段 Φ40　$s=2$　$L=1\times2=2$ Φ30　$s=2$　$L=1.15\times2=2.3$ Φ20　$s=2$　$L=(1-0.11\times2)\times10=7.8$ 硬塑料扶手　$L=1.15$ 铝合金管栏板全玻 $S=0.72\times(4+2.1)\times2\times6=52.7$			

续表

序号	项目名称	计算公式	单位	工程量	备注
39	白色水泥漆(外墙)	①—⑰立面图为 S_1 ②—⑥轴线：$S_{门窗}=1.5\times(2+0.1\times2)\times4=13.2$ $S_{咖啡色铝百叶}=0.5\times2\times(17.43-12)=5.43$ $S=6\times(1.7+1.3+1.3+1.4+0.12\times2)-S_{门窗}-S_{咖啡色铝百叶}=35.64-13.2-5.43=17.01$ ⑦轴线：$(1+17.43)\times0.24=4.423$ 生活阳台：$S=2.4\times0.3\times6=4.32$ $S_1=(17.01+4.423+4.32)\times2=51.51$ ⑰—①轴立面图为 S_2 $S_{门窗}=1.8\times2\times6+2.4\times2.7\times6=60.48$ $S_{铝百叶}=(18-0.4\times2)\times(1.05-0.12)=15.996$ $S_{外墙砖}=39.39+1.302+2.678=43.37$ $S_2=(4+1.3+2.6+0.12)\times(18+1)-S_{门窗}-S_{铝百叶}-S_{外墙砖}+0.35+0.12\times7=152.38-60.48-15.996-43.37+1.19=33.724$ $S_{17-15}=(12+1)\times(1.8+1.05+0.06+0.12)=39.39$ $S_{15-14}=(1.05-0.12)\times(1.5-0.1)=1.302$ $S_{14-11}=(1-0.35)\times(4+0.12)=2.678$ $S_2=2\times33.724=67.448$ Ⓐ—Ⓖ轴立面图 $S_3=(11.84+0.24)\times(20.7-12)-[(5.7+0.24)\times6+0.5\times5.94\times(20.1-18)]=105.096-41.877=63.219$ Ⓖ—Ⓐ轴立面图 $S_4=63.219$ 小计 $S=S_1+S_2+S_3+S_4=210.778$	m^2	245.40	
40	咖啡色铝百叶(外墙)	①—⑰轴立面图为 S_1 ④轴线　$[18-(0.5-0.1)\times2]\times(0.5+0.5)=17.2$ ⑥—⑦轴线　$(0.5-0.1)\times2\times1.1\times5=4.4$ $S_1=(17.2+4.4)\times2=43.2$ ⑰—①轴立面图为 S_2 ⑮—⑭轴线　$(18-0.4\times2)\times(1.05-0.12)=15.996$ $S_2=15.996\times2=31.992$ 小计 $S=S_1+S_2=75.192$	m^2	75.192	

续表

序号	项目名称	计算公式	单位	工程量	备注
41	黄栌色外墙砖	①－⑰轴立面图为 S_1 ①－②轴线 0.9×(1＋20.07)＝18.963 ②－⑥轴线　(1.7＋1.3＋1.3＋1.4＋0.24)×(1＋12)－$S_{门窗}$－$S_{铝百叶}$＝77.22－26.4－11.6＝39.22 $S_{门窗}$＝1.5×(2＋0.1×2)×8＝26.4 $S_{铝百叶}$＝0.5×2×(12－0.4)＝11.6 ⑥－⑦轴线 1.06×(1＋0.5－0.1)＝1.484 ⑦－⑪轴线 标高 18 m 以下 (2.1＋2.6＋2.1－0.24)×(1＋17.43)－$S_{门窗}$－$S_{白色油漆}$－$S_{蓝色筒瓦}$＝120.900 8－57.33－4.32－3.378＝55.873 $S_{门窗}$＝$S_{TLM1524}$＋S_{C1514}＋S_{ZM1521}＝57.33 $S_{TLM1524}$＝1.5×2.4×12＋2.4×0.1×2＝4.8 S_{C1514}＝1.5×1.4×5＝10.5 S_{ZM1521}＝1.5×2.1＝3.15 $S_{白色油漆}$＝2.4×0.3×6＝4.32 $S_{蓝色筒瓦}$＝$\sqrt{1.2\times1.2+0.78\times0.78}$×2.36＝3.378 标高 18 m 至 20.1 m 7.86×1.32＋7.04×(20.67－17.43－1.32)＋0.5×7.04×(22.37－20.67)－$S_{窗}$ ＝29.876－1.5×1.4＝27.776 小计　S_1＝(18.963＋39.22＋1.484)×2＋55.873＋27.776＝202.983 ⑰－①轴立面图为 S_2 ⑰－⑮轴线　(12＋1)×(1.8＋1.05＋0.06＋0.12)＝39.39 ⑮－⑭轴线　(1.05－0.12)×(1.5－0.1)＝1.302 ⑭－⑪轴线　(1－0.35)×(4＋0.12)＝2.678 ⑪－⑦轴线　(3.4＋3.4－0.24)×20.67＋1＋0.5×(3.4×2－0.24)×(22.37－20.67)－S_{C1515} ＝142.171 2－1.5×1.5×12＝115.171 小计 S_2＝(39.39＋1.302＋2.678)×2＋115.171＝201.911 Ⓐ－Ⓖ轴立面图为 S_3 S_3＝(11.84＋0.24)×(18＋1)＋0.5×(11.84＋0.24)×(20.1－18)－$S_{油漆}$＝242.204－40.755＝201.449 $S_{油漆}$＝6×(2.7＋1.2＋2)＋0.5×(2.7＋1.2×2)×(20.1－18)＝40.755 Ⓖ－Ⓐ轴立面图 S_4＝201.449 小计 S＝S_1＋S_2＋S_3＋S_4＝202.983＋201.911＋201.449×2＝807.792	m²	807.792	

表 7-4　工程量汇总表

序号	分项工程名称	单位	数量	计算式
一	土石方工程	—	—	—
1	人工挖地槽土方	m^3	500.12	
2	人工平整场地	m^2	406.4	
3	回填土夯填	m^3	522.48	
4	买土回填	m^3	22.36	
二	脚手架工程	—	—	—
1	综合脚手架	m^2	1 416.48	236.08＋236.08×5
三	砌筑工程	—	—	—
1	M7.5 水泥砂浆砖基础	m^3	102.75	
2	M7.5 混合砂浆(多孔砖)(12.00)以上	m^3	300.89	
3	M5 混合砂浆砖墙(12.00 以上)	m^3	189.2	
4	120 墙(空心砖)M5 混合砂浆砖墙	m^3	10.96	
5	砌体加固筋	10 m^3 砌体	501.05	300.89＋189.2＋10.96
四	混凝土及钢筋混凝土工程	—	—	—
1	C20 地圈梁	m^3	9.24	
2	C20 地圈梁模板	m^3	9.24	
3	C25 圈梁	m^3	45.78	36.9＋6.26＋2.62
4	C25 圈梁模板	m^3	45.78	36.9＋6.26＋2.62
5	C25 梁	m^3	39.68	7.854＋31.83
6	C25 梁模板	m^3	39.68	7.854＋31.83
7	C25 现浇混凝土板	m^3	113.77	95.9＋17.87
8	C25 现浇混凝土板模板	m^3	113.77	95.9＋17.87
9	C20 构造柱	m^3	102.6	
10	C20 构造柱模板	m^3	102.6	
11	C25 过梁	m^3	11.43	
12	C25 过梁模板	m^3	11.43	
13	C25 楼梯	m^2	38.48	
14	C25 楼梯模板	m^2	38.48	
15	C15 混凝土基础垫层	m^3	46.96	
16	C15 混凝土垫层(地面)	m^3	18.89	
17	预埋铁件	T	0.5	
五	防水、防潮工程	—	—	—
1	防水(蓝灰色筒瓦瓦屋面)	m^2	309.67	

续表

序号	分项工程名称	单位	数量	计算式
2	防潮 1∶2 水泥砂浆(墙身－0.06 处)	m^2	239.23	
3	地面防水(丙烯酸弹性防水胶)	m^2	722.76	
4	屋面防水(丙烯酸弹性防水胶)	m^2	309.67	
六	耐酸、防腐、保温、隔热工程	—	—	—
1	挤塑聚苯板保温(屋面)	m^3	10.84	
七	抹灰工程	—	—	—
1	20 厚 1∶2 水泥砂浆楼地面找平层	m^2	1 089.64	
2	踢脚线(水泥砂浆)	m^2	118.66	
3	墙面面抹灰	m^2	2 532.6	
4	乳胶漆顶棚	m^2	75.86	
5	20 厚 1∶2 水泥砂浆面层(楼梯间)	m^2	85.2	
八	零星工程	—	—	—
1	零星工程(散水)宽 900 混凝土面层厚 100 mm	m^2	72.68	
九	其他工程	—	—	—
1	一般建筑垂直运输(卷扬机)	m^2	1 416.48	236.08＋236.08×5
十	楼地面工程	—	—	—
1	铝合金管栏板全玻	m^2	52.7	
2	不锈钢管栏杆、栏板直线型其他	m^2	73.08	
3	硬塑料扶手	m	41.75	
十一	门窗工程	—	—	—
1	塑钢门	m^2	60.48	
2	成品木门	m^2	90.72	
3	塑钢推拉门	m^2	81.36	
4	矿棉板防盗门	m^2	28.35	
5	塑钢窗	m^2	188.88	
6	咖啡色铝百叶(外墙)	m^2	75.19	
十二	油漆涂料工程	—	—	—
1	内墙面乳胶漆	m^2	258.1	
2	内墙油漆面面积	m^2	801.6	
3	白色水泥漆(外墙)	m^2	243.6	
十三	墙柱面工程	—	—	—
1	黄栌色外墙砖	m^2	811.55	

表 7-5 钢筋工程量计算表

类别	直径	计算公式	根数	总根数	单长/m	总长/m	总重/kg
XL－1			本构件钢筋重：				
钢筋	18	L＝3 000－25＋(300－25)×2＋400＋(300－25×2)×1.414＋10×18＝4 458.5(mm)	2	20	4.46	89.200	178.318
钢筋	18	L＝2 400＋(300－25)＋5.9×18＝2 781.2(mm)	1	10	2.78	27.800	55.574
钢筋	14	L＝3 000－25＋300－25＋5.9×14＝3 332.6(mm)	2	20	3.33	66.600	80.541
箍筋	φ6	L＝(240＋300)×2－8×25＋11.9×12＝1 022.8(mm)	23	230	1.02	234.6	52.11
BL－1			本构件钢筋重：				
钢筋	14	L＝2 100－240＋38×14×2＝2 924(mm)	2	20	2.92	58.400	70.624
钢筋	12	L＝2 100－240＋38×12×2＝2 772(mm)	2	20	2.77	55.400	49.222
箍筋	φ6	L＝(300＋150)×2－8×25＋11.9×6×2＝842.8(mm)	17	170	0.84	142.8	31.72
L－4			本构件钢筋重：				
钢筋	14	L＝1 760＋240＋1 560＋38×14×2＝4 624(mm)	2	20	4.62	92.400	111.741
钢筋	12	L＝1 760＋240＋1 560＋38×12×2＝4 472(mm)	2	20	4.47	89.400	79.430
DQL11(g4g)			本构件钢筋重：				
钢筋	14	L＝900＋1 700＋1 300－240＋44×14×2＝4 892(mm)	4	16	4.89	78.240	94.617
箍筋	φ6	L＝(240＋250)×2－8×25＋11.9×6×2＝922.8(mm)	22	88	0.92	80.96	17.98
QL1－g 1－e			本构件钢筋重：				
钢筋	10	L＝1 600＋2 300－240＋38×10×2＝4 420(mm)	4	80	4.42	353.600	218.171
箍筋	φ6	L_0＝(240＋200)×2－8×25＋11.9×6×2＝822.8(mm)	22	440	0.82	360.800	80.141
卧室板主筋			本构件钢筋重：				
钢筋	ϕ^R8	L＝900＋1 700＋1 300－240＋(240－25)×2＋5.9×8×2＝4 184.4(mm)	19	190	4.18	794.200	313.614
钢筋	ϕ^R8	L＝1 600＋2 300－240＋(240－15)×2＋5.9×8×2＝4 204.4(mm)	19	190	4.2	798.000	315.114
板负筋卧室 1 200 350			本构件钢筋重：				
钢筋	ϕ^R8	L＝1 350－85＝1 265(mm)	6	60	1.27	76.200	30.090
钢筋	ϕ^R8	L＝350＋85＝435(mm)	6	60	0.44	26.400	10.425

续表

类别	直径	计算公式	根数	总根数	单长/m	总长/m	总重/kg
钢筋	ϕ^R6	L=1 980(mm)	5	50	1.98	99.000	21.990
钢筋	ϕ^R6	L=1 300−240+2×150=1 360(mm)	2	20	1.36	27.200	6.042
屋面板负筋			本构件钢筋重：				
钢筋	ϕ^R8	L=1 100+740+(100−15)×2=2 010(mm)	19	38	2.01	76.380	30.161
钢筋	ϕ^R6	L=1 600+2 300−240−(1 170−120)×2+2×50=1 660(mm)	8	16	1.66	26.560	5.900
GL−1			本构件钢筋重：				
钢筋	12	L=3 900+240−2×25=4 090(mm)	2	24	0.41	9.84	8.74
钢筋	14	L=3 900+240−2×25=4 090(mm)	2	24	0.41	9.84	11.89
箍筋	ϕ6	L=(240+300)×2−8×25+2×11.9×6=1 022.8(mm)	11	132	1.02	134.64	29.782
钢筋	ϕ6	L=150+1 800+1 050+(100−15)×2=3 170(mm)	3	36	3.17	114.12	25.35
钢筋	ϕ8	L=550+240−15+(100−15)×2=945(mm)	20	240	0.95	228	90.03
Gb−1			本构件钢筋重：				
钢筋	14	L=3 900+240−2×25=4 090(mm)	4	48	4.09	196.32	237.41
钢筋	ϕ6	L=(240+300)×2−8×25+2×11.9×6=1 022.8(mm)	25	300	1.02	306	67.68
钢筋	ϕ6	L=1 500+500+500+1 500−2×15+(100−15)×2=4 140(mm)	3	36	4.14	149.04	33.10
钢筋	ϕ8	L=550+240−2×15+(100−15)×2=930(mm)	28	336	0.93	312.48	123.39
WQL			本构件钢筋重：				
钢筋	10	L=900+1 700+1 300−240+38×10×2=4 420(mm)	6	12	4.42	26.520	16.363
箍筋	ϕ6	L=200+240+372+276−8×25+2×11.9×6=1 030.80(mm)	16	32	1.03	32.96	7.321
WXL			本构件钢筋重：				

续表

类别	直径	计算公式	根数	总根数	单长/m	总长/m	总重/kg
钢筋	14	L=1 300−240+38×10×2=1 820(mm)	2	4	1.82	7.280	8.804
钢筋	12	L=1 300−240+38×10×2=1 820(mm)	2	4	1.82	7.280	6.468
箍筋	ϕ6	L=(240+300)×2−8×25+2×11.9×6=1 022.8(mm)	6	12	1.023	12.276	2.727
楼梯 TB			本构件钢筋重：				
钢筋	ϕ^R10	L=3 020+6.25×10×2=3 145(mm)	10	20	3.15	63.000	38.871
钢筋	ϕ^R10	L=3 220+250×2+6.25×10×2=3 845(mm)	6	12	3.85	46.200	28.505
箍筋	ϕ^R8	L=1 120−240=880(mm)	13	26	0.88	22.880	9.035
LTL			本构件钢筋重：				
钢筋	8	L=1 120+240−38×10×2=1 640(mm)	2	4	1.64	6.560	2.590
钢筋	14	L=1 120−240+38×10×2=1 640(mm)	2	4	1.64	6.560	7.933
箍筋	ϕ6	L=(200+350)×2−8×25+2×11.9×6=1 042.8(mm)	5	10	1.04	10.4	2.31
GLP			本构件钢筋重：				
钢筋	12	L=(2.4−0.025×2)×4×12=112.8(m)	1	1	113	112.800	100.221
箍筋	ϕ6	L=(240+290)×2−8×25+8×6+2×11.9×6=1 050.8(mm)	1	150	1.05	157.650	35.017
构造柱 19.35			本构件钢筋重：				
钢筋	12	(19.35+1.5)−0.03×2+2×0.15+12×0.012×2=21.378(m)	4	8	21.4	171.024	151.951
箍筋	ϕ6	(300+240×2−8×30+2×11.9×6=982.8(mm)	140	280	0.68	190.4	42.29
钢筋	12	L=(19.35+1.5)−0.03×2+2×0.15+12×0.012×2=21.378(m)	12	24	21.38	513.12	455.897
箍筋	ϕ6	L=(360+240)×2−8×30+2×11.9×6=1 102.8(mm)	140	280	1.1	308	68.4
箍筋	ϕ6	L=(340+240)×2−8×30+2×11.9×6=1 062.8(mm)	140	280	1.06	296.8	65.925
注：列举部分构件钢筋工程量的计算表达式，其余构件钢筋计算方法相同。							

表 7-6　钢筋工程量汇总表

序号	分项工程名称	单位	数量	计算式
1	现浇构件圆钢筋 Φ10 以内	t	5.77	10.26×0.163+1.143×0.684+5.502×0.236+3.968×361+3.848×0.111+4.696×0.043
2	现浇构件圆钢筋 Φ10 以上	t	5.19	10.26×0.226+1.143×0.204+5.502×0.13+3.968×0.011+3.848×0.044+4.696×0.365
3	现浇构件螺纹钢筋	t	114.64	10.26×1.014+1.143×0.36+5.502×0.846+3.968×1.718+3.848×24
4	现浇构件冷轧带肋钢筋	t	8.11	11.377×0.609+11.377×0.104

三、工程计价

工程计价详见表 7-7～表 7-18。

表 7-7　建筑工程施工图预算封面

四川省建设工程造价预(结)算书					
建设单位	×××大学	单位工程名称	某住宅楼工程【建筑工程】	建设地点	
施工单位	×××建筑公司	施工单位取费等级	三级取费Ⅱ档	工程类别	四类工程
工程规模	1 416.48 m^2	工程造价	1 238 781.07 元	单位造价	874.55
建设(监理)单位		—	施工(编制)单位		
技术负责人		—	技术负责人		
审核人资格证章		—	编　制　人		

表 7-8　建筑工程编制说明

编制说明		
工程名称：某住宅楼工程【建筑工程】		
编制依据	施工图号	某住宅楼工程施工图
	合　同	
	使用定额	四川省建筑工程计价定额 SGD1－2000、四川省装饰工程计价定额、SGD2－2000 四川省建筑工程费用定额 SGD7－2000
	材料价格	某市近期招投标信息价
	其　他	按某市现行工程造价有关规定执行
说明：按某单位住宅楼施工图计算工程量，各项费率按四类工程三级二等计取。		

表 7-9 建筑工程工程取费表

工程费用表			
工程名称 某住宅楼工程【建筑工程】			
费用名称	计算公式	费率	金额/元
A 定额直接费	A.1+A.2+A.3	—	482 461.81
A.1 人工费	定额人工费+派生人工费	—	109 798.67
A.2 材料费	定额材料费+派生材料费	—	356 161.69
A.3 机械费	定额机械费+派生机械费	—	16 501.47
B 其他直接费、临设及现场管理费	B.1+B.2+B.3	—	38 307.47
B.1 其他直接费	A×规定费率	3.17%	15 294.04
B.2 临时设施费	A×规定费率	2.05%	9 890.47
B.3 现场管理费	A×规定费率	2.72%	13 122.96
C 价差调整	C.1+C.2+C.3	—	364 310.66
C.1 人工费调整	A.1×地区规定费率	79%	86 740.95
C.2 材料费调整	C.2.1+C.2.2+C.2.3+C.2.4	—	277 569.71
C.2.1 单调材料价差	按地区规定计算	—	270 945.10
C.2.2 地区材料综合调整价差	A.2×地区规定调整系数	1.86%	6 624.61
C.2.3 未计价材料价差(筑炉工程)	按地区规定计算	—	
C.2.4 计价材料价差调整(筑炉工程)	按省造价管理总站规定调整系数计算	—	
C.3 机械费调整	按省造价管理总站规定调整系数计算	—	
D 施工图预算包干费	A×规定费率	10%	48 246.18
E 企业管理费	A×规定费率	5.03%	24 267.83
F 财务费用	A×取费证核定费率	3.40%	16 403.70
G 劳动保险费	A×取费证核定费率	10.0%	48 246.18
H 利润	A×取费证核定费率	28%	135 089.31
I 文明施工增加费	A×费率	2.4%	11 579.08
J 安全施工增加费	A×费率	2.7%	13 026.47
K 赶工补偿费	A×承包合同约定费率	2.8%	13 508.93
L 按规定允许按实计算的费用	—	—	—
M 定额管理费	(A+……+K)×规定费率	1.4‰	1 673.63
N 税金	N.1+N.2	—	41 659.82
N.1 构件增值税	N.1.1+N.1.2+N.1.3	—	
N.1.1 钢筋混凝土构件增值税	钢筋混凝土预制构件制作定额直接费×规定费率	9.82%	
N.1.2 金属构件增值税	金属构件制作安装定额直接费×规定费率	7.37%	
N.1.3 木门窗增值税	木门窗制作定额直接费×规定费率	8.35%	
N.2 营业税、建设税及其他附加税	(A+……+L)×规定费率	3.48%	41 659.82
O 工程造价	A+……+M	—	1 238 781.07

表 7-10　建筑工程工程计价表

工 程 计 价 表										
工程名称某住宅楼工程【建筑工程】										
定额编号	项目名称	单位	工程量	单价/元	合价/元	其中:人工费		其中:机械费		备注
						单价/元	合价/元	单价/元	合价/元	
A. 土石方工程										
1A0003	人工挖沟槽、基坑(深度 2 m 以内)	10 m^3	50.012	64.27	3 214.27	64.27	3 214.27			
1A0007	人工回填土夯填	10 m^3	52.248	46.42	2 425.35	30.58	1 597.74	15.70	820.29	
1A0009	人工平整场地	10 m^2	40.64	4.03	163.78	4.03	163.78			
1A0010	人工买土回填	10 m^3	2.236	157.70	352.62	37.60	84.07	15.70	35.11	
	小计				6 156.02		5 059.86		855.40	
C. 砖石工程										
1C0009 换	砖基础水泥砂浆(特细砂)M7.5	10 m^3	10.275	1 308.95	13 449.46	273.92	2 814.53	6.15	63.19	
1C0017 换	烧结多孔砖砖墙混合砂浆(特细砂)M5(12.00 以上)	10 m^3	18.92	1 658.13	31 371.82	370.37	7 007.40	5.69	107.65	
1C0017 换	烧结空心砖砖墙混合砂浆(特细砂)M5 120 墙	10 m^3	1.096	1 127.13	1 235.33	370.37	405.93	5.69	6.24	
1C0018 换	烧结多孔砖砖墙混合砂浆(特细砂)M7.5(12.00 以下)	10 m^3	30.089	1 684.34	50 680.11	370.37	11 144.06	5.69	171.21	
1C0114	钢筋加固砌体(加网片筋)8、9 度	10 m^3 砌体	50.105	422.96	21 192.41	64.80	3 246.80	35.65	1 786.24	
	小计				117 929.13		24 618.72		2 134.53	
E. 混凝土及钢筋混凝土工程										
1E0003	现浇混凝土基础模板制安基础垫层	10 m^3	4.696	188.42	884.82	35.78	168.02	3.98	18.69	
1E0303	基础混凝土垫层(特细砂)C15	10 m^3	4.696	1 621.42	7 614.19	327.94	1 540.01	29.84	140.13	
1E0013	现浇混凝土柱模板制安构造柱	10 m^3	10.26	1 642.90	16 856.15	780.80	8 011.01	80.04	821.21	
1E0073 换	现浇混凝土构造柱(特细砂)C20	10 m^3	10.26	2 027.80	20 805.23	592.75	6 081.62	47.97	492.17	

续表

定额编号	项目名称	单位	工程量	单价/元	合价/元	其中:人工费		其中:机械费		备注
						单价/元	合价/元	单价/元	合价/元	
A. 土石方工程										
1E0015	现浇混凝土梁模板制安过梁	10 m^3	1.143	1 315.93	1 504.11	696.39	795.97	74.78	85.47	
1E0093	现浇混凝土过梁(特细砂)C25	10 m^3	1.143	2 097.49	2 397.43	527.07	602.44	47.76	54.59	
1E0016 换	现浇混凝土梁模板制安梁	10 m^3	3.968	1 831.83	7 268.70	870.98	3 456.05	134.20	532.51	
1E0100 换	现浇混凝土梁(特细砂)C25	10 m^3	3.968	1 942.02	7 705.94	396.43	1 573.03	47.76	189.51	
1E0015	现浇混凝土梁模板制安圈梁	10 m^3	4.578	1 315.93	6 024.33	696.39	3 188.07	74.78	342.34	
1E0093	现浇混凝土圈梁(特细砂)C25	10 m^3	4.578	2 097.49	9 602.31	527.07	2 412.93	47.76	218.65	
1E0015	现浇混凝土梁模板制安地圈梁	10 m^3	0.924	1 315.93	1 215.92	696.39	643.46	74.78	69.10	
1E0092	现浇混凝土地圈梁(特细砂)C20	10 m^3	0.924	1 987.36	1 836.32	527.07	487.01	47.76	44.13	
1E0027	现浇混凝土板模板制安板	10 m^3	11.377	1 402.99	15 961.82	590.73	6 720.74	140.07	1 593.58	
1E0139	现浇混凝土板(特细砂)C25	10 m^3	11.377	2 109.25	23 996.94	374.71	4 263.08	50.02	569.08	
1E0032	现浇混凝土其他构件模板制安整体楼梯一般	10 m^2	3.848	538.49	2 072.11	254.57	979.59	34.76	133.76	
1E0152	现浇混凝土一般整体楼梯(特细砂)C25	10 m^2	3.848	543.94	2 093.08	129.09	496.74	19.75	76.00	
1E0295	垫层混凝土(特细砂)C15	10 m^3	1.889	1 581.36	2 987.19	287.06	542.26	30.66	57.92	
1E0577	现浇构件钢筋制安圆钢 Φ10 以内	t	5.77	3 101.60	17 896.23	342.20	1 974.49	23.76	137.10	
1E0578	现浇构件钢筋制安圆钢 Φ10 以上	t	5.19	2 984.83	15 491.27	187.81	974.73	66.81	346.74	
1E0580	现浇构件钢筋制安冷轧扭带肋钢筋	t	8.11	3 427.03	27 793.21	223.65	1 813.80	133.59	1 083.41	
1E0579	现浇构件钢筋制安螺纹钢	t	22.38	2 966.33	66 386.47	184.60	4 131.35	63.44	1 419.79	
1E0588	预埋铁件制安	t	0.5	5 052.14	2 526.07	579.70	289.85	222.44	111.22	

续表

定额编号	项目名称	单位	工程量	单价/元	合价/元	其中:人工费		其中:机械费		备注
						单价/元	合价/元	单价/元	合价/元	
	小计				260 919.84		51 146.25		8 537.10	
H. 防水、防潮工程										
1H0025	丙烯酸弹性防水胶涂膜防水层涂膜厚 1 mm(楼地面防水)	100 m^2	7.228	2 162.50	15 630.55	150.00	1 084.20			
1H0026	丙烯酸弹性防水胶涂膜防水层每增减 0.1 mm(楼地面)	100 m^2	72.276	216.25	15 629.69	15.00	1 084.14			
1H0032	SBS 改性沥青卷材防水层(屋面防水)	100 m^2	3.097	2 603.92	8 064.34	192.00	594.62			
1H0060	防潮层防水砂浆(特细砂)一层作法	100 m^2	2.392	709.67	1 697.53	207.34	495.96	4.00	9.57	
1H0070 换	瓦屋面蓝灰色筒瓦混凝土檩上	100 m^2	3.097	320.53	992.68	139.36	431.60			
	小计				42 014.79		3 690.52		9.57	
I. 耐酸、防腐、保温、隔热工程										
1I0133 换	屋面(带木框)保温、隔热挤塑聚苯板(屋面)	10 m^3	1.084	4 766.92	5 167.34	1 244.52	1 349.06			
	小计				5 167.34		1 349.06			
J. 抹灰工程										
1J0010	楼地面找平层水泥砂浆(特细砂)厚度 20 mm 在混凝土及硬基层上 1∶2(楼地面)	100 m^2	10.896	682.29	7 434.23	258.34	2 814.87	5.23	56.99	
1J0034	楼地面整体面层水泥砂浆面层(特细砂)楼地面(厚度 25 mm)1∶2(楼梯间)	100 m^2	0.852	1 023.06	871.65	443.86	378.17	6.46	5.50	
1J0036	楼地面整体面层水泥砂浆面层(特细砂)楼地面(每增减 5 mm)1∶2(楼梯间)	100 m^2	−0.852	194.10	−165.37	88.12	−75.08	1.23	−1.05	

续表

定额编号	项目名称	单位	工程量	单价/元	合价/元	其中:人工费		其中:机械费		备注
						单价/元	合价/元	单价/元	合价/元	
1J0102	楼地面踢脚线水泥砂浆(特细砂)1∶2	100 m^2	1.187	1 174.89	1 394.59	702.33	833.67	6.92	8.21	
1J0137	墙、柱面一般抹灰水泥砂浆(特细砂)普通砖墙、混凝土墙	100 m^2	25.326	839.63	21 264.47	428.55	10 853.46	6.00	151.96	
1J0274	天棚抹灰现浇混凝土顶棚(特细砂)水泥砂浆	100 m^2	13.993	776.38	10 863.89	455.00	6 366.82	4.31	60.31	
	小计				41 663.46		21 171.91		281.92	
M. 零星工程										
1M0072	墙脚排水坡(特细砂)混凝土面层厚60 mm	100 m^2	0.727	1 406.91	1 022.82	362.80	263.76	35.00	25.45	
1M0073	墙脚排水坡(特细砂)混凝土面层每增减10 mm	100 m^2	2.907	195.13	567.24	40.89	118.87	5.52	16.05	
	小计				1 590.06		382.63		41.50	
N. 其他工程										
1N0001	檐高20 m(6层)以内建筑物垂直运输机械费砖混卷扬机	100 m^2	14.165	495.67	7 021.17	168.00	2 379.72	327.67	4 641.45	
	小计				7 021.17		2 379.72		4 641.45	
	合计				482 461.81		109 798.67		16 501.47	

表 7-11　建筑工程三材汇总表

三材汇总表										
工程名称：	某住宅楼工程【建筑工程】									
材料名称	单位	工程直接耗用量	工程摊销用量					合计	单位用量	备注
			脚手架摊销量	模板摊销量		临设摊销量				
				金额/万元	—	金额/万元				
				每万元摊销量	小计	每万元摊销量	小计			
钢　材	t	36.531	—	0	—	0.8	—	36.531	0.026 4	
原　木	m^3	—	—	0	—	1.2	—	1.2	0.001	
锯　材	m^3	—	—	—	—	—	—	—	—	
水　泥	t	231.98	—	—	—	—	—	231.98	0.164	

表 7-12　建筑工程单项材料价差调整表

单项材料价差调整表								
工程名称：某住宅楼工程【建筑工程】								
序号	材料名称及规格	单位	数量	基价/元	调整价/元	单价差/元	复价差/元	备注
01	水泥＃425	kg	231 979.291	0.30	0.35	0.05	11 598.96	
02	特细砂	m^3	446.093	25.00	95.00	70.00	31 226.51	
03	圆钢 Φ10 以内	t	12.696	2 500.00	4 060.00	1 560.00	19 805.76	
04	砾石 5—40	m^3	274.306	30.00	38.00	8.00	2 194.45	
05	汽油(机械)	kg	86.63	2.00	10.43	8.43	730.29	
06	砾石 5—20	m^3	127.896	35.00	56.00	21.00	2 685.82	
07	圆钢 Φ10 以上	t	5.553	2 500.00	4 160.00	1 660.00	9 217.98	
08	汽油	kg	616.604	2.00	10.43	8.43	5 197.97	
09	烧结多孔砖(KP1 型)240×115×90	千匹	260.238	200.00	700.00	500.00	130 119.00	
10	烧结空心砖	m^3	5.82	100.00	135.00	35.00	203.70	
11	蓝灰色筒瓦	匹	309.7	—	0.60	0.60	185.82	

续表

序号	材料名称及规格	单位	数量	基价/元	调整价/元	单价差/元	复价差/元	备注
12	挤塑聚苯板	m^2	10.374	—	130.00	130.00	1 348.62	
13	预埋铁件	kg	512.5	4.00	8.00	4.00	2 050.00	
14	螺纹钢 Φ10 以上	t	23.835	2 500.00	4 180.00	1 680.00	40 042.80	
15	冷轧扭带肋钢筋	t	8.637	2 500.00	4 160.00	1 660.00	14 337.42	
16	—	—	—	—	—	—	—	
17	材料价差合计	—	—	—	—	—	265 016.84	
18	其中：单调材料价差	—	—	—	—	—	263 482.40	
19	未计价材料费	—	—	—	—	—	1 534.44	
20	单调机械价差	—	—	—	—	—	5 928.26	
21	暂估价材料费	—	—	—	—	—	99 630.30	
22	主材费	—	—	—	—	—	9 072.18	
23	钢材费	—	—	—	—	—	214 480.98	
24	锯材费	—	—	—	—	—	731.70	

表 7-13　装饰工程施工图预算封面

<table>
<tr><td colspan="6">四川省建设工程造价预(结)算书</td></tr>
<tr><td>建设单位</td><td>×××大学</td><td>单位工程名称</td><td>某住宅楼工程【装饰工程】</td><td>建设地点</td><td></td></tr>
<tr><td>施工单位</td><td>×××建筑公司</td><td>施工单位取费等级</td><td>三级取费Ⅱ档</td><td>工程类别</td><td>四类工程</td></tr>
<tr><td>工程规模</td><td>1 416.48 m²</td><td>工程造价</td><td>237 595.34 元</td><td>单位造价</td><td>167.74 元</td></tr>
<tr><td colspan="2">建设(监理)单位</td><td colspan="2">—</td><td>施工(编制)单位</td><td></td></tr>
<tr><td colspan="2">技术负责人</td><td colspan="2">—</td><td>技术负责人</td><td></td></tr>
<tr><td colspan="2">审核人资格证章</td><td colspan="2">—</td><td>编　制　人</td><td></td></tr>
</table>

表 7-14　装饰工程编制说明

<table>
<tr><td colspan="3">编制说明</td></tr>
<tr><td colspan="3">工程名称：某住宅楼工程【装饰工程】</td></tr>
<tr><td rowspan="5">编制依据</td><td>施工图号</td><td>某住宅楼工程施工图</td></tr>
<tr><td>合　同</td><td></td></tr>
<tr><td>使用定额</td><td>《四川省建筑工程计价定额》(SGD1－2000)、《四川省装饰工程计价定额》(SGD2－2000)、《四川省建筑工程费用定额》(SGD7－2000)</td></tr>
<tr><td>材料价格</td><td>某市现在招投标信息价</td></tr>
<tr><td>其　他</td><td>按某市现行工程造价有关规定执行</td></tr>
<tr><td colspan="3">说明：按某单位住宅楼施工图计算工程量，各项费率按四类工程三级二等计取。</td></tr>
</table>

表 7-15　装饰工程工程费用表

<table>
<tr><td colspan="4">工程费用表</td></tr>
<tr><td colspan="4">工程名称 某住宅楼工程【装饰工程】</td></tr>
<tr><td>费用名称</td><td>计算公式</td><td>费率</td><td>金额/元</td></tr>
<tr><td>A　定额直接费</td><td>A. 1＋A. 2＋A. 3＋A. 4</td><td>—</td><td>153 240. 99</td></tr>
<tr><td>A. 1　人工费</td><td>定额人工费＋派生人工费</td><td>—</td><td>33 835. 67</td></tr>
<tr><td>A. 2　材料费</td><td>定额材料费＋派生材料费</td><td>—</td><td>26 046. 39</td></tr>
<tr><td>A. 3　未计价材料费</td><td>未计价材料费</td><td>—</td><td>89 102. 03</td></tr>
<tr><td>A. 4　机械费</td><td>定额机械费＋派生机械费</td><td>—</td><td>4 256. 90</td></tr>
<tr><td>B　其他直接费、临设及现场管理费</td><td>B. 1＋B. 2＋B. 3</td><td>—</td><td>8 871. 71</td></tr>
<tr><td>B. 1　其他直接费</td><td>A. 1×规定费率</td><td>2. 67％</td><td>903. 41</td></tr>
<tr><td>B. 2　临时设施费</td><td>A. 1×规定费率</td><td>9. 19％</td><td>3 109. 50</td></tr>
<tr><td>B. 3　现场管理费</td><td>A. 1×规定费率</td><td>14. 36％</td><td>4 858. 80</td></tr>
<tr><td>C　价差调整</td><td>C. 1＋C. 2＋C. 3</td><td>—</td><td>27 891. 35</td></tr>
<tr><td>C. 1　人工费调整</td><td>A. 1×地区规定费率</td><td>81％</td><td>27 406. 89</td></tr>
<tr><td>C. 2　计价材料综合调整价差</td><td>按省造价管理总站规定调整系数计算</td><td>1. 86％</td><td>484. 46</td></tr>
<tr><td>费用名称</td><td>计算公式</td><td>费率</td><td>金额/元</td></tr>
<tr><td>C. 3　机械费调整</td><td>按省造价管理总站规定调整系数计算</td><td>—</td><td></td></tr>
<tr><td>D　施工图预算包干费</td><td>A. 1×规定费率</td><td>15％</td><td>5 075. 35</td></tr>
<tr><td>E　企业管理费</td><td>A. 1×规定费率</td><td>27. 58％</td><td>9 331. 88</td></tr>
<tr><td>F　财务费用</td><td>A. 1×取费证核定费率</td><td>6. 04％</td><td>2 043. 67</td></tr>
<tr><td>G　劳动保险费</td><td>A. 1×取费证核定费率</td><td>20. 2％</td><td>6 834. 81</td></tr>
<tr><td>H　利润</td><td>A. 1×取费证核定费率</td><td>43％</td><td>14 549. 34</td></tr>
<tr><td>I　文明施工增加费</td><td>A. 1×测定费率</td><td>—</td><td></td></tr>
<tr><td>J　安全施工增加费</td><td>A. 1×测定费率</td><td>4. 0％</td><td>1 353. 43</td></tr>
<tr><td>K　赶工补偿费</td><td>A. 1×承包合同约定费率</td><td>—</td><td></td></tr>
<tr><td>L　按规定允许按实计算的费用</td><td>—</td><td>—</td><td>—</td></tr>
<tr><td>M　定额管理费</td><td>(A＋……＋K)×规定费率</td><td>1. 8‰</td><td>412. 55</td></tr>
<tr><td>N　税金</td><td>(A＋……＋L)×规定费率</td><td>3. 48％</td><td>7 990. 26</td></tr>
<tr><td>O　工程造价</td><td>A＋……＋N</td><td>—</td><td>237 595. 34</td></tr>
</table>

表 7-16 装饰工程工程计价表

工 程 计 价 表										
工程名称某住宅楼工程【装饰工程】										
定额编号	项目名称	单位	工程量	单价/元	合价/元	其中:人工费		其中:机械费		备注
						单价/元	合价/元	单价/元	合价/元	
D. 脚手架工程										
1D0008	综合脚手架多层建筑(檐口高度 m 以内)24	100 m^2	14.165	799.32	11 322.37	208.75	2 956.94	73.01	1 034.19	
	小计				11 322.37		2 956.94		1 034.19	
F. 金属结构工程										
1F0061	成品钢门窗安装防盗门	100 m^2	0.284	29 572.43	8 398.57	529.95	150.51	0.46	0.13	
	小计				8 398.57		150.51		0.13	
A. 楼地面工程										
2A0085	阳台栏板、钢化玻璃	10 m^2	5.27	297.30	1 566.77	265.64	1 399.92	17.66	93.07	
2A0099	硬木扶手 70×140	10 m	4.175	63.40	264.70	49.88	208.25	3.32	13.86	
2A0088	不锈钢管栏杆、栏板直线型其他	10 m^2	7.308	698.77	5 106.61	382.80	2 797.50	29.11	212.74	
	小计				6 938.08		4 405.67		319.67	
B. 墙柱面工程										
1J0291	墙柱面镶贴块料面层基层打底水泥砂浆(特细砂)厚度 13 mm1∶3	100 m^2	8.116	534.08	4 334.59	296.04	2 402.66	3.69	29.95	
1J0297	墙柱面镶贴块料面层基层打底水泥砂浆(特细砂)每增减厚度 1 mm1∶3	100 m^2	8.116	25.77	209.15	7.60	61.68	0.31	2.52	
2B0044	面砖外墙(灰缝 1 cm 以内)墙柱面	100 m^2	8.116	2 066.49	16 771.63	1 806.77	14 663.75	241.87	1 963.02	
	小计				21 315.37		17 128.09		1 995.49	
D. 门窗工程										
2D0036	成品铝合金百页窗安装	100 m^2	0.752	2 152.54	1 618.71	694.59	522.33	83.35	62.68	

续表

定额编号	项目名称	单位	工程量	单价/元	合价/元	其中:人工费		其中:机械费		备注
						单价/元	合价/元	单价/元	合价/元	
D. 脚手架工程										
2D0050	成品塑钢门安装平开门有亮	100 m^2	0.605	3 281.25	1 985.16	1 399.87	846.92	164.80	99.70	
2D0052	成品塑钢门安装推拉门有亮	100 m^2	0.814	3 311.95	2 695.93	1 399.87	1 139.49	164.80	134.15	
2D0057	成品塑钢窗安装组合窗平开	100 m^2	1.889	2 927.51	5 530.07	1 500.13	2 833.75	214.24	404.70	
2D0061	装饰木门制作门扇基层	100 m^2	0.907	2 485.91	2 254.72	2 083.25	1 889.51	227.33	206.19	
2D0063	装饰木门安装门扇宽 900 mm 以内	10 扇	4.8	112.94	542.11	108.00	518.40			
	小计				14 626.70		7 750.40		907.42	
E. 油漆、涂料工程										
2E0131	普通乳胶漆抹灰面两遍天棚	100 m^2	0.759	115.15	87.40	111.36	84.52			
2E0132	普通乳胶漆抹灰面两遍墙面	100 m^2	2.581	104.05	268.55	100.26	258.77			
2E0108	涂料、乳胶漆刮腻子三遍抹灰面墙面	100 m^2	2.581	220.33	568.67	199.00	513.62			
2E0107	涂料、乳胶漆刮腻子三遍抹灰面天棚	100 m^2	0.759	249.23	189.17	227.90	172.98			
2E0148	油性水泥漆抹灰面(两遍)墙面	100 m^2	2.436	174.09	424.08	170.02	414.17			
	小计				1 537.87		1 444.06			
	合计				64 138.96		33 835.67		4 256.90	

表 7-17　装饰工程三材汇总表

三材汇总表											
工程名称：	某住宅楼工程【装饰工程】										
材料名称	单位	工程直接耗用量	工程摊销用量					合计	单位用量	备注
			脚手架摊销量	模板摊销量		临设摊销量				
				金额/万元		金额/万元				
				每万元摊销量	小计	每万元摊销量	小计			
钢　材	t			0		0.8			0.001	
原　木	m^3			0		1.2			0.001	
锯　材	m^3									
水　泥	t	57.84							0.041	

表 7-18　装饰工程单项材料价差调整表

单项材料价差调整表								
工程名称:某住宅楼工程【装饰工程】								
序号	材料名称及规格	单位	数量	基价/元	调整价/元	单价差/元	复价差/元	备注
01	铝合金方管 25×25	m	43.056		4.00	4.00	172.22	
02	钢化玻璃	m^2	43.425		65.00	65.00	2 822.63	
03	铝合金不等角 38×20×2	m	4.216		4.00	4.00	16.86	
04	方钢管	kg	84.32		4.00	4.00	337.28	
05	不锈钢钢管 ϕ40	m	114.539		8.00	8.00	916.31	
06	不锈钢钢管 ϕ30	m	313.601		6.50	6.50	2 038.41	
07	不锈钢钢管 ϕ20	m	8.691		4.50	4.50	39.11	
08	铝合金百页窗	m^2	69.665		20.00	20.00	1 393.30	
09	塑钢门(平开)	m^2	56.997		150.00	150.00	8 549.55	
10	塑钢门(推拉)	m^2	76.687		150.00	150.00	11 503.05	
11	塑钢窗(平开)	m^2	181.42		150.00	150.00	27 213.00	
12	木工板	m^2	52.316		18.00	18.00	941.69	
13	胶合板	m^2	190.47		9.00	9.00	1 714.23	
14	成品实木门	扇	48		200.00	200.00	9 600.00	
15	铜铰链(合页)	付	48.48		70.00	70.00	3 393.60	
16	乳胶漆面漆	kg	99.17		20.00	20.00	1 983.40	
17	底漆	kg	36.637		10.00	10.00	366.37	

续表

序号	材料名称及规格	单位	数量	基价/元	调整价/元	单价差/元	复价差/元	备注
18	底涂溶液	kg	21.096		8.00	8.00	168.77	
19	油性水泥漆	kg	69.621		18.00	18.00	1 253.18	
20	面砖	m^2	729.06		16.00	16.00	11 664.96	
21	水泥＃425	kg	5 701.815		0.36	0.36	2 052.65	
22	砂	m^3	7.386		95.00	95.00	701.67	
23	滑石粉	kg	163.527		0.90	0.90	147.17	
24	腻子胶	kg	50.501		1.20	1.20	60.60	
25	白水泥	kg	82.564		0.63	0.63	52.02	
26								
27	材料价差合计						89 102.03	
28	其中：单调材料价差							
29	未计价材料费						89 102.03	
30	暂估价材料费						52.02	
31	主材费						89 102.03	
32	水泥费						3 722.92	

参 考 文 献

[1]中华人民共和国建设部．GJD101—95 全国统一建筑工程基础定额[S]．北京：中国计划出版社，1995.
[2]四川省建设厅．SGD1—2000 四川省建筑工程计价定额[S]．成都：四川省科学技术出版社，2000.
[3]四川省建设厅．SGD2—2000 四川省装饰工程计价定额[S]．成都：四川省科学技术出版社，2000.
[4]四川省建设厅．SGD7—2000 四川省建设工程费用定额[S]．成都：四川省科学技术出版社，2000.
[5]廖天平．建筑工程定额与预算[M]．北京．高等教育出版社，2007.
[6]李景云，但霞．建筑工程定额与预算[M]．重庆．重庆大学出版社，2002.
[7]陈贤清．工程建设定额原理与实务[M]．北京．北京理工大学出版社，2009.
[8]肖明和，简红，等．建筑工程计量与计价[M]．北京．北京大学出版社，2009.
[9]陈英．建筑工程概预算[M]．武汉．武汉理工大学出版社，2005.
[10]蔡红新，贺朝晖．建筑工程计量与计价[M]．北京．机械工业出版社，2008.